Physica-Schriften zur Betriebswirtschaft

Physica-Schriften zur Betriebswirtschaft

Herausgegeben von

K. Bohr, Regensburg · W. Bühler, Mannheim · W. Dinkelbach, Saarbrücken
G. Franke, Konstanz · P. Hammann, Bochum · K.-P. Kistner, Bielefeld
H. Laux, Frankfurt · O. Rosenberg, Paderborn · B. Rudolph, München

---

Informationen über die Bände 1–37 sendet Ihnen auf Anfrage gerne der Verlag.

Band 38
Erich Keller
Entscheidungswirkungen von Bankbilanzen am Aktienmarkt

Band 39
Klaus B. Schebesch
Innovation, Wettbewerb und neue Marktmodelle

Band 40
Thomas Hamann
Simulation von Informationsprozessen auf idealtypischen Börsenmärkten

Band 41
Günter Lassak
Bewertung festverzinslicher Wertpapiere am deutschen Rentenmarkt

Band 42
Erwin Esser
Angebotspreisbestimmung für das kundenindividuelle Projektgeschäft

Band 43
Renate Hecker
Informationsgehalt von Optionspreisen

Band 44
Thomas Spengler
Lineare Entscheidungsmodelle zur Organisations- und Personalplanung

Band 45
Christoph Kaserer
Optionsmärkte und Risikoallokation

Band 46
Bernd Hempelmann
Qualitäts- und Kommunikationspolitik angesichts von Produktrisiken

Band 47
Stephan Schumacher
PPS-Systeme für Unternehmen der Klein- und Mittelserienfertigung

Band 48
Andreas Bolte
Modelle und Verfahren zur innerbetrieblichen Standortplanung

Band 49
Andrea Piro
Betriebswirtschaftliche Umweltkostenrechnung

Band 50
Hermann Jahnke
Produktion bei Unsicherheit

Band 51
Bernd Schäfer
Informationsverarbeitung und Preisbildung am Aktien- und Optionsmarkt

Band 52
Wolfgang Brüggemann
Ausgewählte Probleme der Produktionsplanung

Band 53
Andreas Kleine
Entscheidungstheoretische Aspekte der Principal-Agent-Theorie

Band 54
Alexander Kempf
Zum Preiszusammenhang zwischen Kassa- und Futuresmärkten

Band 55
Jürgen Elsner
Chaos und Zufall am deutschen Aktienmarkt

Band 56
Markus Riess
Effizienzkonzepte und nutzentheoretische Ansätze zur Lösung stochastischer Entscheidungsmodelle

Band 57
Anne Chwolka
Controlling als ökonomische Institution

Band 58
Gerd Lockert
Risikofaktoren und Preisbildung am deutschen Aktienmarkt

Hagen Lindstädt

Optimierung der Qualität von Gruppenentscheidungen

Ein simulationsbasierter Beitrag zur Principal-Agent-Theorie

Mit 101 Abbildungen

Springer-Verlag Berlin Heidelberg GmbH

Dr. Hagen Lindstädt
St. Benedictstraße 28
D-20149 Hamburg

ISBN 978-3-7908-0988-6 ISBN 978-3-662-01585-8 (eBook)
DOI 10.1007/978-3-662-01585-8

Die Deutsche Bibliothek – CIP-Einheitsaufnahme
Lindstädt, Hagen: Optimierung der Qualität von Gruppenentscheidungen: ein simulationsbasierter Beitrag zur Principal-Agent-Theorie / Hagen Lindstädt. – Heidelberg: Physica-Verl., 1997
(Physica-Schriften zur Betriebswirtschaft; Bd. 59)
ISBN 978-3-7908-0988-6
NE: GT

Ursprünglich erschienen bei Physica-Verlag Heidelberg in 1997

SPIN 10559441 88/2202-5 4 3 2 1 0 – Gedruckt auf säurefreiem Papier

GELEITWORT

Die wachsende Komplexität von Entscheidungsproblemen hat dazu geführt, daß in steigendem Maße Gruppen zu deren Lösung eingesetzt werden. Bei Einsatz eines Entscheidungsgremiums erfolgt zunächst ein Kommunikationsprozeß zwischen den Gruppenmitgliedern, wobei anschließend im Rahmen eines Abstimmungsprozesses eine Alternative gewählt wird, die dann zur Durchführung gelangt. Im Rahmen des Kommunikationsprozesses beschaffen die Gruppenmitglieder in arbeitsteiliger Form Informationen von außerhalb der Gruppe, sie tauschen Informationen untereinander aus, diskutieren über die Schlußfolgerungen, die aus diesen Informationen bezüglich der Konsequenzen der erwogenen Alternativen zu ziehen sind, und bilden sich schließlich individuelle Präferenzordnungen über die Alternativen. Danach wird mit Hilfe einer Abstimmungsregel eine Auswahl getroffen. Bei Einsatz eines Entscheidungsgremiums stellt sich das Problem, Kosten und Qualität der Entscheidung gegeneinander abzuwägen. Damit befaßt sich im Kern die vorliegende Arbeit. Es wird davon ausgegangen, daß eine "Instanz" vor einem komplexen Entscheidungsproblem steht: Aus der Menge von N Alternativen ist eine zu realisieren. Die Instanz kann die Entscheidung auf der Grundlage ihres a priori-Informationsstandes treffen. Sie kann aber auch ein Gremium einsetzen mit dem Auftrag, eine der Alternativen auszuwählen. Das Metaentscheidungsproblem der Instanz besteht darin, ob ein Gremium eingesetzt werden soll, und wenn ja, welche bzw. wieviele Mitglieder aufgenommen werden sollen, welche erfolgsabhängigen Belohnungen ihnen zu gewähren sind und welche Abstimmungsregel für das Gremium aus Sicht der Instanz optimal ist.

Schwierigkeiten bei der Lösung dieses Problems ergeben sich insbesondere daraus, daß die Instanz die Gewinne der erwogenen Alternativen nicht kennt und daß sie nicht weiß, welche Alternative das Gremium bei einer gegebenen Abstimmungsregel wählen wird. Die Entscheidung des Gremiums hängt insbesondere davon ab, über welche Informationen die Gruppenmitglieder im Zeitpunkt ihrer Abstimmung verfügen werden, welche Schlüsse sie daraus bezüglich der Gewinne der Alternativen ziehen und welche Ziele sie bei der Bildung ihrer jeweiligen Präferenzordnung verfolgen. Darüber hinaus ergeben sich Probleme der Antizipation daraus, daß sich die Gruppenmitglieder sowohl im Kommunikationsprozeß als auch im Abstimmungsprozeß strategisch verhalten können, wobei die Strategien der verschiedenen Gruppenmitglieder der Instanz bekannt sind.

Zu der Problematik der Bewertung von Gremien gibt es bereits eine Fülle von Untersuchungen. Diese Arbeiten zeigen vor allem die Problematik der Bewertung auf und lassen erkennen, von welchen Determinanten der "Wert" eines Gremiums abhängt. Für die praktische Anwendung sind sie jedoch wenig geeignet. Im Vordergrund der Bemühungen von Herrn Lindstädt steht das Ziel, ein praktisch anwendbares Modell zu entwickeln, auf dessen Grundlage mit Hilfe von Simulationsstudien die Qualität von Gruppenentscheidungen in relativ einfacher Weise ermittelt werden kann.

Es wird in origineller Weise ein Maß für die Qualität der Gruppenentscheidung entwickelt und im Rahmen zahlreicher Simulationsstudien untersucht, wie die Qualität von charakteristischen Determinanten abhängt. Untersucht werden vor allem folgende Determinanten: Anzahl der erwogenen Handlungsalternativen, Prognosefähigkeit der Mitglieder des Gremiums bezüglich der Konsequenz der Alternativen, Art der Erfolgsbeteiligung, strategisches Verhalten der Gruppenmitglieder in Kommunikationsprozeß und Abstimmungsregel. Die Zusammenhänge werden anschaulich graphisch dargestellt und sehr sorgfältig interpretiert.

Die Arbeit verbindet in eigenständiger Weise Elemente der Agency Theorie, der Spieltheorie und der Theorie kollektiver Entscheidungen. Sie gibt wertvolle Anregungen für die weitere Forschung und kommt zu Ergebnissen, die für das Verständnis der möglichen Vorteile von Entscheidungsgremien von unmittelbarer praktischer Bedeutung sind.

Helmut Laux

Vorwort

Die vorliegende Arbeit wurde im März 1995 vom Fachbereich Wirtschaftswisssenschaften der Johann Wolfgang Goethe-Universität, Frankfurt am Main als Dissertation angenommen.

Ich danke meinem geschätzten Doktorvater Prof. Dr. Helmut Laux herzlich für eine hervorragende Betreuung, welche stets die richtige Mischung von Hilfestellung und Offenheit für neue Lösungsansätze hatte. Sein Rat hat die Architektur und das Fundament der Arbeit entscheidend mitgestaltet.
Prof. Dr. Hugo Kossbiel hat durch seine fundierten Hinweise im Rahmen des Korreferates die Schlüssigkeit zahlreicher Argumentationen und die Qualität der Arbeit insgesamt deutlich verbessert. Hierfür danke ich ihm sehr.
Beide fanden in den kritischen Phasen der Arbeit stets genügend Zeit.

Die finanziellen Regelungen mit der Firma McKinsey und die in den Projekten erworbene Arbeitsmethodik haben beim zügigen Entstehen dieser Arbeit geholfen.

Meinen Eltern und meinen Freunden danke ich herzlich für die moralische Unterstützung sowie für Hilfestellung bei Durchsicht und Korrektur des Manuskriptes.

Weiterhin danke ich den Herausgebern dieser Reihe für die Aufnahme der Arbeit und dem Physica-Verlag für die angenehme und problemlose Zusammenarbeit.

Hamburg, im August 1996 Hagen Lindstädt

INHALTSVERZEICHNIS

KAPITEL I: EINLEITUNG UND GRUNDLAGEN

A. Einleitung

1. Gruppenentscheidungen als Untersuchungsgegenstand

Entscheidungen in Unternehmen und anderen Organisationen werden häufig nicht durch Individuen, sondern durch Gruppen von Menschen getroffen.[1] Auf Ebene der Unternehmensleitung kann dies beispielsweise der Vorstand einer Aktiengesellschaft sein, und auf vielen hierarchischen Ebenen der Unternehmung werden Entscheidungen von unterschiedlicher Wichtigkeit durch Entscheidungsgruppen getroffen.

Einerseits wird mit dem Einsatz von Gruppen die Hoffnung verbunden, daß die getroffenen Entscheidungen ausgewogener und besser sind oder eine höhere Qualität (eine Formalisierung dieses Begriffes wird später folgen) aufweisen als Einzelentscheidungen. Weil mehr Informationen und Standpunkte berücksichtigt werden, wird so eine stärkere sachlicher Fundiertheit erwartet. Damit soll insbesondere einer hohen Komplexität des Entscheidungsproblems Rechnung getragen werden.[2]

Andererseits beeinflussen viele Entscheidungen unterschiedliche Einheiten (beispielsweise Abteilungen) von Unternehmen, so daß in der Praxis der Einsatz einer Entscheidungsgruppe erzwungen wird, weil Vertreter dieser Einheiten beteiligt sein müssen. Trotzdem können noch Freiheitsgrade bei der Zusammenstellung der Gruppe bestehen.

Sofern eine Entscheidungsgruppe mit dem Treffen einer Entscheidung beauftragt wird, geschieht dies durch eine übergeordnete Instanz. Bei Unternehmen setzt beispielsweise die Unternehmensleitung, etwa der Vorstand oder ein Vorgesetzter,

---

1 Als Gruppe wird einfach eine Anzahl von Individuen betrachtet. Der etwas engere Begriff der sozialen Gruppe ist nicht notwendig. Bei diesem wird bereits impliziert ist, daß die Gruppenmitglieder für längere Zeit in Interaktion stehen, vgl. WISWEDE [1992], Sp.736.

2 Vgl. LAUX/LIERMANN [1987], S.82.

die Entscheidungsgruppe ein und fungiert somit als Instanz.
Vor Beginn des eigentlichen Entscheidungsprozesses hat die Instanz ein Metaentscheidungsproblem zu lösen in Form der Frage, ob und an welchen Entscheidungsträger sie das Entscheidungsproblem delegieren soll. Ein anderer Teil dieses Metaentscheidungsproblems ist die Gestaltung des Entscheidungsprozesses bei Delegation. Das Metaentscheidungsproblem kann als Festlegung einer Reihe von Steuerungsvariablen aufgefaßt werden.[3]

2. Modellanforderungen, Zielsetzung und Methodik

Aus allgemeinen Anforderungen an wissenschaftliche Modelle und Theoriebildung werden zunächst Forderungen an ein Modell entwickelt, welches Gruppenentscheidungen quantitativ beschreibt und die Instanz im Metaentscheidungsprozeß unterstützt. Darauf aufbauend folgen eine Konkretisierung der Zielsetzung und der Methodik zu ihrer Bewältigung.

a. Anforderungen an Modelle und Theoriebildung

In der Wissenschaftstheorie wird u.a. die Leistungsfähigkeit wissenschaftlicher Theorien erörtert. Nach ALBERT ist das wichtigste Leistungsmerkmal die Erklärungskraft einer Theorie, und diese Erklärungskraft steht neben der Allgemeinheit und der Genauigkeit einer Theorie im Zusammenhang mit ihrer Tiefe. ALBERT nennt eine Theorie tiefer als eine andere, wenn sie Mechanismen enthüllen kann, die der zweiten bei der Analyse von Tatbeständen zugrunde liegen. Bei einer vergleichsweise tiefen Theorie werden die Untersuchungsvoraussetzungen also auf einem möglichst mikroskopischen Niveau in der Kette zu den makroskopischen Schlußfolgerungen liegen.[4]

ALBERT charakterisiert Theorien und Modelle als Mittel der Erkenntnis und führt aus, daß die Leistungsfähigkeit einer Theorie beurteilt werden muß an Hand der

---

[3] Vgl. LAUX [1990], S.234 zum Metaentscheidungsproblem.
KAUS [1985], S.3f, bezeichnet die Frage nach der Festlegung der Steuerungsvariablen als Steuerungsproblem der Instanz.

[4] Zu diesem Absatz vgl. ALBERT [1987], S.103 und S.105f.

durch sie gebotenen Problemlösung.[5] Er betont die Verbindung von Erkenntnis mit dem Treffen von Entscheidungen in der menschlichen Praxis und widerspricht der Unterscheidung zwischen Erkenntnis und Entscheidung, zwischen theoretischer und praktischer Vernunft.[6] Wenn also das Erkenntnisziel einer normativen Theorie oder eines normativen Modells praktischer Natur ist, muß auch die praktische Anwendbarkeit ein Beurteilungskriterium sein.

Aus diesen Überlegungen ergeben sich zwei Anforderungen an ein normatives Modell für praktische Entscheidungsprobleme:

- Modelltiefe: Die Voraussetzungen des Modells sollten tief sein im beschriebenen Sinne, d.h. sie sollten auf einem im Vergleich zu den Ergebnissen des Modells mikroskopischen Niveau ansetzen.
- Operationalität: Das Modell in dieser Arbeit sollte möglichst operational sein im Sinne praktischer Anwendbarkeit.

b. Zielsetzung

Diese Arbeit verfolgt eine doppelte Zielsetzung:

Ziel der Arbeit
• Normative Zielsetzung: Erstellung eines normativen Modells, das die Instanz beim Metaentscheidungsproblem unterstützt.
• Deskriptive Zielsetzung: Besseres (quantitatives) Verständnis von Phänomenen bei Entscheidungsprozessen in Gruppen im Hinblick auf die ökonomische Qualität der resultierenden Entscheidung.

Es wird sich später zeigen, daß normative und deskriptive Zielsetzung miteinander verbunden sind, denn zur Aufstellung eines normativen Modells ist ein Verständnis der erwähnten deskriptiven Phänomene bereits erforderlich.

Das normative Modell sollte die entwickelten Anforderungen für Theoriebildung

---

[5] Vgl. ALBERT [1987], S.88f.

[6] Vgl. ALBERT [1968], S.65.

und Modellierung an Tiefe und Operationalität für die Instanz erfüllen. Diese beiden Forderungen können nur verwirklicht werden, wenn das normative Modell der Instanz klare situative Empfehlungen für das Metaentscheidungsproblem gibt, und der tiefreichende Mechanismus weitgehend als *black box* gesehen werden kann.
Um die Gültigkeit der Folgerungen aus dem Modell sicherzustellen, muß weiterhin beachtet werden, daß die beschreibenden Modellelemente deskriptiv valide sind, zumindest soweit sie die Empfehlungen aus dem Modell beeinflussen.

Die Spannung zwischen analytischer Tiefe und praktischer Anwendbarkeit soll im Modell dadurch überbrückt werden, daß mit zufallsbeeinflußten Modellgrößen exakt gerechnet wird, am Ende des Entscheidungsprozesses jedoch durchschnittliche Auswirkungen untersucht werden.
Die Zufälligkeit in den Modellgrößen entsteht in der Realität bereits aus der Einschränkung der Beobachtungstiefe durch die Instanz zur Komplexitätsreduktion. Mit dem Einsatz eines Simulationsmodells zur Berücksichtigung dieser Unsicherheit ist die Hoffnung verbunden, daß die Ergebnisse eine gewisse Robustheit gegenüber kleinen Veränderungen in den Parametern besitzen. Auf diese Weise wird die Unsicherheit in der Metaentscheidungssituation berücksichtigt.

Auch Modelle, die auf der Annahme von Gewißheit oder kalkulierbarem Risiko beruhen, bieten nur approximative Lösungen für reale Probleme.[7]

c. Methodik

Neue Erkenntnisse in verschiedenen Zweigen der Wissenschaft werden in den letzten Jahren verstärkt durch interdisziplinäre Ansätze gewonnen. Dies gilt in besonderem Maße auch für die Ökonomie.

Nur ein Beispiel bilden in den Wirtschaftwissenschaften die Bemühungen des *Santa Fe Institute* und einer Reihe namhafter Wirtschafts- und Naturwissenschaftler, mit Hilfe solcher fächerübergreifenden Ansätze die Dynamik der Öko-

---

7 Vgl. ALBERT [1978], S.25.

nomie besser zu verstehen.[8]
So wird das wirtschaftliche Geschehen aufgefaßt als Netz von Transformationen zwischen ökonomischen Agenten oder Individuen, welches sich im Zeitablauf verändert, vergleichbar der Evolution eines lebenden Systems.[9] Die Agenten in diesem System können aufgefaßt werden als Bausteine (*building blocks*) eines adaptiven, nichtlinearen Systems; auch komplexe Systeme aus anderen wissenschaftlichen Fachgebieten lassen sich in Form derartiger lernender Systeme beschreiben.[10]

Solche Betrachtungen zeigen in Richtung auf einen evolutionsökonomischen Ansatz, der sich abwendet vom Fokus der Neoklassik auf Gleichgewichtszustände. Statt dessen bemüht sich dieser Ansatz, wirtschaftliches Verhalten und wirtschaftlichen Wandel stärker durch die Analyse von Entdeckungs-, Lern-, Auswahlprozessen, Evolution und Komplexität zu verstehen.[11]

Eine spezielle Fragestellung beim Handeln solcher ökonomischer Agenten im allgemeinen Sinne wird im Rahmen der Principal-Agent-Theorie untersucht. Sobald ein ökonomisches Individuum von den Handlungen eines anderen abhängt, entsteht eine Agency-Beziehung, bei der das handelnde Individuum als Agent, der betroffene Teil als Prinzipal bezeichnet wird. Kann der Prinzipal Aktionen oder Informationen des Agenten nicht perfekt und ohne Kosten beobachten, so lohnt es sich, die Agency-Beziehung näher zu untersuchen.[12]

---

8 Vgl. PINES [1988], S.3-6, besonders S.6: "There emerged a consensus that by working together over a period of time, economists and natural scientists (...) could develop a broad interdisciplinary research program on the dynamics of the global economic system which would lead to important new results and perhaps a radically new approach to understanding the economy as an evolving complex system". ARROW betont, durch Diskussionen zwischen Ökonomen und Naturwissenschaftlern seien beispielsweise neue Erkenntnisse zum Zusammenhang zwischen chaotischem Verhalten komplexer Systeme und der Annahme sicherer Erwartungen in der Ökonomie entstanden, vgl. ARROW [1988], S.280.

9 Vgl. KAUFFMAN [1988], S.128. KAUFFMAN forscht auf dem Gebiet der Biologie.

10 Vgl. HOLLAND [1988], S.118. HOLLAND arbeit auf dem Gebiet der Computerwissenschaft.

11 Vgl. DOSI/ORSENIGO [1988], S.15. Zur Evolutionsökonomie siehe grundlegend NELSON/WINTER [1982].

12 Vgl. PRATT/ZECKHAUSER [1985], S.2f.

Auch eine Instanz, die sich mit einem Metaentscheidungsproblem konfrontiert sieht, ist ein Prinzipal im Sinne der Principal-Agent-Theorie. Die Entscheidungsträger bilden eine Gruppe von Agenten.[13]

Wie die oben erwähnten adaptiven Modelle geht die Principal-Agent-Theorie beispielsweise nicht von der Annahme identischer Ziele zwischen Prinzipal und Agent aus. Statt dessen werden reale Beziehungen zwischen Prinzipal und Agent analysiert, bei denen sowohl der Agent wie auch der Prinzipal ihre eigenen Ziele verfolgen. Mit Hilfe von Ergebnissen des Agency-Ansatzes können sowohl günstige Arten der Gestaltung von Agency-Beziehungen durch Verträge aufgezeigt als auch tatsächlich beobachtete ökonomische Phänomene erklärt werden.[14]

Auch in der vorliegenden Arbeit wird es nötig sein, zum Erreichen der gesteckten Ziele auf Erkenntnisse mehrerer wissenschaftlicher Disziplinen zurückzugreifen. Neben der Ökonomie sind dies insbesondere die Psychologie von Kleingruppen und die von Entscheidungen sowie die Mathematik der Spiele und die mathematische Statistik. Dabei werden sowohl gleichgerichtete als auch konkurrierende Zielsetzungen zwischen den beteiligten Individuen betrachtet. Neben der praktischen Orientierung ist das entwickelte Modell als Beitrag zur Principal-Agent-Theorie zu verstehen.

3. Aufbau der Arbeit

In der vorliegenden Arbeit werden ein normatives und ein deskriptives Modell für Gruppenentscheidungen entwickelt. Das deskriptive Modell wird mit Hilfe einer Monte-Carlo-Simulation umgesetzt. Die Implikationen unterschiedlicher Möglichkeiten zur Festlegung der Steuerungsvariablen werden abhängig von der Art der Entscheidung untersucht. Auf Basis der Ergebnisse wird dann das normative Modell präzisiert und vereinfacht, um ein handhabbares Instrument zur Optimierung des Verhaltens der Instanz im Metaentscheidungsproblem zu erhalten.

---

13 Vgl. LAUX [1990], S.11.

14 Vgl. ARROW [1985], S.38.

Die Arbeit ist folgendermaßen aufgebaut:

Kap. I: Im Rest von Kapitel I werden einige existierende Ansätze zum Verständnis von Gruppenentscheidungen vorgestellt sowie Grundlagen der Bereiche Entscheidungstheorie und Wahrscheinlichkeitstheorie beschrieben.

Kap. II: In Kapitel II wird ein Modell entwickelt, mit dem die (erwartete) Qualität von Gruppenentscheidungen antizipiert werden kann. Dazu muß einerseits ein deskriptives Modell zur Untersuchung der Qualität für eine gegebene Gruppe in einer gegebenen Situation gebildet werden. Auch die Umsetzung des deskriptiven Modells in ein Simulationsmodell wird hier erörtert.
Zusätzlich ist die Konstruktion eines normativen Modells nötig, mit dessen Hilfe später Empfehlungen für die Instanz zur situativen Festlegung der Steuerungsvariablen im Metaentscheidungsprozeß gegeben werden können.

Kap. III: In Kapitel III wird die Bedeutung der in Kapitel II ermittelten Einflußgrößen vorgestellt, um ein vertieftes deskriptives Verständnis der Wirkungsmechanismen von Gruppenentscheidungen zu erreichen (*deskriptive Zielsetzung*). Die Ergebnisse basieren schwerpunktmäßig auf den Auswertungen von Monte Carlo-Simulationen.

Kap. IV: Kapitel IV enthält Empfehlungen für das Metaentscheidungsproblem der Instanz (*normative Zielsetzung*), die aufbauend auf den deskriptiven Ergebnissen aus Kapitel III gegeben werden können.

B. Der Ablauf des Entscheidungsprozesses im Überblick

Die Lösung eines Entscheidungsproblems besteht in der Auswahl einer Handlungsalternative aus einer Reihe möglicher Alternativen. Aus Sicht der Instanz sollte diese Auswahl so erfolgen, daß die gewählte Alternative optimal in ihrem Sinne ist. Dazu sind verschiedene Schritte nötig, die im Verlauf der Arbeit detailliert untersucht werden.

Zu Beginn des Entscheidungsprozesses muß die Instanz über Vorgehen und Regelungen für den weiteren Entscheidungsprozeß entscheiden. In dieser Metaentscheidungsphase werden die Ausprägungen von verschiedenen Steuerungsvariablen festgelegt. Eine dieser Steuerungsvariablen beschreibt die Frage der Delegation der Entscheidung an einen Einzelnen oder eine Gruppe.[15]

Delegiert die Instanz die Entscheidung an eine Gruppe, so läuft innerhalb dieser Gruppe ein eigener (Teil-)Entscheidungsprozeß ab. Zunächst schätzen die einzelnen Mitglieder die Alternativen des Problems selbständig und individuell ein. In einem Interaktionsprozeß findet darauf hin eine Kommunikation der Mitglieder über verschiedene Aspekte des Entscheidungsproblems statt. Auf Basis der individuellen Ergebnisse dieses Interaktionsprozesses für die einzelnen Mitglieder findet schließlich eine Abstimmung in der Gruppe statt.[16] Danach muß die Instanz auf Basis der Gruppenempfehlung die Entscheidung treffen.[17]

Erfolgt die Delegation an einen einzelnen Entscheidungsträger, so entfallen die Schritte Interaktion und Abstimmung. Das gleiche gilt, wenn die Instanz allein entscheidet. Im allgemeinsten Fall der Gruppenentscheidung, der die anderen Fälle unter formalen Gesichtspunkten enthält, hat der Entscheidungsprozeß demnach folgende Struktur:

---

15 Vgl. LAUX [1979a], S. 40f. Eine Fragestellung, auf die in der vorliegenden Arbeit nicht näher eingegangen wird, ist der Einsatz von (z.B. rechnergestützten) Systemen zur Unterstützung der Gruppe. Siehe hierzu beispielsweise VETSCHERA [1991].

16 In Anlehnung an LAUX/LIERMANN [1987], S.84.

17 Oft heißt dies nichts anderes, als die Entscheidung der Gruppe zu akzeptieren, es sind jedoch auch andere Fälle denkbar, vgl. KAUS [1985], S.243f.

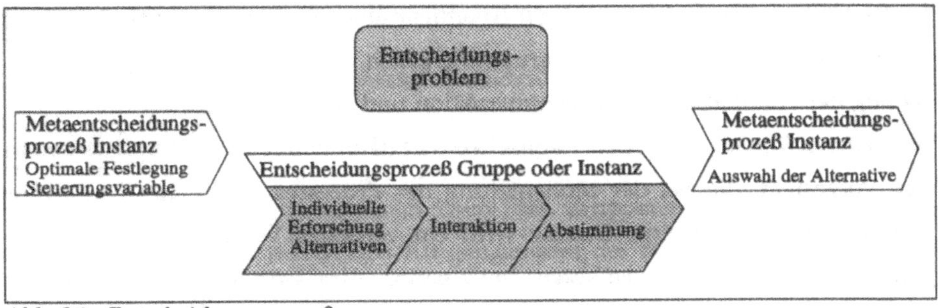

Abb. I.1: Entscheidungsprozeß

Es wird deutlich, daß je nach Gegenstand und Prozeßschritt einer Untersuchung unterschiedliche Individuen in Zentrum der Betrachtung stehen müssen. Bei einer Analyse der Prozeßschritte in der Gruppe werden die Gruppenmitglieder als Individuen und ihre Handlungen und Beziehungen innerhalb der Gruppenstruktur von besonderem Interesse sein. Auf der Metaentscheidungsebene sind die Ziele und Überlegungen der Instanz von Bedeutung.

Ein wesentlicher Teil des Metaentscheidungsprozesses der Instanz besteht in der Antizipation *möglicher* Ergebnisse des Gesamtentscheidungsprozesses bei unterschiedlicher Festlegung der Steuerungsvariablen, beispielsweise bei Delegation an eine bestimmte Gruppe oder bei eigener Entscheidung. Auf Basis dieser geistigen Vorwegnahme möglicher Ergebnisse kann die Instanz die Steuerungsvariablen so festlegen, daß *ihrer Einschätzung nach* das Ergebnis optimal in ihrem Sinne wird.

Zu diesem Zweck muß die Instanz auch den Verlauf des Teilentscheidungsprozesses innerhalb einer Gruppe verstehen. Sie muß sich ein Urteil über Qualifikationen und Ziele möglicher Mitglieder bilden. Die Instanz sollte deshalb die einzelnen Entscheidungsschritte innerhalb des Gruppenprozesses kennen, und sie sollte individuelle Zielsetzungen und Rationalität potentieller Mitglieder verstehen. Dies erfordert einen Wechsel der Betrachtungsebene für die Instanz vom Metaentscheidungsproblem auf die Ebene *potentieller* Entscheidungsgruppen.

Ein Modell zur Optimierung der Metaentscheidung muß entsprechend sowohl die Metaentscheidungsebene der Instanz als auch den Prozeß in einer möglichen Entscheidungsgruppe abbilden.

Im Rest dieses Abschnittes wird ein Überblick über die Prozeßschritte innerhalb einer potentiellen Entscheidungsgruppe gegeben, d.h. über individuelle Erforschung der Alternativen, Gruppeninteraktion und Abstimmung.
Im weiteren Verlauf des ersten Kapitel werden dann einige bekannte Überlegungen vorgestellt, die bei der Modellierung des Prozesses innerhalb der Gruppe hilfreich sind. Auch einer Instanz wird ein vertieftes Verständnis dieser Zusammenhänge bei der erwähnten Antizipation des Gruppenprozesses nützen, welche sie im Rahmen ihres Metaentscheidungsproblems vornehmen muß.

Zunächst werden einige sozialpsychologische Theorien und Modelle aus dem Bereich der Kleingruppenforschung vorgestellt. Bei diesen Untersuchungen stehen gruppenspezifische Einflüsse auf die Mitglieder im Mittelpunkt. Dann werden individuelle Zielsetzungen von Mitgliedern und ihre Rationalität im ökonomischen Sinne erörtert.
Von Bedeutung für die Modellierung ist die Kenntnis einiger wahrscheinlichkeitstheoretischer Grundlagen. Darüber hinaus werden Methoden vorgestellt, nach denen Individuen Wahrscheinlichkeitsurteile über unsichere Größen abgeben können und Heuristiken, welche sie bei dieser Aufgabe i.d.R. unterbewußt einsetzen. Schließlich werden existierende Ansätze vorgestellt, um das Metaentscheidungsproblem der Instanz zu formalisieren und zu lösen.

Das erste Kapitel ist folgendermaßen aufgebaut:

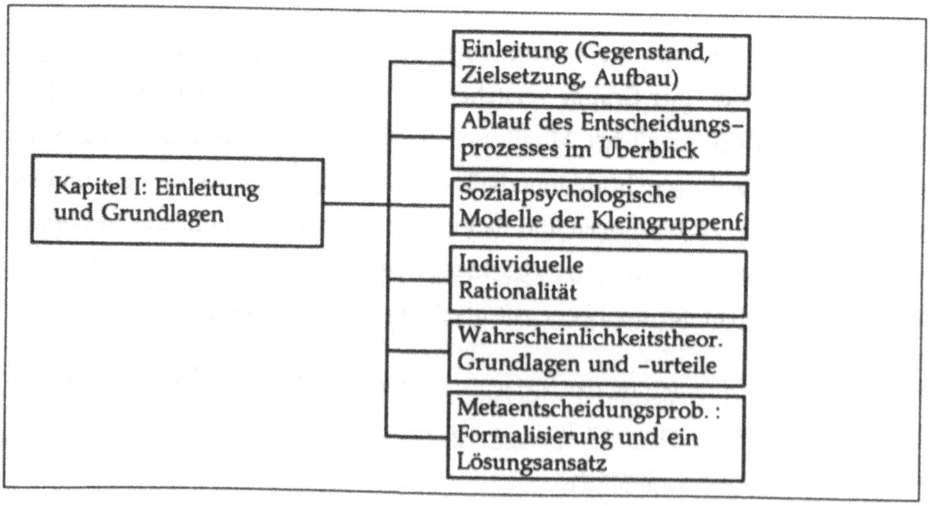

1. Individuelle Erforschung der Alternativen

Zu Beginn des Entscheidungsprozesses bilden sich die Mitglieder einer Gruppe eigenständige, individuelle Urteile über die Alternativen, deren Konsequenzen und andere Determinanten des Entscheidungsproblems. Diese individuellen Urteile werden sich zwar i.d.R. im Laufe des Gruppenentscheidungsprozesses verändern. Sie bilden jedoch den Ausgangspunkt der folgenden Interaktion innerhalb der Gruppe.
Die individuelle Erforschung der Alternativen besteht insbesondere darin, daß die Mitglieder sich ein Urteil über die mit den Alternativen verbundenen Konsequenzen und über die Wahrscheinlichkeiten ihres Eintretens bilden.[18]

Die subjektiven Wahrscheinlichkeitsurteile der Mitglieder sind von unterschiedlicher Güte, abhängig von Information und Erfahrung der Mitglieder sowie ihrer Fähigkeit zur Vorhersage unsicherer Ereignisse. Zur Beurteilung dieser Güte muß sich die Instanz ein Urteil über die Qualifikationen der Mitglieder bilden und über die Fehler, welche diese bei der Bildung ihrer Wahrscheinlichkeitsurteile machen werden.
Allerdings liegt die Phase der Antizipation möglicher Fehler der Gruppenmitglieder zeitlich vor der Delegation an die Gruppe. Die Instanz kennt die Urteile der Mitglieder naturgemäß nicht im voraus, sondern kann sich nur auf einer höheren Beobachtungsebene ein Urteil über die Güte der Einschätzungen bilden.

Die Instanz schätzt z.B. anstatt des einzelnen Wahrscheinlichkeitsurteils eines Mitgliedes dessen Qualifikation ein. Die Qualifikation kann technisch als Maß für die Fehlerverteilung eines Gruppenmitgliedes umgesetzt werden. Durch einen solchen Wechsel der Beobachtungsebene kann sich die Instanz *prinzipielle* Urteile über Gruppen und ihre Eigenschaften bilden, die ihr auf einem detaillierteren Niveau im Metaentscheidungsprozeß nicht oder nur schwer zugänglich sind.
Auf die angedeutete Weise wird auch die Modellierung der individuellen Erforschung der Handlungsalternativen in der vorliegenden Arbeit erfolgen.

---

[18] Zu den Determinanten dieser "*Individualentscheidungen*", welche am Anfang der Gruppenentscheidung stehen, vgl. KAUS [1985], S.40f. Auch KAUS betont die besondere Bedeutung der Wahrscheinlichkeitsurteile.

2. Interaktion: Kommunikationsinhalt und -kalkül der Mitglieder nach KAUS

Nach der individuellen Einschätzung der Alternativen erfolgt eine Interaktion zwischen den Gruppenmitgliedern, in deren Verlauf sich Informationsstand und Bewertung der Mitglieder zu Alternativen, Konsequenzen und Umweltzuständen verändern können. Bei dieser Interaktion werden sich die Mitglieder ebenso wie im gesamten Entscheidungsprozeß gemäß den ihnen eigenen, rationalen Prinzipien verhalten.

KAUS hat für ein Entscheidungsproblem in Form des Grundmodells der Entscheidungstheorie (*siehe Kap. I, F.1.*) zielrationales Interaktionsverhalten[19] der Mitglieder unter einer durch die Instanz vorgegebenen Zielfunktion untersucht.

Eine mögliche Kommunikationsform zwischen den Mitgliedern ist nach KAUS die prozeßorganisatorische Kommunikation, wie die Wahl eines Vorsitzenden innerhalb der Gruppe oder Kommunikation über Verhaltensnormen der Gruppe im Entscheidungsprozeß.[20] Der andere mögliche Inhalt besteht in der Kommunikation über sogenannte Indikatoren des Entscheidungsproblems, das sind

> "(...) Größen oder Ereignisse, die einen stochastischen Ruckschluß auf die entscheidungsrelevanten Daten zulassen (...)"[21].

Indikatoren geben also Hinweise auf die mit den Alternativen verbundenen Konsequenzen und die Einschätzung dieser Konsequenzen durch die Gruppenmitglieder.

Indikatoren werden unterschieden in (primäre) Determinanten und aus den Determinanten abgeleitete Aggregate, welche die Entscheidung beeinflussen. Bei Beschreibung des Entscheidungsproblems auf Basis des Grundmodells der Entscheidungstheorie sind dies im wesentlichen:[22]

---

19 Der Begriff "*Kommunikation*" bei KAUS entspricht dem der Interaktion dieser Arbeit.

20 Vgl. KAUS [1985], S.49f.

21 KAUS [1985], S.52.

22 Vgl. KAUS [1985], S.55.

- Determinanten
  - Zielfunktion
  - Informationsstruktur[23]
  - Prognosefunktion[24]
- Aggregate
  - Gewinnerwartungswerte der Alternativen
  - Individuelle Präferenzordnungen.

Für die Kommunikation über Indikatorenausprägung, der eine besondere Bedeutung zukommt,[25] hat KAUS konzeptionell ein Kommunikationskalkül der Gruppenmitglieder entwickelt. Ein Mitglied hat dabei eine endliche Anzahl möglicher Kommunikationsstrategien, welche beispielsweise die Mitteilung aller Kombinationsmöglichkeiten von Ausprägungen der Indikatoren enthalten. Von diesen Strategien wird auf Basis eines enumerativen Bewertungskalküls diejenige mit dem maximalen Präferenzwert ausgewählt. Der Präferenzwert ist die Differenz zwischen dem Gewinnerwartungswert der Strategie und den durch sie verursachten Kommunikationskosten.[26]

3. Abstimmung in der Gruppe

Am Ende des Interaktionsprozesses findet die Auswahl einer Handlungsalternative durch die Gruppe auf der Basis individueller Präferenzen der Gruppenmitglieder als dritter und letzter Schritt des Entscheidungsprozesses statt. Die Beschreibung der Abstimmung stößt auf folgende zwei Schwierigkeiten:

---

23 Die Informationsstruktur eines Entscheiders ergibt sich aus seiner Informationsmenge (Informationsstand) und den Indikatorausprägungen, die zu dieser Informationsmenge gehoren, vgl. LAUX/LIERMANN [1987], S.72.

24 "Die Prognosefunktion eines Entscheiders gibt an, welche Wahrscheinlichkeiten er den Umweltzustanden bei alternativen Informationsstrukturen zuordnet; sie bringt zum Ausdruck, in welcher Weise Informationen in (subjektive) Wahrscheinlichkeitsurteile transformiert werden." , LAUX/LIERMANN [1987], S.72.

25 Vgl. KAUS [1985], S.82.

26 Vgl. KAUS [1985], S.76f zu den Strategien, S.82 und S.100f zu Bewertung und Auswahl der Kommunikationsstrategie. Er scheint dabei im wesentlichen auf die Auswahl der Indikatoren abzustellen, deren Auspragungen mitgeteilt werden, nicht aber auf das Problem einer bewußt falschen Darstellung der Indikatoren.

- *Strategische Überlegungen*: Strategische Überlegungen von Mitgliedern bestehen in der Antizipation des Verhaltens anderer Mitglieder mit dem Ziel, das Abstimmungsergebnis im Sinne der eigenen Präferenzen zu beeinflussen. In realen Abstimmungssituationen tritt strategisches Verhalten der Mitglieder auf, welches möglichst realistisch beschrieben werden sollte. Nach einem bekannten Satz von GIBBARD und SATTERTHWAITE existiert keine (nicht-diktatorische) Abstimmungsregel, bei der es für rationale Individuen nicht in bestimmten Konstellationen günstig wäre, sich strategisch zu Verhalten. Dieses strategische Verhalten kann immer auch Auswirkungen auf die Entscheidung haben.[27]

- *Abstimmungsregel*: Auch unter Nichtbeachtung strategischer Aspekte gibt es keinen Mechanismus, der plausible Anforderungen an die Aggregation individueller Präferenzen zu einer Präferenzordnung der Gruppe erfüllt und diese Aggregation auf irgendwie gerechte Weise vornehmen könnte. ARROW hat diese Aussage in seinem bekannten *Unmöglichkeitstheorem* formalisiert.[28] Es besteht also insbesondere keine Eindeutigkeit bei der Wahl der Abstimmungsregel.

Strategische Überlegungen der Gruppenmitglieder werden vertieft in Kapitel II erörtert. An dieser Stelle beschränken sich die Betrachtungen auf einige Abstimmungsregeln und mögliche Kriterien zu ihrer Beurteilung.

Bereits 1785 schlug Condorcet ein noch heute akzeptiertes Kriterium vor, mit dessen Hilfe eine überlegene Alternative ermittelt werden kann: Eine Alternative, die gegen jede andere im paarweisen Vergleich eine einfache Mehrheit erhält, ist eine Condorcet-Gewinner Alternative.[29] Die Existenz einer Condorcet-Gewinner Alternative ist zwar bei beliebigen Mitgliederpräferenzen nicht gesichert, aber an

---

27 Siehe unabhängig voneinander GIBBARD [1973] und SATTERTHWAITE [1975]. Besonders der Beweis von GIBBARD uber sog. Spielformen, d.h. Spiele mit unbekannter Auszahlungsfunktion, ist sehr elegant.

28 Siehe dazu ARROW [1951], besonders S.59f. Die Bedingungen sind U: beliebige individuelle Präferenzen, P: Pareto-Bedingung, D: keine Diktatur; I: Unabhängigkeit von irrelevanten Alternativen. Vgl. ebenda, S.22-33.

29 Vgl. z.B. BLACK [1958], S.57 und SCHAUENBERG [1992], Sp.570.

Hand der Fragestellung, ob eine gegebene Entscheidungsregel das Kriterium erfüllt, können solche Regeln beurteilt werden.[30]

Auf Basis der oben erwähnten Arbeit von ARROW zur Social Choice-Problematik folgten eine Reihe von Betrachtungen zu kollektiven Abstimmungsmechanismen, von denen hier nur einige skizzenhaft angedeutet werden sollen.

- Auch bei Einbeziehung der *kardinalen Präferenz* für Alternativen bleibt die Unmöglichkeit bestehen, eine Aggregationsregel anzugeben, die ähnliche Forderungen erfüllt, wie die von ARROW im ordinalen Fall formulierten.[31]
- Die *logischen Eigenschaften* allgemeinerer Klassen von Wahlfunktionen bei unterschiedlichen Anforderungen an die unterliegenden individuellen Präferenzordnungen wurden in der Social Choice-Literatur ausführlich erörtert.[32]
- Aus der Erkenntnis, daß es in diesem Sinne keine eindeutige, richtige Entscheidungsregel gibt, wurde in der Literatur eine Vielzahl von *heuristisch und praktisch orientierten Entscheidungsregeln* aufgestellt.[33] Diese wurden beispielsweise untersucht hinsichtlich der Wahrscheinlichkeit zur Wahl der besten Alternative unter einer übergeordneten Zielsetzung bei gegebener Zahl von Gruppenmitgliedern und gegebener Qualifikationsverteilung zwischen diesen.[34] Auch strategische Implikationen der Entscheidungsregeln wurden

---

30 Genauere Charakterisierungen ähnlicher Kriterien (starker/schwacher Gewinner) werden untersucht bei FISHBURN [1973], S.145–158. Für einen Vorschlag zur Erweiterung des Kriteriums für den Fall, daß keine herkömmliche Condorcet-Gewinner Alternative existiert, vgl. YOUNG [1977], S.335–337 und 350f.

31 Vgl. FISHBURN [1987], S.53–55 und SCHAUENBERG [1978], S.136–140.

32 Obwohl SEN in seinem *Möglichkeitstheorem* zeigen konnte, daß bei einer Lockerung von ARROWs Anforderungen an mögliche Entscheidungsfunktionen ein Aggregationsmechanismus existiert, vgl. SEN [1970], S.52, gibt es keine ideale Methode zur Aggregation, vgl. SCHAUENBERG [1992], Sp.567–569.
Einen Überblick über die ökonomische Theorie zu diesem Zeitpunkt gibt SCHAUENBERG [1978], eine Kurzdarstellung der Suche nach Auswegen aus dem Arrowschen Dilemma gibt LAUX [1982b], S.178–181.
Mathematisch orientierte Ansätze finden sich bei VAN DER BELLEN [1976] und FISHBURN [1972], welcher sich im wesentlichen mit mengentheoretischen und topologischen Fragen bei Auswahl aus unendlich vielen Alternativen beschäftigt.

33 Eine Reihe gängiger kollektiver Entscheidungsregeln wird erläutert bei SCHAUENBERG [1992], Sp.571f.

34 Siehe MEYER [1983].

analysiert, z.B. ihre Anfälligkeit für sogenannte Agendamanipulationen.[35]

Im folgenden werden drei gängige Abstimmungsregeln vorgestellt, nach denen später im Modell die Abstimmung in der Gruppe erfolgen kann: Das Single Vote-Kriterium, das Borda-Kriterium und die Hare-Regel.

a. Das Single Vote-Kriterium[36]

Das Single Vote-Kriterium ist vermutlich die Methode, die den meisten Menschen zuerst in den Sinn kommt, wenn sie über Abstimmungsregeln nachdenken. Jedes Gruppenmitglied verfügt dabei über einer Stimme, die es für eine der zur Auswahl stehenden Alternativen abgeben kann.

Unterstellt man, daß sich die Mitglieder bei der Auswahl der Alternative nicht strategisch verhalten, so werden also beim Single Vote-Kriterium nur die Erstpräferenzen der individuellen Präferenzordnungen berücksichtigt.

Als gewählt gilt beim Single Vote-Kriterium die Alternative mit den meisten Stimmen, d.h. mit der einfachen Mehrheit.

Nach einer Untersuchung von MEYER ergibt sich bei der Möglichkeit zu deutlichen Fehleinschätzungen unter identischer Zielsetzung der Mitglieder, daß das Single Vote-Kriterium bei größeren Gruppen zu noch vergleichsweise guten Trefferwahrscheinlichkeiten für die beste Alternative führt.[37]

b. Das Borda-Kriterium[38]

Anders als beim Single Vote-Kriterium -unter Vernachlässigung des strategtischen Verhaltens- geht beim Borda-Kriterium die gesamte Präferenzordnung der Gruppenmitglieder in die Entscheidung ein. Die Wahl nach dem Borda-Kriterium geht folgendermaßen vor sich: Bei Vorliegen von N Alternativen vergibt jedes

---

35 Vgl. NURMI [1984], S.248.

36 Vgl. z.B. BLACK [1958], S.67f.

37 Vgl. MEYER [1983], S.109f. In der Untersuchung bedeutet "deutliche Fehleinschatzung", daß bei drei Alternativen einige Gruppenmitglieder möglicherweise die beste Alternative hinsichtlich der gemeinsamen Zielsetzung irrtümlich auf den letzten Platz ihrer Rangordnung legen.

38 Vgl. BORDA [1781], S.43-46 und BLACK [1958], S.59-66.

Gruppenmitglied eine Zahl von N–1 Punkten an eine Alternative, N–2 Punkte an eine andere usw., eine der Alternativen bekommt keinen Punkt.

Unter der Annahme des Fehlens strategischer Überlegungen bei der Abstimmung heißt das: Bezeichnet $Rg_m(A_n)$ den Rang von Alternative n in der Präferenzordnung von Gruppenmitglied m, so erhält die Alternative n gerade $N-Rg_m(A_n)$ Punkte von Individuum m.
Die Alternative mit der höchsten Summe von Punkten über alle Gruppenmitglieder gilt als gewählt nach dem Borda–Kriterium.

In der bereits erwähnten Analyse von Meyer schneidet das Borda–Kriterium für alle Gruppengrößen als beste Entscheidungsregel für den untersuchten Fall dreier Alternativen ab, wenn *keine* zu starke Fehleinschätzung vorliegt im oben erläuterten Sinne. Im entgegengesetzten Fall scheint das Borda–Kriterium anderen Entscheidungsregeln unterlegen zu sein.[39]
Möglicherweise ist das gute Abschneiden des Borda–Kriteriums darauf zurückzuführen, daß für den allein untersuchten Fall dreier Alternativen die Nebenbedingung "nicht zu starke Fehleinschätzung" beim Borda–Kriterium am stärksten restringierend wirkt. Hier geht nämlich die gesamte Präferenzordnung in die Beurteilung ein. So würden sich beim Borda–Kriterium große und kleine Fehleinschätzungen auch in der Bepunktung unterscheiden, beim Single Vote–Kriterium jedoch nicht. Hier kommt es nur darauf an, ob die Erstpräferenz falsch eingeschätzt wird.

c. Die Hare–Regel[40]

Wie beim Borda–Kriterium hat auch bei der Hare–Regel die gesamte Präferenzordnung der Gruppenmitglieder Einfluß auf die Entscheidung.
Jedes Mitglied gibt eine Liste ab, auf der die Alternativen gemäß einer Rangfolge geordnet sind, bei N Alternativen also auf den Plätzen 1,...,N. Unter Vernachlässigung von strategischem Verhalten bei der Abstimmung teilt also jedes Mitglied

---

39 Vgl. MEYER [1983], S.109.

40 Vgl. BLACK [1958], S.72–74, dort allgemeiner fur mehrere zu wählende Alternativen.

seine individuelle Präferenzordnung mit.

Auswertung und Bestimmung der gewählten Alternative erfolgen so: Kann eine Alternative die absolute Mehrheit (>50%) der Erstpräferenzen erzielen, so gilt sie als gewählt. Ist dies nicht der Fall, so wird die Alternative mit den wenigsten Erstpräferenzen aus den individuellen Ordnungen gestrichen. Gibt es mehrere Alternativen mit minimaler Erststimmenzahl, so wird eine von diesen zufällig ausgewählt.

Die restlichen Alternativen rücken unter Erhalt ihrer Rangordnung zueinander auf die freigewordenen Plätze nach. Dieser Vorgang des Streichens der Alternative mit den wenigsten Erststimmen wird so lange wiederholt, bis eine der Alternativen eine absolute Mehrheit an Erstpräferenzen in der durch die Streichungen entstandenen Liste besitzt. Diese Alternative gilt dann als gewählt.
Bei gerader Mitgliederzahl und gleicher Zahl an Erststimmen der letzten zwei Alternativen wird wiederum randomisiert.

C. Sozialpsychologische Modelle der Kleingruppenforschung: Ein Überblick

Ziel des Abschnittes
Darstellung von sozialpsychologischen Modellen für Gruppenentscheidungen und ihre Analyse im Hinblick auf Haupteinflußfaktoren und Modellierung.

Die sozialpsychologische Kleingruppenforschung beschäftigt sich mit Phänomenen, die bei Gruppenentscheidungen auftreten, und schildert zahlreiche Effekte und Einflußfaktoren.[41] Demgegenüber sind psychologische Ansätze, die sich mit einer expliziten Modellierung befassen, meist relativ einfach und berücksichtigen für gewöhnlich nur eine kleine Auswahl der empirisch bekannten Faktoren.
Drei verschiedene Modellarten bzw. Erklärungsansätze für die Wirkung des Interaktionsprozesses auf die Ergebnisse des Entscheidungsproblems in Form individueller und kollektiver Präferenzen lassen sich unterscheiden:[42]

- *Der Ansatz der Gruppenentscheidungsregeln* versucht, die Aggregation individueller Präferenzen am Anfang der Interaktion zu der schließlich von der Gruppe gewählten Alternative zu verdeutlichen. Als Parameter gehen dabei lediglich ordinale Vorinteraktionspräferenzen ein.
- *Der Ansatz des normativen Einflusses* führt die Beeinflussung individueller Präferenzen zurück auf die Wirkung der Auseinandersetzung individueller Meinungen und Urteile mit denen der restlichen Gruppe. Daraus ergeben sich Konformität auslösende Einflüsse.
- *Der Ansatz des informationellen Einflusses* führt Veränderungen bei den individuellen Präferenzen auf den Austausch von Argumenten zurück und die daraus resultierende Veränderung der Einschätzung der Situation.

---

41 In seinem Überblicksaufsatz zur Kleingruppenforschung charakterisiert DAVIS die Forschungsschwerpunkte im Zeitverlauf als *Überlegenheit von Gruppen zu Individuen* (fünfziger Jahre), *höheres Risiko von Gruppen- im Vergleich zu Individuallösungen* (sechziger Jahre), *Zusammenhang zwischen Gruppengröße und Leistung* (siebziger Jahre) und *Leistung freier Diskussionsgruppen* (achtziger Jahre), vgl. DAVIS [1992], S.3.
Zu einem Überblick über die erwähnten Effekte siehe MANKE [1980].

42 Vgl. KAPLAN/MILLER [1983], S.66.

Neben theoretischen und empirischen Überlegungen auf Basis dieser Ansätze haben Computer-Simulationen von Gruppenentscheidungen Bedeutung erlangt.[43]

Im folgenden werden die wichtigsten Modelle und Theorien der drei Ansätze kurz vergleichend vorgestellt. Daran schließt sich ein Überblick zur Berücksichtigung weiterer Einflußfaktoren und zu Mischmodellen an. Der Abschnitt gliedert sich folgendermaßen:

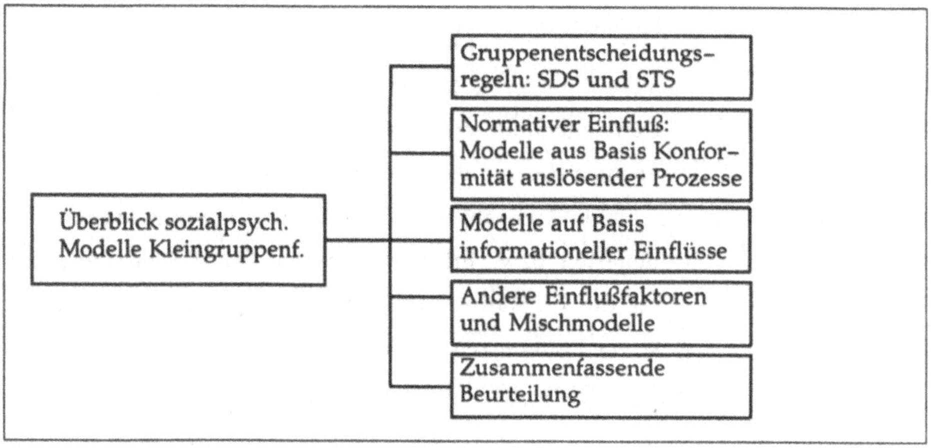

1. Gruppenentscheidungsregeln: Social Decision Schemes und Social Transition Schemes[44]

Beispiele für den Ansatz der Gruppenentscheidungsregeln sind die Theorie der Schemata sozialer Entscheidungen (*Social Decision Schemes*) von DAVIS und deren dynamisierte Version der Schemata sozialer Übergänge (*Social Transition Schemes*) von KERR.

---

43 Vgl. z.B. OSTROM [1988], S.381f. Beispiele fur Simulationsmodelle auf der Basis einer Theorie sind das später in diesem Abschnitt erläuterte NID-Modell und das auf der Social Judgment-Theorie von Sherif beruhende Modell in HART/SUNG [1976]. Teilweise sind solche Simulationsmodelle so komplex, daß sie mehrere (Mann)-Jahre zur Implementierung benötigen, wie z.B. der *Interaction Simulator* von Bales, vgl. HARE [1961], S.261f.

44 Gruppenentscheidungsregeln werden auch als Modelle sozialer Kombination (*Social Combination Models*) bezeichnet, vgl. LAUGHLIN/EARLEY [1982], S.273, 278f. Den Terminus *Gruppenentscheidungsregeln* benutzen KAPLAN und MILLER, vgl. KAPLAN/MILLER [1983], S.66, S.78-84.

Ein *Social Decision Scheme* wird repräsentiert durch eine Matrix aus Wahrscheinlichkeiten in den Einträgen. In Spalte n und Zeile m steht die Wahrscheinlichkeit, mit der die Alternative n von der Gruppe gewählt wird, wenn die Erstwahlpräferenzen innerhalb der Gruppe gemäß einer Ausgangsverteilung mit der (willkürlichen) Nummer n verteilt sind. Unter formalen Gesichtspunkten werden diese Wahrscheinlichkeiten aufgefaßt als Wahrscheinlichkeiten eines multinomialen Modells in Abhängigkeit von Präferenzen und Einflußfaktoren auf die Alternativen.[45]

Als spezifisches *Social Decision Scheme* läßt sich das bekannte Ergebnis von BLACK auffassen. Nach BLACK setzt sich bei Wahl nach einfacher Mehrheit (*simple majority*) im Fall eingipfeliger (*single-peaked*) Präferenzen die vom Medianwähler (*median voter*) präferierte Alternative durch.[46] Dieses Ergebnis gilt allerdings nicht mehr, sobald die Mitglieder möglicherweise abweichend von ihrer Präferenzordnungen wählen,[47] wenn also z.B. strategische Überlegungen in ihr Verhalten einfließen.

KERR hat eine dynamisierte Version dieser *Social Decision Schemes* formuliert. Eine Übergangsmatrix, welche das *Social Transition Scheme* repräsentiert, beschreibt die Veränderung der Gruppenpräferenzstruktur im Verlauf diskreter Zeitpunkte der Interaktion. Dabei geht er von folgenden zwei Annahmen aus:[48]

- *Pfadunabhängigkeit:* Es wird eine Abhängigkeit des zukünftigen Entscheidungsprozesses nur vom momentanen Entscheidungsstatus, nicht aber von der Vergangenheit der Entscheidung postuliert. In der Terminologie stochastischer Prozesse ist dies gerade die Markoveigenschaft.
- *Stationarität der Pfade:* Die unterliegende, den Prozeß steuernde Übergangsmatrix ist während der Entscheidung konstant, d.h. individuelle Präferenzen

---

45 Vgl. DAVIS [1973], S.101f.

46 Eingipfeligkeit bedeutet, daß eine Anordnung der Alternativen existiert, so daß die Präferenzordnungen aller Mitglieder auf dem Praferenzdiagramm höchstens einmal die Richtung wechseln. Der Medianwähler ist derjenige, dessen präferierte Alternative *bei dieser Anordnung* die Medianalternative ist. Vgl. BLACK [1958], S.15–25, besonders S.18 sowie S.5–7.

47 Vgl. HINICH [1977], S.209.

48 Vgl. KERR [1981], S.684–686.

verändern sich mit gleichbleibender Gesetzmäßigkeit. In der Terminologie stochastischer Prozesse ist dies die Homogenität des Markovprozesses.

Gruppenentscheidungsregeln sind also rein deskriptive Ansätze, die als einzigen Parameter die Verteilung der Erstpräferenzen enthalten. Dadurch ermöglichen sie eine quantitative empirische Beschreibung besser als die anderen beiden Ansätze –schon weil die relevanten Parameter besser meßbar sind. Andererseits werden die unterliegenden psychologischen Mechanismen nicht explizit erfaßt, sondern nur ihre Auswirkungen auf einem hochaggregierten Niveau dargestellt.[49]

2. Normativer Einfluß: Modelle auf Basis Konformität auslösender Prozesse

In Gruppen herrscht eine Tendenz zur Ähnlichkeit und Konformität zwischen den Gruppenmitgliedern.[50]
Einen Versuch zur Erklärung der Auswirkungen von Tendenzen zur Konformität macht die *Theorie des sozialen Vergleiches* (*Social Comparison Theory*), die auf FESTINGER zurückgeht und besagt, daß die Individuen ihre Einschätzungen und Meinungen an denen anderer Mitglieder überprüfen. Der Vergleich zu anderen findet auf den als sozial positiv bewerteten Dimensionen statt.[51]

Die Hauptströmung der Theorie des sozialen Vergleiches geht davon aus, daß es durch folgenden Wirkungsmechanismus zu einer Konformitätstendenz in der Gruppe kommt:[52]
Das typische Gruppenmitglied hofft, den Gruppendurchschnitt bei positiv bewerteten Eigenschaften (z.B. Intelligenz) zu übertreffen, oder zumindest als vergleichbar zu erscheinen. Vor der Interaktion ignorieren die Mitglieder die tatsächliche Aufteilung der Fähigkeiten. Jedes Mitglied glaubt zu diesem Zeitpunkt, dem

---

49 Vgl. KAPLAN/MILLER [1983], S.66.

50 CARTWRIGHT/ZANDER beschreiben Grunde, Funktionen und Determinanten dieser Tendenz, z.B. die *Kohasion* (ungefahr: Wir-Gefuhl) innerhalb einer Gruppe, vgl. CARTWRIGHT/ZANDER [1968], S.140–147. Determinanten (Anreize, Motive, Erwartungen und Vergleichsmaßstabe einer Gruppe) und Konsequenzen der Kohäsion werden beschrieben bei CARTWRIGHT [1968], S.95–105.

51 Vgl. FESTINGER [1954].

52 Vgl. LAUGHLIN/EARLEY [1982], S.274 zur Wirkungsweise des sozialen Vergleiches.

Gruppendurchschnitt bei positiven Eigenschaften zumindest ebenbürtig zu sein. Während der Interaktion findet dann ein sozialer Vergleich statt, der einer Minderheit verdeutlicht, daß sie dem Gruppendurchschnitt bei positiven Eigenschaften unterlegen *ist*. Um diese Unterlegenheit zu beseitigen, ändert die Minderheit ihre Meinung so, daß ihre Fähigkeiten in den kritischen Bereichen den anderen Mitgliedern wieder höher *erscheinen*, mindestens als vergleichbar zum Durchschnitt. Auf diese Weise ändert durch sozialen Vergleich eine Minderheit ihre Meinung in Richtung auf diejenige der Mehrheit, d.h. die Konformitätstendenz in der Gruppe verstärkt sich. Durch diesen Mechanismus sagt die *Social Comparison Theorie* eine Veränderung der Meinungen in Richtung auf die der Mehrheit voraus.

TANFORD und PENROD nehmen zum Konformitätseinfluß eine andere Position ein als die *Social Comparison Theorie*, welche postuliert, daß hauptsächlich eine Wirkung von der Mehrheit auf die Minderheit ausgeübt wird. Ihr *Social-Influence Modell* geht davon aus, daß sich Minoritäten und Majoritäten gegenseitig beeinflussen. Die Wahrscheinlichkeit einer Beeinflussung eines bestimmten Gruppenmitgliedes ist nach diesem Modell nur abhängig von der Anzahl der Quellen und Ziele des Einflusses, d. h. von der Anzahl der beeinflussenden und zu beeinflussenden Personen. Das Ergebnis ihrer Simulation wird gut beschrieben durch eine Gompertz-Wachstumsfunktion, in welche die Menge der Quellen und Ziele eingeht. Durch die Gompertzfunktion wird im *Social-Influence-Modell* die Wahrscheinlichkeit für ein Gruppenmitglied beschrieben, seine Meinung zu ändern.[53]

Demgegenüber schlägt LATANÉ in der *Social Impact Theorie* vor, daß der soziale Einfluß auf das einzelne Gruppenmitglied nicht ausschließlich von Majoritäten und Minoritäten - also der Anzahl der Personen in den Untergruppen - abhängt. Es werden drei Faktoren unterschieden:[54]

- *Stärke* des Einflusses je Person, gemessen in Macht, Bedeutung, Intensität.
- *Unmittelbarkeit* des Einflusses jeder beeinflussenden Person, gemessen in räumlicher und zeitlicher Nähe bei Abwesenheit von Hindernissen.
- *Anzahl* der beeinflussenden Personen.

---

53 Vgl. TANFORD/PENROD [1984], S.194-198.

54 Vgl. LATANÉ [1981], S.343f.

STASSER und DAVIS[55] berücksichtigen in ihrem *Social Interaction Sequence Modell* für den Fall zweier Alternativen 1 und 2 eine Einflußfunktion $g(r_1, r_2)$ und eine Einflußkonstante α_{ij}, $i \neq j$. r_1 bzw. r_2 bezeichnen die Größen der Subgruppen, die für die entsprechende Alternative eintreten. Die Wahrscheinlichkeiten m_{ij} für den Übergang vom Zustand i in den Zustand j für ein Gruppenmitglied, d. h. die Wahrscheinlichkeit dafür, daß dieses Individuum vor der Interaktion Alternative i, danach aber Alternative j präferiert, wird angegeben als $m_{ij} = \alpha_{ij} \cdot g(r_1, r_2)$.
Im weiteren Verlauf nehmen STASSER und DAVIS an, daß sich die m_{ij} angeben lassen als

$$m_{ij} = \alpha_{ij} \cdot \left(\frac{r_1}{r_1 + r_2} \right)^c , \quad c = 0, 1, 2, 3 \quad .$$

Bei dieser Wahl der Einflußfunktion besteht nur noch eine Abhängigkeit von den Subgruppengrößen und c, durch welches der Intensitätsgrad des normativen Einflusses angegeben wird, also die Stärke der Konformitätstendenz innerhalb der Gruppe. Der Faktor α_{ij} ist demgegenüber unabhängig von den Gruppenmitgliedern, sondern reflektiert Spezifika des Entscheidungsproblems. Im Falle der informationellen Überlegenheit einer Alternative wird beispielsweise der Faktor α_{ij} entsprechend vergrößert.

Es erscheint zwar plausibel, daß die Übergangswahrscheinlichkeiten zwischen den Alternativen von der Anzahl der Mitglieder abhängen, welche für eine Alternative eintreten. Der funktionale Zusammenhang zwischen Mitgliederzahl und Übergangswahrscheinlichkeit bleibt in der Realität jedoch unklar. Wesentlich am *Social Interaction Sequence Modell* ist die Berücksichtigung der relativen Subgruppengröße als normativen Haupteinflußfaktor.

Die vorgestellten Modelle vermitteln einen Eindruck davon, daß schon bei Fokussierung auf die Konformität auslösenden (normativen) Einflußfaktoren eine Vielzahl unterschiedlicher Mechanismen auf die Meinungsbildung der Gruppenmitglieder wirken. Insbesondere die Anzahl der Individuen, welche eine Position vertreten, hat Einfluß auf die normative Tendenz der Gruppenentscheidung. Dabei scheint sich zunehmend die Auffassung durchzusetzen, daß nicht nur Mehrheiten

55 Zu diesem Absatz vgl. STASSER/DAVIS [1981], S.529–532.

auf Minderheiten wirken, sondern daß die auf das einzelne Mitglied wirkenden Einflußpotentiale abhängig sind von allen Gruppengrößen der Vertreter verschiedener Positionen.

Ergänzend zu den normativen Erklärungsmodellen muß insbesondere in einer Betrachtung mit ökonomischem Hintergrund der Einfluß informationeller Komponenten auf die Entscheidungsfindung der Gruppe beachtet werden.

3. Modelle auf Basis informationeller Einflüsse

Gegenüber den Theorien, die Einflußfaktoren für Gruppenentscheidungen ausschließlich im Bereich sozialer Mechanismen wie Konformitätsdruck sehen, orientiert sich die *Persuasive Arguments Theorie* von BURNSTEIN und VINOKUR in ihrer Erklärung für Entscheidungsmechanismen an verfügbaren und ausgetauschten Argumenten innerhalb der Gruppe.[56]
Im Laufe einer Diskussion werden einige Argumente ausgetauscht, was dazu führen kann, daß sich die Präferenzen von Gruppenmitgliedern für die Alternativen ändern. Modelliert wird der Prozess des Diskutierens dadurch, daß jedes Gruppenmitglied zufällig aus den ihm zur Verfügung stehenden Argumenten eines auswählt. Dies erläutert es dann in der Diskussion und macht es so den anderen Gruppenmitgliedern verfügbar.
Die Ausstattung mit Argumenten zu Beginn der Diskussion ergibt sich dabei aus einem kulturellen Pool von Ideen. Jedes Gruppenmitglied bewertet Alternativen anhand der ihm zu einem Zeitpunkt zugänglichen Argumente für und gegen die Alternative. Dabei sind für die eine Position entscheidend[57]

- Die *Anzahl* der Argumente,
- Die *Verfügbarkeit* (Kenntnis) der Argumente für das Mitglied,
- Die *Richtung* der Argumente,
- Die *Überzeugungskraft* (*Persuasiveness*) der Argumente, abhängig von
  - Gültigkeit des Argumentes
  - Neuheit des Argumentes

---

[56] Siehe BURNSTEIN/VINOKUR [1973], VINOKUR/BURNSTEIN [1974] und BURNSTEIN/VINOKUR [1977].

[57] Zu diesem Absatz vgl. BURNSTEIN [1982], S.104 und S.114.

Bei empirischen Überprüfungen wird der *Persuasive Arguments Theorie* ein hoher Erklärungsgrad bescheinigt, obwohl sich der Alleinerklärungsanspruch dieser Theorie insgesamt nicht bestätigt hat.[58]

Der Gebrauch von Argumenten ist nicht unabhängig von der Rahmensituation der Gruppe und ihren sozialen Mechanismen. STASSER und TITUS stellten fest, daß Gruppen dazu tendieren, verstärkt Informationen auszutauschen, die entweder bereits vor der Diskussion vielen Mitgliedern bekannt sind oder existierende individuelle Präferenzen unterstützen. Der reine Austausch von Informationen läuft demnach ebenfalls nicht unabhängig von Konformitätsdruck und anderen normativen Einflüssen auf einzelne Mitglieder ab. Auf Basis dieser Erkenntnis entwickelten sie das *Information Sampling Modell*.[59]

Insbesondere aus dem Blickwinkel der ökonomischen Analyse ist der Ansatz interessant, eine Entscheidung an Hand von ausgetauschten Argumenten zu erklären. Die Argumente repräsentieren eine Auffassung davon, daß eine Alternative unter bestimmten, beispielsweise ökonomischen Kriterien besser ist als eine andere. Die Gruppe entscheidet sich deshalb für diese Alternative, falls der Informationsaustausch erfolgreich war. Allerdings ist die Vorstellung einer *vorgegebenen* Zahl von Pro- und Kontraargumenten in einer ökonomischen Entscheidungssituation problematisch. Statt dessen könnten Güte oder Erfüllungsgrad einer Alternative für eine Zielsetzung mit Hilfe eines Nutzenbegriffes gemessen werden. Insgesamt ist für ökonomische Entscheidungen, bei denen die Qualität von einer übergeordneten Position aus beurteilt werden kann, die Berücksichtigung informationeller Einflüsse zwingend.

4. Andere Einflußfaktoren und Mischmodelle

In einigen Modellen werden Konformität auslösende und informationelle Einflüsse sowie andere Faktoren kombiniert.

---

[58] Vgl. KAPLAN/MILLER [1983], S.89f und ZUBER/CROTT/WERNER [1992], S.50.

[59] Vgl. STASSER/TITUS [1985], S.1467f.

Das Norm-Informations-Distanz-Modell von WERNER[60] beschreibt den Interaktionsprozeß mit Hilfe der Verteilung von Erstpräferenzen der Gruppenmitglieder. Die Veränderung dieser Erstpräferenzen im Zeitablauf wird durch einen Markovprozeß in diskreter Zeit modelliert, wie ein *Social Transaction Scheme*. Die 1-Schritt-Ubergangsmatrizen des Prozesse enthalten die Übergangswahrscheinlichkeiten zwischen den Verteilungen der Menge von Erstpräferenzen auf die Alternativen. Für diese Übergangswahrscheinlichkeiten existieren drei Einflußfaktoren, aus denen sich auch der Name des Modells herleitet.

Erstens der *informationelle Einfluß* bzw. die informationelle Attraktivität, die eine Alternative auf einen Vertreter einer anderen Alternative ausübt. Zweitens der *normative Einfluß*, beschrieben durch die *relative Größe der Subgruppe*, welche eine Alternative präferiert. Außerdem geht WERNER von der Annahme aus, daß die Alternativen Standpunkte wiederspiegeln, zwischen denen eine *Distanz* in Form einer positiven reellen Zahl angegeben werden kann. Diese Distanz zwischen den Alternativen bildet den dritten Einflußfaktor der Übergangswahrscheinlichkeiten.

So integriert das *NID-Modell* normative und informationelle Einflußfaktoren, wodurch die Realität vermutlich besser abgebildet wird als durch die ausschließliche Betrachtung eines der beiden Faktoren. Die Annahme der Existenz einer Distanzfunktion zwischen den Alternativen ist allgemein problematisch. Unterscheiden sich jedoch die Alternativen hauptsächlich hinsichtlich eines Attributes (beim Bau eines Einkaufszentrums z.B. die Fläche im qm), so erscheint die Annahme einer Distanzfunktion plausibel. Problematisch ist jedoch erneut die funktionale Quantifizierung der Bedeutung von Einflußfaktoren. Wie in den anderen betrachteten Modellen muß auf eine Plausibilisierung zurückgegriffen werden.[61]

Das DISCUSS-Modell von STASSER[62] simuliert eine entscheidungsorientierte Gruppendiskussion, in welcher die Mitglieder ihnen bekannte Pro- und Kontra-Argumente für die einzelnen Alternativen austauschen. Aus dem für jede Alternative verfügbaren Vorrat an Informationen, vergleichbar dem Pool der *Persuasive Argu-*

---

60 Die Darstellung folgt WERNER [1992], S.67-80, CROTT/WERNER [1994], S.72-78.

61 Siehe hierzu die Ausfuhrungen am Ende des Abschnittes.

62 Fur diesen Abschnitt vgl. STASSER [1988], S.402-405.

ments Theorie, hat jedes Gruppenmitglied einige zur Verfügung. Zu jedem Zeitpunkt wird eine Präferenzordnung der Mitglieder ermittelt an Hand von Anzahl und Wertigkeit derjenigen Argumente, an die sich das Individuum zu diesem Zeitpunkt erinnert. Die Bildung der Präferenzstrukturen erfolgt also nach informationellen Einflüssen, der Ablauf der Diskussion ist jedoch durch Dominanzverhalten und Konformitätstendenzen der Mitglieder beeinflußt:
Im *Discuss-Modell* erfolgt zunächst eine Vordiskussionsphase. In dieser Phase wird simuliert, welche Informationen in Form von Argumenten die Mitglieder über die Alternativen haben. Ergebnis der Vordiskussionsphase ist die Verteilung der Pro- und Kontra-Argumente sowie ihre Wertigkeiten auf die Gruppenmitglieder. Daraus folgen die Vorinteraktionspräferenzen der Mitglieder.

In der nachfolgenden Diskussionsphase wird zunächst unter den Mitgliedern ein Sprecher nach einem Modellierungsvorschlag von STEPHAN und MISHLER ermittelt. Dementsprechend ordnet eine Diskussionsgruppe die Häufigkeit der Beiträge ihrer Mitglieder nach einer Rangordnung, sofern keine festen Regeln für die Diskussionsanteile bestehen, sondern freier Wettbewerb um den nächsten Redebeitrag stattfindet. Durch die Rangfolge ist die Ordnung der Redewahrscheinlichkeiten vorgegeben. Für das i-te Mitglied in der Rangfolge errechnet sich die Wahrscheinlichkeit, den nächsten Diskussionsbeitrag zu liefern, im DISCUSS-Modell als

$$P_i = \frac{r^i}{\sum_{i=1}^{n} r^i}, \quad i = 1, \ldots, n,$$

wobei r ∈ [0,1] der Partizipationsparameter ist.[63]
Für r = 1 ergibt sich eine Gleichverteilung der Redewahrscheinlichkeiten über alle Gruppenmitglieder. Mit kleiner werdendem r wird die Wahrscheinlichkeit, den nächsten Diskussionsbeitrag zu leisten, für die dominanten Mitglieder größer und nimmt für die mit den höheren Rängen ab.

Der Sprecher wählt eines der ihm bekannten Argumente aus und äußert es in der Gruppe. Die Auswahl des Argumentes geschieht in Abhängigkeit von einem *advocacy*-Parameter, der bestimmt, ob sich die Mitglieder in der Diskussion

---

63 Vgl. STEPHAN/MISHLER [1952], S.602.

strategisch verhalten. Unter strategischem Verhalten teilt ein Mitglied nur Informationen in der Diskussion mit, die den eigenen Standpunkt unterstützen.[64]

Nachdem der Sprecher sein Argument bekanntgegeben hat, beziehen die anderen Mitglieder dieses Argument mit in ihre Bewertungen der Alternativen ein, sofern ihnen die Information vorher noch nicht bekannt war. Die Art der Bewertung von diskutierten Argumenten durch die Mitglieder ist zusätzlich davon abhängig, ob die Diskussion im Norm- oder im Nichtnormmodus abläuft. Im *Nichtnormmodus* werden die Argumente lediglich ausgetauscht, es verändert sich nur der Informationsstand der Mitgieder. Im *Normmodus* passen die Mitglieder zusätzlich ihre Gewichtungen der Argumente aneinander an. Diese Anpassung kann durch Variation des Normparameters auch teilweise erfolgen.

Die Diskussionsphase dauert in Form von Wiederholung der geschilderten Diskussionsrunden solange an, bis in der Gruppe ein Konsens (gemessen durch ein vorher festgelegtes Kriterium) gefunden ist. Werden allerdings nach einer vorgegebenen Zahl von Diskussionsrunden keine neuen Argumente mehr ausgetauscht, so bricht der Prozeß ab, ohne daß eine Übereinstimmung erzielt wurde.

5. Zusammenfassende Beurteilung

Die hauptsächliche Problematik der meisten betrachteten sozialpsychologischen Modelle liegt in der Bestimmung des funktionalen Zusammenhanges zwischen den Einflußgrößen und den Mitgliederpräferenzen. Viele dieser Modelle versuchen, den funktionalen Zusammenhang zwischen Einflußgrößen und Mitgliederpräferenzen explizit zu beschreiben. Die funktionale Beschreibung solcher komplexen Wirkungszusammenhänge ist jedoch letztlich kaum begründbar, sondern kann nur plausibilisiert werden.
Problematisch ist dies, wenn sich funktionale Annahmen der Modelle im Vergleich zu Ergebnissen auf einem vergleichsweise makroskopischen Niveau befinden.[65]

---

64 Vgl. STASSER [1988], S.402 und S.404. STASSER fuhrt allerdings nicht aus, nach welchen Kriterien beurteilt wird, ob ein Argument eine Position unterstützt. Bei mehr als zwei Alternativen ist dies nicht ohne weiteres klar.

65 Siehe hierzu die fruheren Bemerkungen zu den Anforderungen an die Tiefe einer wissenschaftlichen Theorie in Anlehnung an ALBERT.

Eine Ausnahme ist das DISCUSS-Modell von STASSER. In diesem Modell wird der Versuch unternommen, die eigentliche Gruppendiskussion zu modellieren. Die Auswirkungen auf die Mitgliederpräferenzen werden nicht direkt abgebildet, sondern ergeben sich aus dem Ablauf des Diskussionprozesses. Es werden zwar auch in diesem Modell Annahmen über funktionale Zusammenhänge benötigt, beispielsweise zur Bestimmung des nächsten Sprechers. Diese Voraussetzungen beeinflussen das Entscheidungsergebnis jedoch nicht so unmittelbar wie bei den anderen betrachteten Modellen. In diesem Sinne liegen die Modellvoraussetzungen des DISCUSS-Modells vergleichsweise tief.

Auch sofern Modelle der psychologischen Kleingruppenforschung zur Beschreibung von Gruppenentscheidungen Präferenzen der Mitglieder einbeziehen, wird normalerweise kein expliziter Nutzenbegriff eingeführt. Die Anzahl der Pro- und Kontra-Argumente in den (auch) informationell orientierten Modellen stellt jedoch einen impliziten (diskreten) Nutzenbegriff dar.
In den anderen Modellen führt die ausschließliche Betrachtung ordinaler Präferenzen zwar zu einer vereinfachten Modellbildung. Allerdings ist es den Mitgliedern erfahrungsgemäß nicht gleichgültig für die Veränderung ihrer Präferenzordnung, ob zwei Alternativen als annähernd gleich attraktiv oder stark unterschiedlich beurteilt werden.

Zusammenfassend wird aus den beschriebenen sozialpsychologischen Modellen deutlich, daß Gruppenentscheidungen durch normative *und* informationelle Faktoren determiniert werden. Informationelle Faktoren sind gekennzeichnet durch Beschreibung der Güte bzw. Geeignetheit von Alternativen in Hinblick auf Zielsetzungen bei der Lösung des Entscheidungsproblems, symbolisiert durch die ausgetauschten Pro- und Kontraargumente:

Beim Entscheidungsprozeß haben die Mitglieder sowohl entscheidungsproblemorientierte (informationelle) als auch an der Gruppe orientierte (normative) Zielsetzungen.

Insbesondere wegen des fehlenden Nutzenbegriffes ist jedoch von den vorgestellten deskriptiven Modellen der sozialpsychologischen Kleingruppenforschung keines geeignet, ein Entscheidungsproblem im Hinblick auf die ökonomische Qualität dieser Entscheidung zu beschreiben.

D. Rationalität auf Basis von ökonomischem Verhaltensmodell, Erwartungsnutzen-Theorie und Spieltheorie

Ziel des Abschnittes
Darstellung und Erläuterung von Grundlagen der ökonomischen Modellierung des Verhaltens von Individuen. Dazu gehören: • Rationalitätsprinzipien nach dem ökonomische Verhaltensmodell • Erwartungsnutzen-Theorie bei mehreren Zielen unter Risiko • Ansätze zur Berücksichtigung von Risikopräferenzen • Grundlegende Begriffe der Spieltheorie

Da die Ziele der Entscheidungsträger einer Gruppe in der Realität nicht notwendig mit denen der Instanz übereinstimmen müssen, entsteht i.d.R. ein Zielkonflikt. Jedes Gruppenmitglied kann seine Entscheidung *bewußt* suboptimal im Sinne der Instanz treffen. In diesem Abschnitt werden die Grundlagen der Modellierung von individuellen Zielsetzungen und darauf basierendem Verhalten in der Ökonomie dargestellt.

Zunächst wird die Rationalität in Form des ökonomischen Verhaltensmodells (moderner *homo oeconomicus*) diskutiert. Die Erwartungsnutzen-Theorie gestaltet dieses Prinzip aus. Sie wird dargestellt und kritisiert. Es folgen Methoden zur Berücksichtigung des Risikos und eine Darstellung von Grundbegriffen der Spieltheorie. Der Abschnitt hat folgenden Aufbau:

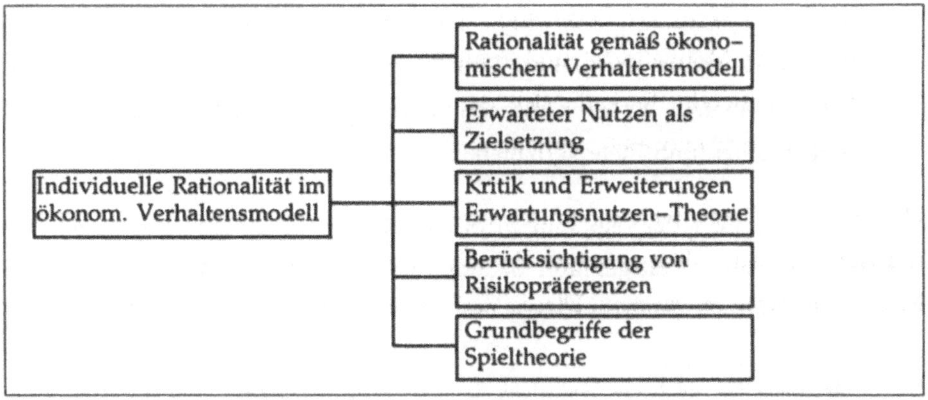

1. Individuelle Rationalität auf Basis des ökonomischen Verhaltensmodells

Deskriptive und normative Ansätze in der Entscheidungstheorie unterscheiden sich nicht nur in ihren Zielsetzungen. Es treten i.d.R. auch hinsichtlich der zugrunde liegenden Annahmen über die Grundsätze individuellen Verhaltens Unterschiede auf.

Die deskriptive Theorie der Individualentscheidungen beschäftigt sich damit, nach welchen Mustern Entscheidungen in der Realität tatsächlich gefällt werden, also mit psychologischen oder behavioristischen Aspekten der Entscheidungsfindung. Bei der Frage nach Gründen für Entscheidungen oder Verhaltensweisen gelangt man in den Bereich der Motivationstheorien. Dort werden beispielsweise Determinanten und Wirkungsweisen von Motivation erörtert.[66]

Empfehlungen einer normativen Entscheidungstheorie sind für einen Entscheidungsträger nur dann sinnvoll, wenn Präferenzen und Motive des Entscheidungsträgers mit der Theorie vereinbar sind. In den Bedingungen an mögliche Präferenzstrukturen, welche eine normative Theorie postuliert, werden Annahmen über die Prinzipien rationalen Verhaltens deutlich, die ausschlaggebend für die Form der Empfehlungen sind, welche aus der Theorie folgen. Aus dieser Perspektive kann von einer normativen Theorie abweichendes Verhalten eines Entscheiders zwei Gründe haben:

- *Irrationalität:* Der Entscheider verhält sich irrtümlich nicht gemäß der Theorie, handelt also in diesem Sinne irrational.
- *Falsche Abbildung der Präferenzen:* Die Annahmen des normativen Modells über seine Motivations- und Präferenzstrukturen stimmen nicht mit der Realität überein. Er kann sich dann durchaus rational auf Basis anderer Motivationen und Ziele verhalten.

Üblicherweise liegt der ökonomisch orientierten (normativen) Theorie das von individueller Rationalität geprägte ökonomische Verhaltensmodell zugrunde: Das Modell des *homo oeconomicus*. Dieses Verhaltensmodell läßt sich mit Hilfe zweier

---

66 Beispiele für solch ein Vorgehen sind die Bedurfnistheorie von MASLOW, siehe MASLOW [1954], und die ERG-Theorie von ALDERFER, siehe ALDERFER [1972].

Grundsätze charakterisieren:[67]

- *Eigennutzaxiom:* Das Individuum ist nur durch sein eigenes Interesse beeinflußt. Damit wird nicht ausgeschlossen, daß sich dieser Eigennutzen auch an sozialen Werten oder Bedürfnissen anderer orientiert.
- *Rationalität:* Das Individuum handelt zielrational, d.h. gemäß seiner eigennützigen Ziele. Die moderne Auffassung vom homo oeconomicus besagt nicht, daß er sich in jedem Moment absolut rational verhält, sondern nur, daß er *prinzipiell* zu seinem eigenen Vorteil handelt.[68]

Bei der Festlegung konkreter Nutzenstrukturen für Individuen wird in der Ökonomie allerdings oftmals restriktiver vorgegangen, als es das Modell des *homo oeconomicus* verlangt. So wird häufig lediglich der monetäre Nutzen betrachtet, vermutlich zur Komplexitätsreduktion und wegen Datenunsicherheit.

Demgegenüber basiert die Rationalität in deskriptiven Theorien i.d.R. auf umfassenderen Motivationsstrukturen, ist darum aber auch unschärfer. Interpretiert man rationales Verhaltens jedoch zu weitgehend, so erhält man einen für praktische Zwecke recht unbrauchbaren weil zu umfassenden Begriff zielrationalen Verhaltens. Jede zu einer Handlung führende Ursache oder Motivation könnte dann als rational für die nachfolgende Handlung interpretiert werden.[69]

Es gibt jedoch auch ökonomische Ansätze, die über diese klassischen Betrachtungen hinausgehen und unschärfere soziale Faktoren in quantitative Analysen einbeziehen.[70]

---

67 Vgl. KIRCHGASSNER [1991], S.16f zu Eigennutzaxiom und Rationalitat, S.18f zum Vergleich mit dem Kausalitatsprinzip. KIRCHGASSNER beschreibt in seinem Buch das ökonomische Verhaltensmodell ausführlich. Es wird die Anwendung in Ökonomie und die Ausdehnung des Konzeptes zu den ökonomischen Theorien von Recht und Politik ausgeführt. KIRCHGASSNER interpretiert den *homo oeconomicus* als Schritt in Richtung auf die Einheit der Sozialwissenschaften, diskutiert aber auch Probleme und Grenzen dieses Ansatzes.

68 Die Annahme rationalen Verhaltens kritisiert z.B. SEN, vgl. SEN [1973], S.247. HARSANYI sieht diese Annahme als natürlich an. Er versteht unter rationalem nur im Grundsatz zielgerichtetes ("*goal-directed*") Verhalten, vgl. HARSANYI [1975], S.91.

69 Vgl. DOWNS [1957], S.7f.

70 Solche Ansatze finden sich z.B. bei ROTH/MALOUF/MURNIGHAN [1981] ("*sociological factors*", vgl. S.153), bei WENDT [1991] ("*altruism*", vgl. S.103) , und bei ANDERSON [1985], ("*emotional reasoning*", vgl. S.219) .

2. Erwarteter Nutzen als individuelle Zielsetzung

Die in der Ökonomie übliche Methode zur Quantifizierung der Zielsetzung ist die Ermittlung eines Nutzens, der mit möglichen Konsequenzen des Entscheidungsproblems verbunden ist. Der Nutzen für eine Konsequenz x wird durch eine Nutzenfunktion U(x) angegeben, an die bestimmte Bedingungen geknüpft sind.[71] Im Fall des Risikos liegen die Konsequenzen der Alternativen jedoch nur in Form von Wahrscheinlichkeitsverteilungen vor. Die mit einer Alternative verbundene Präferenz ist also in Form einer Verteilung über die mit den Konsequenzen verbundenen Nutzenwerte gegeben. Zur Bestimmung der Alternativenpräferenz muß die Nutzen*verteilung* noch zu einer Zahl verdichtet werden.
In der Theorie des erwarteten Nutzens geschieht dies durch Bildung des Erwartungswertes der Nutzenverteilung.
Erschwerend für die Bestimmung einer Nutzenfunktion sind zwei Faktoren: Das Auftreten mehrerer Ziele und die Unsicherheit.

Da zur Theorie des erwarteten Nutzens eine Fülle von Literatur existiert, sollen an dieser Stelle nur die wichtigsten Fakten kurz erörtert werden.

a. Entscheidung bei mehreren Zielen und Sicherheit[72]

Hat ein Individuum zwischen mehreren Alternativen zu wählen, so stellt sich die Frage nach seiner Präferenz.

> Ein Entscheider hat eine *Präferenz* bezüglich der Alternativen A_1 und A_2 aus der Alternativenmenge A, wenn er entweder A_1 gegenüber A_2 vorzieht ($A_1 \succ A_2$) oder umgekehrt A_2 gegenüber A_1 vorzieht ($A_2 \succ A_1$) oder wenn er indifferent zwischen A_1 und A_2 ist ($A_1 \sim A_2$). Üblicherweise wird für Präferenzen von Individuen gefordert, daß sie vollständig und transitiv sind in folgendem Sinne: Die Präferenz ist *vollständig* auf A, wenn der Entscheider eine Präferenz bezüglich jedes Alternativenpaares aus A hat. Sie ist *transitiv*, wenn die Präferenz als Relation transitiv ist.

---

71 Vgl. z.B. FISHBURN [1981], S.141.

72 Dieser Teilabschnitt lehnt sich an an EISENFÜHR/WEBER [1993], S.94f, S.97f, S.115f. Dort finden sich Formalisierungen der Aussagen. Der Begriff der meßbaren Wertfunktion im Unterschied zu Nutzenfunktionen wird verwendet, um den methodischen Unterschied bei Entscheidungen ohne und mit Risiko klarer herauszuarbeiten, vgl. auch DYER/SARIN [1982], S.876.

Man möchte Präferenzen durch auf ganz A definierte reelle Funktion beschreiben mit Verwendung der natürlichen Ordnung > auf $\mathbb{R}$:

> Eine *Präferenzfunktion* (ordinale Wertfunktion)[73] ist eine Funktion $v{:}A \rightarrow \mathbb{R}$ mit
>
> $$v(A_1) > v(A_2) \Leftrightarrow A_1 \succ A_2 \,, \quad \forall A_1, A_2 \in A \,.$$
>
> Fur die Existenz einer Praferenzfunktion zu einer gegebenen Praferenz ist es offenbar notwendig, daß die Praferenz vollstandig und transitiv ist, da dies fur die "großer als"-Relation auf den reellen Zahlen ebenfalls gilt. Abgesehen von einigen technischen Voraussetzungen ist diese Bedingung auch hinreichend.

Die Präferenzfunktion ist hier also immer so formuliert, daß Alternativen mit höheren Präferenzwerten solchen mit kleineren Präferenzwerten vorgezogen werden. Die Gruppenmitglieder zielen auf eine Entscheidung ab, welche den Wert ihrer Präferenzfunktion maximiert.

Die so erhaltenen Präferenzwerte für die Alternativen lassen sich nur in bezug auf ihre Rangfolge, nicht aber hinsichtlich ihrer Differenzen unterscheiden. Stärke der Präferenz kommt in ihnen nicht zum Ausdruck. Dafür ist es erforderlich, daß der Entscheider auch den *Übergang* zwischen zwei Alternativen bewerten kann, daß er also auch für den vorgestellten Tausch zwischen zwei Alternativen eine Präferenz im obigen Sinne hat.

> Eine *meßbare (kardinale) Wertfunktion* ist eine Präferenzfunktion sowohl fur die Alternativen als auch fur den Übergang zwischen je zwei Alternativen.

Die Präferenz- oder Wertfunktionen beziehen sich auf die Alternativen. Da diese jedoch im Fall der Sicherheit eindeutig mit ihren Konsequenzen verbunden sind, werden durch sie letztlich auch Präferenzen und Werte der Konsequenzen bestimmt.

Im allgemeinen muß davon ausgegangen werden, daß im Fall mehrerer Ziele der Wert einer Konsequenz nicht getrennt in den einzelnen Attributen erfaßbar ist. Es können Abhängigkeiten bestehen. Insbesondere können die Präferenzen dann nicht in einem additiven Modell dargestellt werden.

---

[73] Der Begriff der Präferenzfunktion findet sich z.B. bei LAUX [1982a], S.26-29. EISENFÜHR und WEBER sprechen von (ordinalen) Wertfunktionen.

Ein Zielattribut ist *differenzunabhangig*, wenn zwischen je zwei Alternativen, die sich nur in diesem Zielattribut unterscheiden, die Übergangspraferenz nicht von den Ausprägungen der anderen Attribute abhangt.
Die Darstellung einer meßbaren (kardinalen) multiattributiven Wertfunktion im *additiven Modell* ist nur möglich, wenn alle Zielattribute differenzunabhangig sind

b. Entscheidung bei Risiko

Sind die Konsequenzen der Alternativen nicht sicher, so erhält neben dem Wertaspekt der Risikoaspekt Bedeutung. An die Stelle der Wertfunktion v tritt dann die Nutzenfunktion U, welche den möglichen -evtl. mehrwertigen- Konsequenzen einer Alternative einen Nutzen in Form einer reellen Zahl zuordnet. Da -Fall des Risikos- annahmegemäß eine Verteilung der Ergebnisse (Konsequenzen) für jede Alternative gegeben ist, kann -zumindest prinzipiell- der Erwartungswert des Nutzens berechnet werden. An diesem Erwartungswert E(U) orientiert sich der Entscheider nach der Theorie des erwarteten Nutzens.

Ist die Rationalität eines Entscheiders in einer Situation mit einigen Axiomen verträglich, so existiert eine Nutzenfunktion, deren Erwartungswert die Präferenz abbildet. Es wurde eine Reihe von Axiomensystemen zur Beschreibung der Rationalität entwickelt, die sich allerdings stark ähneln.[74] In der Nutzenfunktion U sind Wertaspekte und Risikoaspekte untrennbar miteinander verbunden:[75]

Unterschiedliche Zielwertausprägungen führen zu unterschiedlichen Nutzenwerten. Bei abnehmendem Grenznutzen für ein bestimmtes Ziel wird der Zusammenhang zwischen Zielwertausprägung und Nutzen bereits recht kompliziert. Die Komplexität nimmt noch zu, wenn der Nutzen eines gegebenen Zielwertes von der Umweltsituation abhängt, in der dieser Zielwert realisiert wird. Nutzenfunktionen, die solche Präferenzstrukturen beschreiben, nennt man aus nahelie-

---

[74] Bekannte Axiomensystem finden sich z.B. bei MARSCHAK [1950], S.115-122 und LUCE/RAIFFA [1957], S.23-31. Es soll hier jedoch keines dargestellt werden. Zu verschiedenen Axiomensysteme siehe FISHBURN [1970] und vgl. SCHNEEWEIß [1963], S.203-212 (Luce/Raiffa; Marschak; v.Neumann/Morgenstern; Herstein/Milnor). Ein neuerer Ansatz findet sich bei HARSANYI [1993], S.308-311, eine weiterführende Diskussionen ist FISHBURN [1982].

[75] Vgl. z.B. EISENFÜHR/WEBER [1993], S.214. Siehe hierzu auch die Ausfuhrungen in *Kap.I,D.4.b.* in Anlehnung an DYER/SARIN [1982].

genden Gründen zustandsabhängig.[76] Auch wenn zwei Entscheider allen Zielausprägungen jeweils den gleichen Wert beimessen, bewirkt eine unterschiedliche Risikoeinstellung verschiedene Nutzenwerte bei den Entscheidungsträgern, so daß sich in diesem Fall individuell unterschiedliche Nutzenfunktionen ergeben.[77]

Ebenso wie im Fall mehrerer Ziele unter Sicherheit wird die Nutzenfunktion U im allgemeinen nicht getrennt in einem additiven Modell nur mit Hilfe von (Teil)-Nutzen einzelner Zielattribute darstellbar sein. Zusätzlich zur wertmäßigen Differenzunabhängigkeit der Attribute muß für die Anwendbarkeit des additiven Modells im Risikofall auch die Verteilung der Attribute bei Formulierung der Unabhängigkeitsbedingung berücksichtigt werden:

> Die Zielattribute sind *additiv nutzenunabhängig,* wenn die Präferenz über Ergebnislotterien nur von den Wahrscheinlichkeitsverteilungen der Ausprägungen einzelner Attribute abhangt, nicht jedoch von Verteilungen von Attributkombinationen. Das additive Modell, die Darstellung der Nutzenfunktion als gewichtete Summe der Teilnutzen je Attribut, ist nur bei additiver Nutzenunabhangigkeit gultig.[78]

Auch in der behavioristischen Entscheidungstheorie wird der Fall mehrerer Zielgrößen untersucht. Die entsprechenden Bewertungsmodelle werden zusammengefaßt unter der Bezeichnung "*multiattribute utility (MAU)*"-Modelle.[79]
Das additive Modell ist dort unter der Bezeichnung *Multiattribute Utility Theorie* (MAUT) das am häufigsten benutzte,[80] insbesondere wohl wegen seiner Einfachheit. Beispielsweise stellen EDWARDS und NEWMAN dar, wie die einzelnen Schritte zur Entscheidungsfindung nach diesem Gewichtungsmodell sind.[81]

---

76 Zu Darstellung und Diskussion von Erwartungsnutzen-Theorie bei zustandsabhangigen Nutzenfunktionen vgl. LAUX [1982b], S.3-27.

77 Die Differenzierung zwischen Grenznutzen und Risikoaversion und eine Diskussion um ihre Berucksichtigung findet sich bei BELL/RAIFFA [1988], vgl. S.384.

78 Vgl. EISENFÜHR/WEBER [1993], S.255 und S.262. Es wird in diesem Zusammenhang auch von vollstandiger Nutzenunabhangigkeit gesprochen, vgl. LAUX [1982a], S.87f. Eine etwas andere Unabhangigkeitsbedingung findet sich bei FISHBURN [1982], S.73-75.

79 Vgl. GUSTAFSON/HUBER [1977], S.151.

80 Vgl. SLOVIC/FISCHHOFF/LICHTENSTEIN [1977], S.21.

81 Vgl. EDWARDS/NEWMAN [1982], S.17-20.

3. Kritik und Erweiterungen der Erwartungsnutzen-Theorie

Besonders aus Sicht der deskriptiven Theorie wird die Orientierung am erwarteten Nutzen kritisiert. An dieser Stelle sollen nur einige Beispiele dargestellt werden. Ausführliche Diskussionen um Kritik an der Erwartungsnutzen-Theorie finden sich z.B. bei FISHBURN. MACHINA erörtert demgegenüber (normative) Inkonsistenzen, die bei (hauptsächlich wiederholter) Anwendung von Nicht-Erwartungsnutzentheorien entstehen.[82]

Im folgenden werden zunächst die wichtigsten Kritikpunkte kurz erläutert. Es folgt eine Darstellung der Prospect-Theorie als Beispiel für einen Ansatz zur Erweiterung der Erwartungsnutzen-Theorie.

a. Kritik an der Erwartungsnutzen-Theorie

Zwei klassische Kritikpunkte an der Theorie des erwarteten Nutzens bestehen in Form der bekannten Paradoxa von ALLAIS[83] und ELLSBERG[84]. Beide Paradoxa verstoßen gegen das Unabhängigkeitsaxiom der Erwartungsnutzen-Theorie.[85] Das ELLSBERG-Problem zielt darauf ab, daß sich im Falle von Unsicherheit gegenüber den Wahrscheinlichkeiten eines Entscheidungsproblems viele Entscheider avers gegenüber *Ambiguität* verhalten. Ambiguität bezeichnet den Grad an Unsicherheit über Wahrscheinlichkeiten. Eine hohe Ambiguität liegt vor, wenn dem Entscheider Wahrscheinlichkeiten aus Informationsmangel unbekannt sind.[86]

Intransitivitäten und zyklische Präferenzen

Ein anderer Kritikpunkt an der Erwartungsnutzen-Theorie ist die Annahme transitiver Präferenzen. Insbesondere die Unterstellung transitiver Indifferenz zwischen Alternativen wird von einigen Autoren kritisiert.[87]

---

82 Siehe FISHBURN [1988], S.25-48 und MACHINA [1989].

83 Vgl. ALLAIS [1953], S.527f und zur Anayse beispielsweise FISHBURN [1988], S.38.

84 Vgl. ELLSBERG [1961], S.653f.

85 Vgl. z.B. EISENFÜHR/WEBER [1993], S.322 und S.325.

86 Vgl. CAMERER/WEBER [1992], S.330. Dort finden sich auch Schilderungen des Drei-Farben Problems und des verwandten Zwei-Farben Problems von ELLSBERG.

87 Vgl. z.B. ARMSTRONG [1948], S.3.

In Frage gestellt wird das Transitivitätsprinzip auch durch Beispiele für das Auftreten zyklischer Präferenzen. MAY befragte 62 Studenten nach Ihren paarweisen Präferenzen zwischen drei Alternativen x, y und z für eine hypothetische Heirat, charakterisiert durch folgende Attribute:

Alternative	**Intelligenz**	**Aussehen**	**Vermögenslage**
x	Sehr intelligent	Unschön	Gut situiert
y	Intelligent	Sehr gut aussehend	Arm
z	Leidlich intelligent	Gut aussehend	Reich

Abb. I.2: Attribute potentieller Heiratsparterinnen

Nach der Beschreibung sollten die Studenten die Alternativen ordnen. 17 der 62 Studenten hatten bei der Befragung eine zyklische Rangordnung, und zwar sämtlich die Rangordnung $x \succ y \succ z \succ x$. Dies deutet auf eine systematische Abweichung von der Transitivitätsannahme hin: Die obige zyklische Präferenzordnung ist durch Anwendung des Entscheidungskriteriums *Anzahl der überlegenen Attribute einer Alternative im paarweisen Vergleich* gekennzeichnet.[88]

Zyklische Präferenzen stellen normalerweise bei Abstimmungen von Gruppen ein Problem dar, das einige Aufmerksamkeit erfahren hat; dies wird im Abschnitt über die Auswahl einer Handlungsalternative durch Abstimmung in der Gruppe noch einmal kurz erörtert. Interessant ist, daß unter bestimmten Umständen das Phänomen zyklischer Präferenzen zwischen Alternativen bereits bei der Bewertung durch Individuen entstehen kann.

Framing-Effekte[89]

Eine andere Kategorie der Verletzungen von Axiomen der Erwartungsnutzen-Theorie stellen die Framing-Effekte dar. Framing-Effekte sind Veränderungen im Entscheidungsverhalten, welche aus unterschiedlichen Formulierungen (den *frames*) von Entscheidungen entsteht. TVERSKY und KAHNEMAN verdeutlichen dies durch folgendes Beispiel:

---

88 Vgl. MAY [1954], S.7.

89 Für den folgenden Teilabschnitt zu Framingeffekten vgl. TVERSKY/ KAHNEMAN [1981], S.453-456.

Es wurde Testpersonen die Situation geschildert, ein unbekanntes Virus würde ein Land bedrohen und ohne Reaktion voraussichtlich 600 Menschen töten. Bei der Wahl zwischen den Alternativen, 200 Menschen mit Sicherheit zu retten oder mit einer Wahrscheinlichkeit von 1/3 alle 600 zu retten, mit einer Wahrscheinlichkeit von 2/3 aber niemanden, plädierten 72% der 152 Befragten für die sichere Rettung von 200 Personen, 28% für die Lotterie.

Einer anderen Testgruppe wurde die gleiche Entscheidungssituation vorgelegt, nur wurden die Alternativen umformuliert: Die Wahl bestehe, entweder 400 Personen mit Sicherheit sterben zu lassen oder mit einer Wahrscheinlichkeit von 1/3 niemanden, aber mit 2/3 alle 600 sterben zu lassen. Bei dieser Fragestellung entschied sich die Mehrheit der 155 Befragten, nämlich 78%, für die Lotterie, während sich nur 22% für die Alternative entschieden, 400 Personen umkommen zu lassen. Die Ergebnisse sind in der folgenden Tabelle zusammengefaßt:

	Anteil Befragter für sichere Rettung/sicheren Tod	Anteil Befragter für Wahrscheinlichkeitsexperiment
Formulierung 1: " 200 sicher retten"	72 %	28 %
Formulierung 2: "400 sicher sterben lassen"	22 %	78 %

Abb. I.3: Ergebnisse des Versuchs Virusbedrohung

Die Formulierung des Problems bewirkte eine deutlich veränderte Orientierung der Mehrheit der Befragten.

TVERSKY und KAHNEMAN bezeichnen die beschriebene Form als Framing der Ergebnisse (*Framing of Outcomes).* Weiterhin geben sie Beispiele für die Möglichkeit, vergleichbare Effekte durch Beeinflussung der Kombination von Alternativen (*Framing of Acts*) und der Beurteilung von Wahrscheinlichkeitsurteilen (*Framing of Contingencies*) zu erzielen.

So scheint es für ein Individuum i.A. attraktiver zu sein, ein Risiko mit einer Eintrittswahrscheinlichkeit von 1% komplett auszuschließen, als die Eintrittswahrscheinlichkeit eines Risikos mit identischer Auswirkung von 2% auf 1% zu vermindern. Typischerweise wird Versicherung ein höherer subjektiver Nutzen beigemessen, wenn sie formuliert wird als vollständiger Schutz gegen ein spezifisches Risiko, im Vergleich zur Betrachtung als Risikoreduktion eines umfassenderen Gesamtrisikos, welches das spezifische Risiko enthält.

Durch die Formulierungen im beschriebenen Beispiel wurde ein Wechsel in der Wahrnehmung des Entscheidungsproblems verursacht. Unterschiedliche Wahl in Abhängigkeit von der Formulierung bei sonst –in ihren Konsequenzen– äquivalenten Alternativen steht im Widerspruch zur Theorie des erwarteten Nutzens.

b. Die Prospect–Theorie als Erweiterung der Theorie des erwarteten Nutzens

Die beschriebenen und andere (deskriptive) Inkonsistenzen haben zu einer Reihe von Veränderungen und Verallgemeinerungen der Erwartungsnutzen–Theorie geführt.[90] An dieser Stelle soll nur die von TVERSKY und KAHNEMAN entwickelte *Prospect Theorie* vorgestellt werden, da sie in der Literatur besonderes Interesse hervorgerufen hat. Sie ist eine Verallgemeinerung der Erwartungsnutzen–Theorie.

Die Prospect–Theorie umfaßt zwei Hauptphasen:[91]

- Editierungs (editing)–Phase: Organisation und Reformulierung der Alternativen in Richtung auf eine mögliche Vereinfachung. Ziel dieser Phase ist ein kontrolliertes, wenn möglich abgestimmtes Framing der Alternativen.[92] Um zwischen Gewinnen und Verlusten zu unterscheiden, erfolgt in dieser Phase die Ermittlung eines Referenzpunktes für die Konsequenzen, der normalerweise einer augenblicklichen oder natürlichen Situation entspricht.
- Bewertungs (evaluation)–Phase:
  - *Ermittlung der Wertfunktion (value function)* v, mit der mögliche Ergebnisse der Alternativen bewertet werden. Die Wertfunktion der Prospect–Theorie ist eine meßbare Wertfunktion in der Terminologie der vorliegenden Arbeit.[93] Anders als die Nutzenfunktion in der Erwartungsnutzentheorie bewertet die Wertfunktion in der Prospect–Theorie

---

90 Einen Überblick uber solche Erweiterungen geben z.B. FISHBURN [1988] und WEBER/CAMERER [1987].

91 Zur Schilderung der Phasen vgl. KAHNEMAN/TVERSKY [1979], S.264–274, wenn nicht anders angegeben.

92 Vgl. TVERSKY/KAHNEMAN [1986], S.73.

93 Vgl. EISENFÜHR/WEBER [1993], S.329.

Konsequenzen relativ zum vorher bestimmten Referenzpunkt.

- *Ermittlung der Wahrscheinlichkeits-Gewichtungs (weighting)-Funktion* π. Die Werte der Konsequenzen werden nicht direkt mit ihren Eintrittswahrscheinlichkeiten p multipliziert, sondern den entscheidungsrelevanten Gewichten $\pi(p)$, die das Individuum einer Eintrittswahrscheinlichkeit beimißt.

Wertfunktion und Referenzpunkt

Typische Wertfunktionen sind nach TVERSKY und KAHNEMAN konvex im negativen und konkav im positiven Bereich. Bei Entscheidungen mit positivem Ergebnis sind die meisten Entscheider also risikoavers, bei Entscheidungen, die einen Verlust zum Ergebnis haben, jedoch risikofreudig. Dabei ist die Steilheit um den Nullpunkt größer im negativen Bereich. Die Funktion wäre also im Nullpunkt typischerweise nicht differenzierbar (*siehe Abbildung*). Die geschilderte Beobachtung der Ergebnisverschiebung beim obigen Framing-Beispiel erklären sie durch eine Verschiebung des Referenzpunktes, welche durch die unterschiedlichen Formulierungen der Entscheidungen entstanden ist.[94]

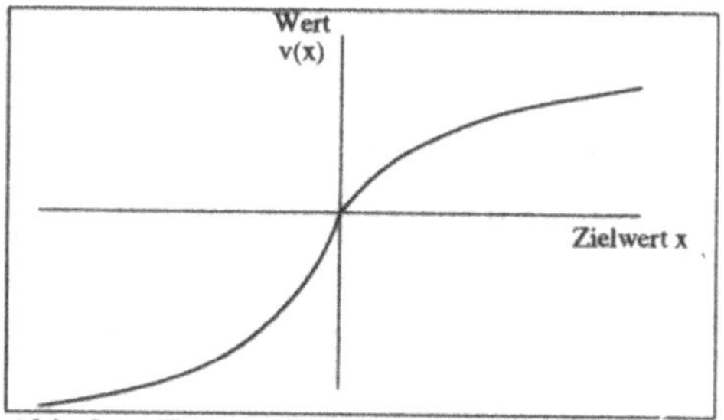

Abb. I.4: Typische Wertfunktion der Prospect-Theorie

In einer Untersuchung teilten FISHBURN und KOCHENBERGER 30 empirische *Nutzen*funktionen durch Ermittlung eines Referenzpunktes in Unterziel- und Überziel-Bereiche ein. Die Häufigkeit konkaver (risikoaverser) und konvexer (risikofreudiger) Äste unterhalb und oberhalb des Referenzpunktes ist nebenstehend abgebildet, die übrigen zwei waren linear.[95]

	Konkav oberhalb	Konvex oberhalb	Gesamt
Konvex unterhalb	13	5	18
Konkav unterhalb	3	7	10
Gesamt	16	12	28

Abb. I.5: Empirische Nutzenfunktionen nach FISHBURN/KOCHENBERGER

[94] Vgl. TVERSKY/KAHNEMAN [1981], S.454.

[95] Vgl. FISHBURN/KOCHENBERGER [1979], S.509f.

Demnach war die häufigste Gestalt für empirische *Nutzen*funktionen die von KAHNEMAN und TVERSKY postulierte Form für den Verlauf einer *Wert*funktion.[96]

Wahrscheinlichkeits-Gewichtungs-Funktion

Individuen neigen, wie im Zusammenhang mit *Framing-Effekten* geschildert, dazu, extreme Wahrscheinlichkeiten abweichend von den Erfordernissen der Theorie des erwarteten Nutzens zu gewichten. Typischerweise werden sehr unwahrscheinliche Ereignisse entweder vollständig ignoriert oder überbewertet. Das gleiche gilt für die Abweichung zwischen sicheren und sehr wahrscheinlichen Ereignissen.

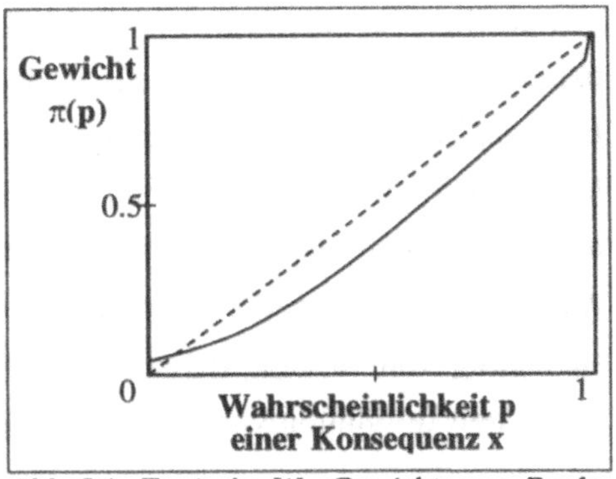

Abb. I.6: Typische W.-Gewichtungs-Funktion d. Prospect-Theorie

Um z.B. dieses Entscheidungsverhalten zu reflektieren, führen KAHNEMAN und TVERSKY die Wahrscheinlichkeits-Gewichtungs-Funktion ein, die abhängig von ihrer Eintrittswahrscheinlichkeit jede mögliche Konsequenz einer Alternative gewichtet. Im einfachsten Fall ist diese Funktion, wie nebenstehend abgebildet, nur abhängig von Wahrscheinlichkeiten, es ist aber prinzipiell auch die Berücksichtigung anderer Kriterien möglich, z.B. der Ambiguität hinsichtlich einer Konsequenz.[97]

Eine Reihe von Beobachtungen beim Entscheidungsverhalten, welche zu Inkonsistenzen mit der Erwartungsnutzen-Theorie führen, sind mit der Prospect Theorie vereinbar. Dies gilt für die Probleme von ALLAIS[98] und ELLSBERG (bei Berücksichtigung der Ambiguität in der Wahrscheinlichkeits-Gewichtungs-Funktion) und für die geschilderten Framing-Effekte (durch Editing-Phase und explizite Ermittlung eines gemeinsamen Referenzpunktes für die Alternativen).

---

96 Zur Interpretation dieses Ergebnisses sollten die Ausführungen von DYER/SARIN [1982] über *Risikoaversion relativ zur Wertpräferenz* beachtet werden (*Kap.I, D.4.b.*).

97 Vgl. KAHNEMAN/TVERSKY [1979], S.282f zur Bewertung der Wahrscheinlichkeiten und typischen Gewichtungs-Funktion, S.280 zur Berücksichtigung der Ambiguitat.

98 Vgl. KAHNEMAN/TVERSKY [1979], S.284f.

Es existiert allerdings bislang wohl kein Modell individueller Rationalität, welches gleichzeitig universell einsetzbar, deskriptiv erschöpfend und für die Ableitung von Empfehlungen praktikabel ist. TVERSKY und KAHNEMAN argumentieren sogar, eine Theorie menschlicher Entscheidungen, die gleichzeitig normativ angemessen und deskriptiv genau sei, könne es nicht geben.[99] Andererseits gibt es in der entsprechenden Literatur wohl keine einfache und schlüssige Typisierung der Entscheidungssituationen, die es erlauben würde, das jeweils beste Entscheidungsmodell situativ auszuwählen.

Trotz der erwähnten Kritik an der Erwartungsnutzen-Theorie und einigen Ansätzen zu ihrer Erweiterung wird rationales Entscheidungsverhalten auf Basis des ökonomischen Verhaltensmodells in der überwiegenden Mehrheit der Fälle mit Hilfe der Theorie des erwarteten Nutzens ausgestaltet. Besondere Aufmerksamkeit in der Literatur hat die Untersuchung der Risikopräferenz von Entscheidungsträgern erhalten, die sich auf Basis der Erwartungsnutzen-Theorie entscheiden. Auch im Rahmen der Modellierung von Gruppenentscheidungen hat die Berücksichtigung von Risikopräferenzen eine Bedeutung im Zusammenhang mit der monetären Belohnung von Gruppenmitgliedern durch die Instanz.

4. Berücksichtigung von Risikopräferenzen

Im allgemeinen wird man bei monetären Belohnungen für Individuen nicht von Risikoneutralität ausgehen können, wenn die zufallsabhängige Wahrscheinlichkeitsmasse der Belohnungsverteilung auf ein genügend großes Einkommensintervall eines Mitgliedes verteilt ist. Andernfalls stellt die Annahme der Risikoneutralität zumindest lokal eine gute lineare Approximation einer typischen, risikoaversen Nutzenfunktion dar.[100]

a. Risikoaversion nach ARROW und PRATT

Von Interesse ist besonders der Zusammenhang zwischen dem Vermögen eines

---

99 Vgl. TVERSKY/KAHNEMAN[1986], S.67 und S.88.

100 Zur üblichen Annahme der Risikoaversion siehe z.B. ARROW [1970], S.90f. Einen Grund für Ausnahmen in Form der "*Mehr-als-er-hat-kann-man-ihm-nicht-nehmen-Regel*" beschreibt SINN [1980], S.172-192.

Entscheiders und seiner Risikoeinstellung, obwohl prinzipiell natürlich auch andere Einflußfaktoren denkbar sind (bei zustandabhängigen Nutzenfunktionen). Zur Messung der Risikoaversion dient für gewöhnlich das Maß von ARROW und PRATT, der negative Quotient aus zweiter und erster Ableitung der Nutzenfunktion U:[101]

$$r_a(x) = -U''(x)/U'(x) .$$

Das ARROW–PRATT Maß wird aufgefaßt als Maß für die absolute, lokale Risikoaversion einer Nutzenfunktion U. Entsprechend definiert ARROW Risikoaversion *relativ* zum Vermögen als

$$r_r(x) = -[x \cdot U''(x)]/U'(x) = x \cdot r_a(x) .$$

b. Risikopräferenz relativ zur Wertpräferenz nach DYER und SARIN[102]

Wie erwähnt sind in der Nutzenfunktion Wert- und Risikoaspekte miteinander verbunden, so daß Teile der als Risiko definierten "Konkavität" der Nutzenfunktion auf abnehmenden Grenznutzen in der Wertfunktion zurückzuführen sind. Ein besseres Verständnis dieses Zusammenhanges erhält man durch das Konzept der *Risikoaversion relativ zur Wertpräferenz* von DYER und SARIN.

Angenommen, ein Individuum hat die gleiche Präferenz für drei Orangen beim Besitz von *keiner* wie von fünf *zusätzlichen* beim Besitz von dreien, d.h. es hat einen abnehmenden Grenznutzen für Orangen. Diesem Individuum wird folgende Wahl angeboten: Entweder drei Orangen sicher oder acht mit 0.5 Gewinnchance, sonst keine. Nach dem ARROW–PRATT Maß wäre der Entscheider risikoavers, wenn er zwischen den beiden Alternativen indifferent wäre. Nach der Definition von DYER und SARIN wäre er *risikoneutral relativ zur Wertpräferenz*:

---

101 PRATT nennt r_a lokale Risikoaversion, vgl. PRATT [1964], S.125f. ARROW verwendet die Bezeichnungen relative und absolute Risikoaversion, vgl. ARROW [1965], S.94. Hier wird jedoch zwischen *Risikoaversion relativ zum Vermögen* und *relativ zur Wertpraferenz* unterschieden, wie von DYER/SARIN [1982] verwendet.

102 Vgl. DYER/SARIN [1982], besonders S.879f zu formalen Überlegungen, S.875 zum Orangenbeispiel. DYER und SARIN sprechen nur von relativer Risikopräferenz, der Terminus *relativ zur Wertpräferenz* wird hier verwendet, um Verwechslungen mit dem relativen Risikomaß (zum Vermögen) von ARROW und PRATT auszuschließen.

Bezeichne v(x) die meßbare Wertfunktion eines Individuums mit Nutzenfunktion U, und $m(x) = -v''(x)/v'(x)$ das zu $r_a(x)$ analoge Maß für die Wertfunktion. DYER und SARIN nennen ein Individuum bei x *risikoavers [risikofreudig] (risikoneutral) relativ zur Wertpräferenz*, wenn $m(x)<r_a(x)$ $[m(x)>r_a(x)]$ $(m(x)=r_a(x))$. Diese Definition orientiert sich an der Form der Funktion U_v, die man auf die Wertfunktion anwenden muß, um die Nutzenfunktion zu erhalten. Sowohl U wie v sind Funktionen von der Konsequenzmenge X in die reellen Zahlen. Bezeichne $U_v:\mathbb{R} \to \mathbb{R}$ die Funktion, welche die Werte v(x) auf ihre Nutzen U(x) abbildet, d.h. $U(x) = U_v[v] = U_v[v(x)]$, bzw. $U = U_v \circ v$.
$r_v(v) = -U''_v(v)/U'_v(v)$ (die Ableitungen werden nach den Werten v gebildet) ist wiederum das Krümmungsmaß. DYER und SARIN zeigen, daß das Individuum bei x risikoavers [risikofreudig] (risikoneutral) relativ zur Wertpräferenz ist, genau dann wenn $r_v(v)>0$ $[r_v(v)<0]$ $(r_v(v)=0)$.

c. Zusammenhang von Vermögen und Risikoaversion

Über den Zusammenhang von Vermögen und Risikoaversion im Sinne von ARROW und PRATT gibt es drei grundsätzlich unterschiedliche Hypothesen, die jeweils zu bestimmten Typen bzw. möglichen Klassen von Nutzenfunktion führen:

- Die relative Risikoaversion ist konstant
- Die absolute Risikoaversion ist konstant (vermögensunabhängig)
- Die relative Risikoaversion nimmt zu, die absolute Risikoaversion nimmt ab.

Hypothese von der konstanten relativen Risikoaversion

Die Hypothese von der konstanten *relativen* Risikoaversion besagt, daß die durch $r_r(x)$ gemessene *relative Risikoaversion* der Nutzenfunktion U eines typischen Entscheiders konstant ist. Diese Hypothese enthält als schwächere Unterhypothese offenbar die von der abnehmenden absoluten Risikoaversion.
Bereits Bernoulli hat sich mit seiner Argumentation für diese Hypothese ausgesprochen, und sie wird durch eine Reihe von Gesetzmäßigkeiten der Psychophysik unterstützt, wie das Webersche Relativitätsgesetz.[103]

---

103 Zu einer umfangreichen Untersuchung uber den Zusammenhang von konstanter relativer Risikoaversion, Psychophysik (inkl. des Weberschen Gesetzes) und Implikationen fur mögliche Nutzenfunktionen vgl. SINN [1980], S.131-172.

Hypothese von der konstanten absoluten (vermögensunabhängigen) Risikoaversion

Die Hypothese von der konstanten *absoluten* Risikoaversion besagt, daß die durch $r_a(x)$ gemessene *absolute Risikoaversion* der Nutzenfunktion U eines typischen Entscheiders konstant ist. Diese Hypothese steht also im Gegensatz zu der von der abnehmenden absoluten Risikoaversion. Global betrachtet, d.h. auf die gesamte Nutzenfunktion bezogen, hat diese Hypothese weniger inhaltliche Unterstützung erfahren als die von der konstanten relativen Risikoaversion.

Dennoch hat sie zwei praktische Vorzüge, auf die noch zurückgegriffen wird:

- Die auf dieser Hypothese basierenden Nutzenfunktionen bilden eine bessere lokale Approximation an die tatsächliche Nutzenfunktion als die lineare. Die Varianz als übliches Risikomaß geht -gleichsam als zweites Glied einer gewöhnlichen Taylorentwicklung- mit dem Faktor 1/2 ein.[104]
- Zur Bewertung des (Zusatz-)Nutzens durch zusätzliches Einkommen eines Individuums ist lediglich dann keine Kenntnis seiner Vermögensverhältnisse notwendig, wenn man zumindest approximativ konstante absolute Risikoaversion im relevanten Bereich der Nutzenfunktion annimmt.

Hypothese von der zunehmenden relativen und abnehmenden absoluten Risikoaversion

Die Hypothese von der *zunehmenden relativen und der abnehmenden absoluten* Risikoaversion besagt, daß mit steigendem x $r_r(x)$ wächst, während gleichzeitig $r_a(x)$ fällt. Diese Hypothese vertritt ARROW. Die Teilhypothese der *abnehmenden absoluten Risikoaversion* (s.o.) ist intuitiv einleuchtend. Die Teilhypothese der *zunehmenden relativen Risikoaversion* deduziert ARROW aus der Forderung nach beidseitig beschränkten Nutzenfunktionen, d.h. mit endlichem (negativen) Nutzen bei einem Vermögen von 0 und endlichem (positiven) Nutzen bei einem Vermögen von gegen ∞.[105]

Allerdings wird ARROWS Forderung nach Beschränktheit der Nutzenfuntionen nicht uneingeschränkt geteilt.[106]

---

104 Vgl. PRATT [1964], S.125f.

105 Vgl. ARROW [1970], S.96f.

106 Zu einem Überblick vgl. SINN [1980], S.192–205.

5. Grundbegriffe der Spieltheorie[107]

Spielbegriff und Informationsstruktur werden in der Spieltheorie für gewöhnlich auf folgende oder ähnliche Weise definiert: Ein Spiel –in strategischer oder normaler Form– besteht aus folgenden Elementen:[108]

- Eine i.d.R. endliche Menge von Spielern $m \in M$, $M = \{1,...,M\}$.
- Einen Raum reiner Strategien S_m für jeden Spieler m.
- Eine Auszahlungsfunktion u_m für jeden Spieler m, die seinen erwarteten Nutzen $u_m(s)$ für jede Strategie-Kombination $s=(s_1,...,s_M)$ angibt.

Das Spiel ist ein Nullsummenspiel, wenn $\Sigma^M_{m=1}u_m(s) = 0$ für alle s, d.h. wenn die Summe der Auszahlungen über alle Spieler bei allen Stategien 0 ist. Wesentlich am Nullsummenspiel ist nur, daß die Summe über alle Strategien konstant ist.

Für den Fall der vollständigen Information wird vorausgesetzt, daß die strategische Form, also auch Strategieräume und Auszahlungsfunktionen, den Spielern bekannt sind. Sie wissen außerdem, daß auch die Gegner diese Information besitzen, daß die Gegner wissen, daß alle Spieler diese Informationen haben, etc. ad infinitum.
Diese Art des Wissens wird als *common knowledge* bezeichnet. Exakter formuliert wird ein Element der Informationsstruktur eines Mitgliedes als *common knowledge* bezeichnet, wenn jede Aussage der Form "Spieler m weiß, daß die Spieler x und y wissen, daß Spieler m weiß,..., daß E gilt" wahr ist.[109]

Eine gemischte Strategie ξ ist eine Wahrscheinlichkeitsverteilung über reine Strategien, wobei die Randomisierungen der Spieler stochastisch unabhängig sind, und die Auszahlung für eine gemischte Strategie ist der Erwartungswert der entsprechenden Auszahlungen für die reinen Strategien. Dabei sind als Verteilungen auch degenerierte Einpunktverteilungen zugelassen, so daß die Menge der

---

107 Grundlegend für die Entwicklung der Spieltheorie war VON NEUMANN / MORGENSTERN [1944]

108 Vgl. FUDENBERG/TIROLE [1991], S.4 zur Definition von Spiel und Nullsummenspiel.

109 Vgl. FUDENBERG/TIROLE [1991], S.4, S.543 zur Definition von *common knowledge*.

reinen Strategien in der Menge der gemischten Strategien enthalten ist.[110]

Die Spieltheorie macht Aussagen darüber, wie sich Spieler *rationalerweise* in der beschriebenen und erweiterten Spielsituationen (beispielsweise bei unvollständiger Information) verhalten. Wesentlich dafür und für die weiteren Betrachtungen sind die Definitionen der besten Antworten und des Nash-Gleichgewichtes.

- Eine Strategie s^*_m von Spieler m heißt **beste Antwort** auf die Strategie $r_{\setminus m}$ der übrigen Spieler, $r_{\setminus m} = (r_1,\ldots,r_{m-1},r_{m+1},\ldots,r_M)$, wenn gilt:
  $u_m(s^*_m;r_{\setminus m}) \geq u_m(s_m;r_{\setminus m})$ für alle Strategien s_m von Spieler m.[111]

Die Forderung, daß ein Spieler eine beste Antwort auf eine gegebene Strategiekombination seiner Gegner spielt, ist eine notwendige Bedingung aus der Rationalitätsannahme für individuelles Verhalten.

- Eine gemischte Strategie $\xi^* = (\xi^*_m;\xi^*_{\setminus m})$ heißt **Nash-Gleichgewicht**, wenn für alle Spieler m=1,...,M gilt:
  $u_m(\xi^*_m;\xi^*_{\setminus m}) \geq u_m(s_m;\xi^*_{\setminus m})$ für alle Strategien s_m von Spieler m.[112]

Dementsprechend ist eine Strategiekombination als Nash-Gleichgewicht gekennzeichnet, wenn die Strategien aller Spieler beste Antworten *aufeinander* sind. Ein Nash-Gleichgewicht zeichnet sich also dadurch aus, daß kein Spieler seine Auszahlung erhöhen kann, indem er *allein* eine andere Strategie wählt.

Damit sind Nash-Gleichgewichte konsistente Vorhersagen möglicher Spielverläufe in dem Sinne, daß rationalerweise ausschließlich Nash-Gleichgewichte gespielt werden können. Denn nur ein Nash-Gleichgewicht hat die Eigenschaft, daß die Spieler sein Eintreten vorhersagen können, daß sie wissen, daß die Gegner dies ebenso können etc.. Im Gegensatz dazu folgt aus der Annahme, ein Nicht-Nash-

---

110 Vgl. FUDENBERG/TIROLE [1991], S.5.

111 Vgl. HARSANYI/SELTEN [1988], S.39. Die hier gewahlte Schreibweise mit "≥" ist offenbar äquivalent zur dort gewählten Formulierung über das Maximum. Mit $(s_m;r_{\setminus m})$ ist anschaulich klar eine Strategie gemeint, die aus s_m fur Spieler m und aus $r_{\setminus m}$ fur die ubrigen Spieler besteht.

112 Die Ungleichung gilt damit automatisch auch, wenn auf der rechten Seite alle gemischten Strategien von m betrachtet werden, vgl. FUDENBERG/TIROLE [1991], S.11.

Punkt werde gespielt, daß mindestens einer der Spieler einen Fehler macht bei der Einschätzung des Verhaltens seiner Gegner oder (gegeben diese Einschätzung) bei der Maximierung seiner Auszahlung. Es ist zwar nicht sicher, daß solche Fehler in der Realität nicht auftreten können. Um diese Fehler vorherzusagen, müßte der Spieltheoretiker jedoch mehr über das Spiel wissen als die Spieler. Deshalb wird in den meisten ökonomischen Anwendungen von der ausschließlichen Realisation von Nash-Gleichgewichten ausgegangen.[113]

Da i.d.R. mehr als nur ein Nash-Gleichgewicht existiert, ist die Forderung an eine Strategiekombination, Nash-Gleichgewicht zu sein, lediglich eine notwendige Bedingung für ihre Realisation im Spiel. Diese notwendige Bedingung ergibt sich wie geschildert unmittelbar aus der Forderung nach Rationalität der Spieler. GUTH und KALKOFEN sprechen in diesem Zusammenhang davon, daß nur Nash-Gleichgewichte selbststabilisierende Erwartungen über das Verhalten anderer widerspiegeln, während ein Nichtgleichgewichtspunkt eine sich selbst zerstörende Erwartung enthält.[114]

Die Existenz eines Nash-Gleichgewichtes ist für den Fall endlicher Strategiemengen und vollständiger Information gesichert:

> **Existenzsatz von Nash:**
> Jedes endliche Spiel (d.h. mit endlicher Strategienmenge) hat (mindestens) ein Nash-Gleichgewicht mit gemischten Strategien.[115]

Damit ist allerdings nicht gesagt, daß es immer ein Gleichgewicht mit nicht-degenerierten gemischten Strategien gibt, da die reinen Strategien in der Menge der gemischten Strategien enthalten sind.[116]

---

113 Zu diesem Absatz uber die Interpretation des Vorliegens von Nash- und nicht Nash-Punkten vgl. FUDENBERG/TIROLE [1991], S.13 (fast wortlich ubersetzt). Verfalschungen durch nicht rationales Verhalten sind also nicht antizipierbar und mussen deshalb aufgefaßt werden als unsystematisch im Sinne von *Kap.II, A.5.*.

114 Vgl. GUTH/KALKOFEN [1989], S.3

115 Vgl. NASH [1950], S.48f und FUDENBERG/TIROLE [1991], S.29.

116 Vgl. FUDENBERG/TIROLE [1991], S.29.

E. Wahrscheinlichkeitstheoretische Grundlagen und die Bildung subjektiver Wahrscheinlichkeitsurteile

Ziel des Abschnittes

Darstellung und Erläuterung verschiedener Grundlagen aus dem Bereich der Theorie und Einschätzung von Wahrscheinlichkeiten:

- Subjektive und objektive Wahrscheinlichkeiten und ihrer Vereinbarkeit
- Grundbegriffe und Ideen der statistischen Schätztheorie
- Prinzip der maximalen Entropie zur Bildung von Ausgangsverteilungen
- Methodische und heuristische Bildung von Wahrscheinlichkeitsurteilen

In diesem Abschnitt werden zunächst Betrachtungen über die Vereinbarkeit der Konzepte von objektiver und subjektiver Wahrscheinlichkeit angestellt. Dann werden einige später benötigte Grundbegriffe der statistischen Schätztheorie erläutert und das Prinzip der maximalen Entropie zur Bestimmung von Parametern einer Wahrscheinlichkeitsverteilung vorgestellt.

Schließlich wird zur besseren Anschaulichkeit eine kurze Beschreibung von üblichen, normalerweise unbewußten Vorgehensweisen zur Ermittlung eines persönlichen Urteils über subjektive Wahrscheinlichkeiten und zufallsbeeinflußte Größen in der Realität gegeben. Der Abschnitt ist folgendermaßen gegliedert:

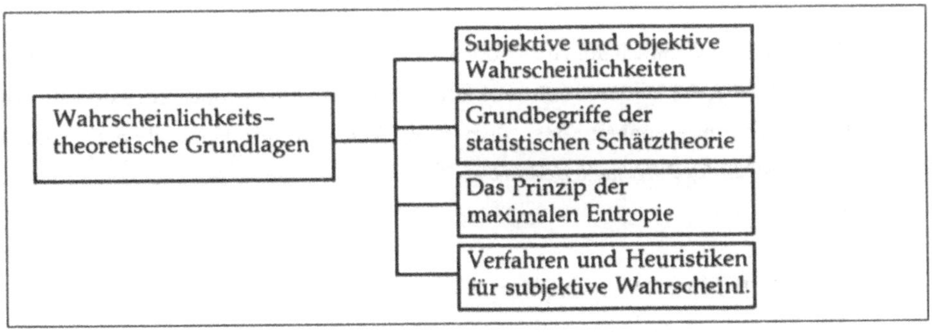

1. Subjektive und objektive Wahrscheinlichkeiten

In der mathematischen Wahrscheinlichkeitstheorie geht man normalerweise aus vom Vorliegen eines Wahrscheinlichkeitsmaßes über einem abstrakten Wahrscheinlichkeitsraum, bestehend aus einer Menge Ω, einem Teilmengensystem σ-Algebra A von Ω und einem Wahrscheinlichkeitsmaß P auf dem Meßraum (Ω,A). Das Tripel (Ω,A,P) nennt man dann Wahrscheinlichkeitsraum.[117]

Je nach Problemstellung interessiert dieses Wahrscheinlichkeitsmaß oder die Verteilung einer Zufallsvariable, die in den interessierenden Raum abbildet, z.B. in die Menge der reellen Zahlen.

Diese in der Mathematik übliche Auffassung geht zurück auf den axiomatisierten Aufbau der Wahrscheinlichkeitstheorie durch KOLMOGOROV aus dem Jahre 1933.[118] In der strengen mathematischen Auffassung wird eine inhaltliche Definition von Begriffen wie Ereignis oder Wahrscheinlichkeit zugunsten einer logisch-formalen Klarheit vermieden. Der mengentheoretisch orientierte Aufbau lehnt die Wahrscheinlichkeitstheorie eng an die mathematische Maßtheorie an.[119]

In der (ökonomischen) Realität liegen einem Entscheidungsträger für gewöhnlich nur persönliche, subjektive Einschätzungen über die Glaubwürdigkeit des Eintretens bestimmter Ereignisse vor. Kann er diese Vorstellungen (logisch konsistent) in bestimmten numerischen Werten ausdrücken, so nennt man diese Werte subjektive Wahrscheinlichkeiten.[120] So stellt GOTTINGER fest:

> "Die subjektive Wahrscheinlichkeitstheorie ist aus Uberlegungen heraus entstanden, eine Schatzung der Wahrscheinlichkeit bei sehr kleinen Stichproben anzustreben, wo der Entscheidungseinheit (oder dem Statistiker) mit der klassischen Definition (Laplaceschen Begriff) nicht gedient ist."[121]

---

117 Vgl. z.B. BEHNEN/NEUHAUS [1984], S.25-28.

118 Vgl. KOLMOGOROV [1933], S.2f.

119 Vgl. BAUER [1968], S.VII und S.4 sowie GOTTINGER [1974], S.21f.

120 Zu dieser anschaulichen Definition vgl. LAUX [1982a], S.134f. In elaborierter Form findet sich das Konzept subjektiver Wahrscheinlichkeiten z.B. bei SAVAGE [1954].

121 GOTTINGER [1974], S.14.

Aus der Axiomatisierung des mathematischen Wahrscheinlichkeitsbegriffes ist nicht ersichtlich, ob es sich bei den unterliegenden Wahrscheinlichkeiten um objektive oder subjektive Wahrscheinlichkeiten handelt. Im Gegenteil ist die quantitative Kolmogorovsche Wahrscheinlichkeitsaxiomatik mit beiden Interpretationen verträglich, ebenso wie die von Savage behandelten qualitativen Wahrscheinlichkeiten in axiomatisierter Form weder der subjektiven, noch der objektiven Interpretation widersprechen.
Dies muß betont werden, weil die qualitative Wahrscheinlichkeit der Bayesianer auf einer subjektiven Vorstellung des Wahrscheinlichkeitsbegriffes beruht und Kolmogorov an eine objektive Interpretation des Wahrscheinlichkeitsbegriffes gedacht haben mag.[122]

Mathematische Statistik beschäftigt sich beim Testen und Schätzen im wesentlichen damit, aus Beobachtungen der Realität Aussagen über Eigenschaften des unterliegenden objektiven Wahrscheinlichkeitsmaßes abzuleiten.
Allerdings *definiert* man in der Mathematik ein *Schätzproblem* nicht an Hand der Möglichkeit zu Beobachtungen, sondern lediglich als Entscheidungsproblem mit sehr allgemeinen Eigenschaften, bei dem ein unterliegender Parameter einer Familie von Wahrscheinlichkeitsmaßen gesucht wird.[123]

Aus dem obigen Zitat von GOTTINGER wird deutlich, daß die Konzepte von subjektiver und objektiver Wahrscheinlichkeit miteinander vereinbar sind, beispielsweise durch folgende Vorstellung: Angenommen, in einer Entscheidungssituation existiert eine objektive Wahrscheinlichkeitsverteilung, die dem Entscheider jedoch unbekannt ist. Daraufhin "schätzt" dieser die objektiven Wahrscheinlichkeiten logisch konsistent, d.h. er bildet sich ein Wahrscheinlichkeitsurteil über die zugrunde liegende Verteilung. Das durch individuelle Erfahrung und

---

122 Zu diesem Absatz vgl. GOTTINGER [1974], S.32. SAVAGE unterscheidet zwischen objektiven, subjektiven und notwendigen Wahrscheinlichkeiten, bringt aber die an gleicher Stelle erwähnte Axiomatik von KOLMOGOROV mit keinem dieser Konzepte explizit in Verbindung, vgl. SAVAGE [1954], S3f. Sowohl ANSCOMBE/AUMANN als auch HARSANYI benutzen objektive und subjektive Wahrscheinlichkeiten gleichzeitig mit unterschiedlicher Bedeutung, vgl. ANSCOMBE /AUMANN [1963], S.204 und HARSANYI [1993], S.308-311.

123 Vgl. z.B. STRASSER [1985], S.156.

Informationen beeinflußte Ergebnis in Form eines Urteils über die Wahrscheinlichkeiten bildet dann die subjektive Wahrscheinlichkeitsverteilung des Entscheiders.

Die gleichzeitige Verwendung subjektiver und objektiver Wahrscheinlichkeiten stellt also keinen logischen Widerspruch dar. Vielmehr existieren beide Formen nebeneinander nach der Auffassung, daß objektive Wahrscheinlichkeiten zwar abstrakt existieren, diese dem Entscheider jedoch nicht exakt, sondern nur in Form subjektiver Wahrscheinlichkeiten zugänglich sind.[124]

In diesem Sinne ist die Bildung eines subjektiven Wahrscheinlichkeitsurteiles über die Parameter durch Instanz und Gruppenmitglieder ein *"Schätzproblem"* im weitesten Sinne. Bei diesem *"Schätzproblem"* besteht allerdings nicht die Möglichkeit zur Beobachtung der Realisationen von Experimenten, die entsprechend dem fraglichen Wahrscheinlichkeitsmaß verteilt sind.

2. Grundbegriffe der statistischen Schätztheorie

In diesem Überblick wird das Vorgehen der statistischen Schätztheorie nur insoweit erläutert, als es für die späteren Betrachtungen erforderlich ist.[125]

In der statistischen Schätztheorie werden für gewöhnlich Werte bestimmter Parameter gesucht, die einem Zufallsexperiment zugrunde liegen oder dieses beeinflussen. Beispiele sind die Suche nach Erwartungswert, Varianz und anderen

---

[124] Allein wenn man die Existenz objektiver Wahrscheinlichkeiten aus philosophischen Grunden bestreiten wurde, ergaben sich Schwierigkeiten. Jedoch ist z.B. POPPER Anhanger der objektiven Sichtweise: "(...). Diese subjektive Interpretation der Wahrscheinlichkeitsrechnung habe ich (...) bekampft." POPPER [1972], S.146. Allerdings ist nicht zu vermuten, daß POPPER sich auch gegen eine Interpretation subjektiver als beste individuelle Einschatzung objektiver Wahrscheinlichkeiten wenden wurde, wie sie im Text beschrieben ist: "Wir bekennen uns somit zu einer objektiven Interpretation; vor allem, weil, wie wir glauben, nur durch diese die *empirischen Anwendungen* der Wahrscheinlichkeitsrechnung aufgeklart werden können (...)." [Hervorhebung im Original], POPPER [1935], S.109. Vgl. auch POPPER [1935], S.432f bzw. POPPER [1972], S.381.

[125] Eine Einfuhrung in die mathematische statistische Schatztheorie findet sich z.B. in WITTING [1985], S.23–35 (Einführung, Begriffe) und S.299–328 (Optimalitat). An diese weiter gehende Einführung lehnt sich auch der vorliegende Teilabschnitt an.

Größen, die eine Klasse von Wahrscheinlichkeitsverteilungen parametrisieren, oder Werte von Funktionen dieser Parameter.[126]

In der Regel werden die Schätzungen auf Basis von Beobachtungen der Realisationen von Zufallsexperimenten durchgeführt, von denen man annimmt, daß sie gemäß der oben erwähnten Wahrscheinlichkeiten verteilt sind. Meist wird dabei von stochastisch unabhängigen Wahrscheinlichkeitsexperimenten ausgegangen, oftmals außerdem von identisch verteilten Wiederholungen.

Eine (meßbare) Funktion, die solchen Beobachtungen Werte aus dem unterliegenden Parameterraum zuordnet, wird als *Schätzfunktion* oder *Schätzer* bezeichnet. Liegen bestimmte Beobachtungen vor, so nennt man den Wert der Schätzfunktion für diese Beobachtung *Schätzung* für den Parameter.

Bei der statistischen Beurteilung der Güte einer Schätzfunktion interessiert nicht so sehr die einzelne Schätzung, sondern die gesamte Wahrscheinlichkeitsverteilung der Schätzfunktion. Da der *tatsächlich* unterliegende Parameter nach Voraussetzung unbekannt ist, muß zur Beurteilung sogar die Familie der Verteilungen bei Vorliegen der möglichen Parameter herangezogen werden.

Eine gängige Minimalforderung an die Qualität einer Schätzfunktion ist seine Erwartungstreue, d.h. wenn der Schätzer hinreichend oft auf unabhängige Beobachtungen angewendet wird, so soll der Durchschnitt der Schätzungen den tatsächlichen Parameterwert beliebig gut approximieren.

Um über die Erwartungstreue hinaus die Güte von Schätzfunktionen zu beurteilen, liegt es nahe, neben dem Erwartungswert noch andere Eigenschaften der Verteilung des Schätzers bei Vorliegen der möglichen Parameter zu betrachten. Eine bei reellen Parametern sehr oft angewendete Methode ist die Minimierung der Varianz der Schätzfehlerverteilung bei Vorliegen möglichst vieler (unbekannter) Parameterwerte.[127]

---

126 Genauer spricht man in diesem Zusammenhang von Punktschatzern im Unterschied zu Bereichsschatzern.

127 Allgemeiner betrachtet man die Werte bestimmter Verlustfunktionen. Die Varianz als Beurteilungskriterium ergibt sich bei Verwendung der Gauß-Verlustfunktion, die den quadratischen mittleren Schatzfehler minimiert.

Es ist denkbar, daß eine Schätzfunktionen die Varianz der Schätzfehlerverteilung für bestimmte unterliegende Parameter minimiert, während bei Vorliegen anderer Parameter eine andere Schätzfunktionen die minimale Varianz der Schätzfehlerverteilungen aufweist (unter allen erwartungstreuen Schätzern).

Bei zahlreichen, gutartigen Verteilungsklassen existieren jedoch erwartungstreue Schätzfunktionen, welche die Varianz für alle tatsächlichen, unbekannten Parameter minimieren. Solche Schätzer bezeichnet man als *erwartungstreu mit gleichmäßig kleinster Varianz*. Diese Schätzfunktionen sind für das Schätzproblem optimal unter allen erwartungstreuen Schätzern, wenn die Minimierung der Varianz der Schätzfehlerverteilung Optimierungskriterium ist (Gauß-Verlustfunktion).

3. Das Prinzip der maximalen Entropie

In Simulationen realer Systeme tritt häufig das Problem auf, daß gewisse Systemparameter als zufällig angesehen werden müssen. Die Wahrscheinlichkeitsverteilung des Parameters ist jedoch abgesehen von möglicherweise vorhandenen Informationen über Wertebereich und Momente (z.B. Erwartungswert, Varianz) unbekannt. Auch bei der Modellierung der Simulation in der vorliegenden Arbeit besteht dieses Problem.

Gibt es wie oftmals nicht die Möglichkeit, eine bestimmte Verteilung inhaltlich zu rechtfertigen, dann wird man bestrebt sein, so wenig zusätzliche Informationen wie möglich in die Wahl der Verteilung einfließen zu lassen. Die Verteilung wird dann also -anschaulich gesprochen- so zufällig wie möglich gewählt.
Vor dem Hintergrund dieser Überlegungen läßt sich das Laplacesche "*Prinzip des unzureichenden Grundes*" bei N Alternativen und Unsicherheit im engeren Sinne folgendermaßen interpretieren: Die Entscheidung fällt zugunsten derjenigen Alternative, deren (Gewinn-) Erwartungswert bei Unterstellung einer Gleichverteilung (Wahrscheinlichkeit von 1/N für jeden Umweltzustand) maximal ist.[128]

Um diese Überlegungen zu operationalisieren, wird ein Maß für die Information bzw. das Fehlen von Information in einer Verteilung benötigt. Im Rahmen der von

---

128 Zu Laplace-Regel und unzureichendem Grund vgl. z.B. Laux [1982a], S.121-123.

Shannon begründeten *Informationstheorie* wird zu diesem Zweck der Begriff der (statistischen) Entropie definiert als Maß für die Unbestimmtheit einer Wahrscheinlichkeitsverteilung. Die Entropie ist der gesuchte duale Begriff zur Information nach folgendem allgemeinen Prinzip:[129]

> " Die gewonnene Informationsmenge ist gleich dem Verlust an Entropie (...)."

Für Verteilungen $P=(p_1,\ldots)$ mit diskretem Träger $\Omega \subset \{-\infty,\ldots,\infty\}$ ist die Entropie definiert als[130]

$$H := -\sum_{n \in \Omega} p_n \cdot \ln p_n \quad ,$$

für stetige Verteilungen über $\Omega \subseteq \mathbb{R}$ mit Dichtefunktion f(x) analog als

$$H := -\int_{x \in \Omega} f(x) \cdot \ln f(x)\, dx \quad .$$

Obwohl dies aus der Definition nicht direkt ersichtlich ist, eignet sich die Entropie als Maß für Unsicherheit oder Zufälligkeit einer Verteilung in dem beschriebenen Sinne. Für eine tiefergehende Diskussion dieses Umstandes wird auf die einschlägige Literatur verwiesen.[131]

Als Konsequenz aus dieser Interpretation kann das *Prinzip der maximalen Entropie (der Ausgangsverteilung)* angesehen werden, welches ursprünglich aus der statistischen Mechanik stammt:[132]

> "Let X be a random variable whose distribution is subject to some set of restraints. Then entertain the null hypothesis that the distribution is one of maximum entropy, subject to these constraints."

Das Prinzip der maximalen Entropie der Ausgangsverteilung geht also davon aus, daß die Verteilung mit maximaler Entropie eine geeignete (a priori) Annahme zur Modellierung darstellt. Diese Verteilung wird in der Informationstheorie auch bezeichnet als *zufälligste aller (noch erlaubten) Verteilungen* und als *maximal un-*

---

129 TOPSØE [1973], S. 6; vgl. S.5f fur diesen Absatz.

130 Vgl. STRELEN [1986], S.2.

131 Siehe z.B. GOOD [1963], S.911, CHAN [1971], S.1752 und die noch folgenden Zitate.

132 GOOD [1963], S.911 und vgl. TOPSØE [1973], S.28f. In der Physik heißt eine solche Verteilung *Gibbsche kanonische Verteilung*.

verbindlich (maximally noncommittal). Sie ist *mit vorgegebenem Wissen übereinstimmend, aber ansonsten maximal unsicher in jeder anderen Beziehung, d.h. mit den größtmöglichen Freiheitsgraden.*[133]

Wie man anschaulich vermutet, ist die Verteilung mit maximaler Entropie auf einem endlichen Träger die Gleichverteilung.[134] Vor diesem Hintergrund stellt sich das eingangs erwähnte "*Prinzip des unzureichenden Grundes*" von Laplace dar als Empfehlung zur Wahl der a priori-Verteilung bei Abwesenheit jeglicher Information nach dem *Prinzip der maximalen Entropie.*

Auch in der vorliegenden Arbeit wird dem Prinzip gefolgt: Ist es in der Modellierung erforderlich, die Verteilung eines Wahrscheinlichkeitsexperimentes zu spezifizieren, so wird angenommen, daß die Instanz über gewisse Informationen in Form subjektiver Einschätzungen über die unterliegende Verteilung verfügt. Dann wird unter Berücksichtigung der Restriktionen die Verteilung mit maximaler Entropie ermittelt.
Dabei werden im Laufe der Untersuchung zwei Fälle eintreten, die der Übersichtlichkeit halber hier vorweggenommen werden; später wird dann nur noch auf die Argumentation an dieser Stelle verwiesen. Benötigt wird zusätzlich die schwache Voraussetzung, daß die Verteilung über eine Dichtefunktion verfügt.

<u>1. Fall:</u> Die Instanz kennt nur den Bereich $[a;b] \subset \mathbb{R}$, aus dem die Parameter stammen. Dann wird ausgegangen von einer Rechteck- (d.h. Gleich-) Verteilung $R\,[a;b]$, denn diese maximiert die Entropie unter allen Verteilungen über [a;b].[135] Die Dichtefunktion von $R\,[a;b]$ ist gegeben durch $f(x) = 1/(b-a) \cdot 1_{[a,b]}(x)$, d.h. sie hat im Intervall [a;b] den Wert $1/(b-a)$, und außerhalb des Intervalls nimmt sie den Wert 0 an. Die Rechteckverteilung wird parametrisch beschrieben durch den Mittelwert $(a+b)/2$ und ihre Spannweite Δ, welche $(b-a)$ beträgt.

---

133 Vgl. fast wörtlich CHAN [1971], S.1752, JAYNES [1957], S.623, JAYNES [1968], S.231. Mit dem Prinzip der maximalen Entropie scheint auch POPPER übereinzustimmen, vgl. POPPER [1935], S.432f bzw. POPPER [1972], S.381.

134 Vgl. TOPSØE [1973], S.28.

135 Vgl. CHAN [1971], S.1752f, STRELEN [1986], S.5f (mit Beweis für a=0, b=1 oBdA).

<u>2. *Fall:*</u> Die Instanz kennt nur Erwartungswert μ und Varianz σ^2 der Parameterverteilung. Möglicher Bereich ist die gesamte Menge $\mathbb{R}$ der reellen Zahlen. Dann wird ausgegangen von einer Normalverteilung N $(\mu;\sigma^2)$ mit Erwartungswert μ und Varianz σ^2, denn diese maximiert die Entropie unter allen Verteilungen über ganz $\mathbb{R}$ mit gegebenem Erwartungswert und gegebener Varianz.[136] Die Normalverteilung hat die Dichte $f(x) = 1/(\sqrt{2\pi\sigma^2}) \cdot \exp[-(x-\mu)^2/(2\sigma^2)]$.

4. Verfahren und Heuristiken bei der Bildung subjektiver Wahrscheinlichkeitsurteile

Zur Einschätzung subjektiver Wahrscheinlichkeiten gibt es einerseits explizite (Befragungs-)Methoden. Andererseits benutzen Entscheider bei der oft impliziten Einschätzung subjektiver Wahrscheinlichkeiten häufig Heuristiken, über deren Verwendung sie sich selbst nicht im klaren sind. Im folgenden werden die wichtigsten expliziten Meßmethoden und Heuristiken kurz vorgestellt.

<u>a. Methoden zur Messung subjektiver Wahrscheinlichkeiten</u>

Für die explizite Messung subjektiver Wahrscheinlichkeiten wurden einige Methoden entwickelt. Üblicherweise wird unterschieden zwischen direkten und indirekten Methoden. Bei den direkten Methoden wird der Entscheider einfach nach seiner subjektiven Wahrscheinlichkeit gefragt.

Bei den indirekten Methoden wird versucht, die komplexe Aufgabe der Einschätzung einer subjektiven Wahrscheinlichkeit zu vereinfachen. Dem Entscheider wird eine Reihe von Fragen vorgelegt, von denen i.d.R keine die explizite Einschätzung subjektiver Wahrscheinlichkeiten verlangt, mit deren Hilfe diese aber nach Beantwortung der Fragen rechnerisch ermittelt werden können.[137]

Da die *explizite* Quantifizierung subjektiver Wahrscheinlichkeiten für viele Entscheider schwierig ist, umgehen indirekte Methoden die explizite Einschätzung, indem der Entscheider nach Referenzlotterien mit bekannter Verteilung gefragt

---

136 Vgl. CHAN [1971], S.1753 und (mit Beweis) STRELEN [1986], S.5.

137 Vgl. z.B. LAUX [1982a], S.220–222.

wird, die für ihn mit der einzuschätzenden subjektiven Wahrscheinlichkeit äquivalent sind. Aus dem Zurückrechnen der bekannten Lotteriewahrscheinlichkeiten erhält man schließlich die subjektiven Wahrscheinlichkeiten. Es gibt folgende zwei Methoden zur indirekten Messung subjektiver Wahrscheinlichkeiten:[138]

- *Indirekte Wahrscheinlichkeitsabfrage:* Verwendung von Referenzlotterien, bei denen die Wahrscheinlichkeiten in den Situationen variiert werden.
- *Indirekte Wertabfrage:* Verwendung von Referenzlotterien, bei denen Wahrscheinlichkeiten in den Situationen konstant bleiben, statt dessen aber der Wert beispielsweise einer Wette variiert wird.

Normalerweise gehen Menschen jedoch bei der impliziten Einschätzung subjektiver Wahrscheinlichkeiten und zufallsbeinflußter Größen nach bestimmten Heuristiken vor, welche die Komplexität der Aufgabe reduzieren. Diese Heuristiken sind normalerweise sehr ökonomisch und effektiv, führen aber zu vorhersagbaren, systematischen Fehlern in bestimmten Situationen. TVERSKY und KAHNEMAN unterscheiden drei solcher Heuristiken:[139]

- Repräsentativität (*Representativeness*),
- Verfügbarkeit (*Availability*),
- Adjustieren und Verankerung (*Adjustment and Anchoring*).

b. Repräsentativität

Tritt im Verlauf des Schätzprozesses das Problem auf, die Wahrscheinlichkeit dafür zu schätzen, daß ein Ereignis oder Objekt A zu einem Prozeß oder einer bestimmten Klasse B aus einer Reihe von Klassen gehören, so gehen Individuen typischerweise nach der Repräsentativitätsheuristik vor. Dabei wird die Wahrscheinlichkeit dafür, daß A zu B gehört, mit Hilfe des Grades geschätzt, in dem A repräsentativ für B ist.

Die geschätzte Wahrscheinlichkeit dafür, daß ein Mensch einen bestimmten Beruf ausübt, nimmt z.B. in dem Maße zu, mit dem die Beschreibung des Menschen mit

---

138 Vgl. EISENFÜHR/WEBER [1993], S.161–163.

139 Der Teil über die Heuristiken Repräsentativität, Verfügbarkeit, Adjustieren und Verankern lehnt sich an den Artikel von TVERSKY / KAHNEMAN [1974], S.3–20 an.

der Vorstellung des Schätzenden über die Berufsgruppe übereinstimmt.

Diese Heuristik kann zu deutlichen Fehlern führen. Beispielsweise gehen im beschriebenen Fall sogenannte *base-rates* nicht in die Schätzung ein, das sind Informationen über die zugrunde liegende Größe der Menge B. Im Beispiel sind dies Häufigkeiten bestimmter Berufsgruppen. Ebenso berücksichtigen die Individuen andere Prinzipien der Wahrscheinlichkeitstheorie nicht, wie z.B. Stichprobengröße, begrenzte Validität weniger Informationen und Prinzipien der statistischen Regression, was TVERSKY und KAHNEMAN empirisch belegen.

Auch wird ein falsches intellektuelles Konzept des Zufalls deutlich, wenn z.B. -wie beobachtet- bei sechsfachem Münzwurf die Folge Kopf-Zahl-Kopf-Zahl-Zahl-Kopf für wahrscheinlicher gehalten wird als die Folge Kopf-Kopf-Kopf-Kopf-Zahl-Kopf, weil sie das Konzept einer fairen Münze besser repräsentiert.

c. Verfügbarkeit

Soll die Plausibilität eines Ereignisses oder die Häufigkeit einer Klasse geschätzt werden, so geschieht dies oftmals mittels der Verfügbarkeitsheuristik. Dabei wird die betreffende Wahrscheinlichkeit geschätzt an Hand der Leichtigkeit, mit der Ereignisse der entsprechenden Art ins Gedächtnis gerufen werden können.

Die Gültigkeit dieser normalerweise vernünftigen Heuristik -große Ereignisklassen bleiben leichter im Gedächtnis haften als kleine- führt jedoch unter Einfluß von Sonderfaktoren zu empirisch belegbaren Fehleinschätzungen. Solche Faktoren sind der Grad der Vertrautheit mit bestimmten Elementen einer Menge sowie unterschiedliche gedankliche Komplexität beim geistigen Erzeugen von Vertretern der Klassen.

d. Adjustieren und Verankern

Die dritte Heuristik ist die des Adjustierens und Verankerns. Ein typisches Vorgehen beim Schätzen ist es, von einem Anfangswert zu starten und diesen entsprechend verschiedener Überlegungen zu adjustieren, um letztendlich den Schätzwert zu erhalten. Typischerweise sind diese Adjustierungen unzureichend, und der Schätzwert verbleibt zu nah am ursprünglichen Anfangswert.

Dies Phänomen kann so stark sein, daß es sogar auftritt, wenn sich die Individuen der Willkürlichkeit des Anfangswertes bewußt sind. TVERSKY und KAHNEMAN zeigen dies an einem Beispiel, in dem der Anfangswert im Beisein der Individuen durch einen Zufallsmechanismus, ein Glücksrad, ermittelt wurde.

Bei der subjektiven Einschätzung von Wahrscheinlichkeitsverteilungen an Hand von Fraktilen tritt dabei folgende Verfälschung auf:

- *Frage nach dem Wert der Zufallsvariablen bei gegebenen Wahrscheinlichkeiten:* Eine Orientierung am Anfangswert, meist dem geschätzten mittleren Wert, führt wegen zu geringer Adjustierung dazu, daß die Verteilung zu eng geschätzt wird. Soll z.B. ein Wert geschätzt werden, der mit $p=0.9$ nicht überschritten wird etc., so führt dies i.d.R. zu einer Verteilung mit zu kleiner Varianz.
- *Frage nach der Wahrscheinlichkeit, mit der ein gegebener Wert nicht überschritten wird (logisch äquivalent):* Durch Orientierung am natürlichen Anfangswert von 0.5 für die Wahrscheinlichkeit tritt durch Festhalten der umgekehrte Effekt auf. Die Verteilung wird als zu weit eingeschätzt, ihre Varianz als zu hoch.

Nicht nur Individuen, welche im Umgang mit Wahrscheinlichkeiten ungeübt sind, verwenden die beschriebenen Heuristiken. Die Ursache für nachhaltige Verfälschungen wird darin gesehen, daß statistische Konzepte kaum im täglichen Leben erfahren werden.[140] So werden Fehleinschätzungen nicht als falsch erkannt. Deshalb sind Menschen nicht in der Lage, eine Intuition für zufallsbeeinflußte Zusammenhänge zu entwickeln.

Neben Sachkenntnis und Informationsstand wird die Schätzqualität eines Entscheidungsträgers davon abhängig sein, welche Heuristiken er im vorliegenden Problem der Schätzung einer objektiven Wahrscheinlichkeitsverteilung anwendet, und wie gut seine Anwendung dieser Heuristiken ist.

---

140 "Statistical principles are not learned from everyday experience because the relevant instances are not coded appropriately. For example, people do not discover that successive lines in a text differ more in average word length than do successive pages, because they simply do not attend to the average word length of individual lines or pages. Thus, people do not learn the relation between sample size and sampling variability, although the data for such learning are abundant", TVERSKY/KAHNEMAN [1974], S.18f.

F. Das Metaentscheidungsproblem der Instanz aus ökonomischer Sicht: Beschreibung und Lösungsansatz

Ziel des Abschnittes

Formalisierung von Entscheidungsproblemen für die theoretischen Analyse. Darstellung einer Auswahl von Steuerungsvariablen im Metaenscheidungsproblem nach KAUS. Erläuterung des Delegationswertkonzeptes von LAUX als Ansatz zur Festlegung von Steuerungsvariablen.

In diesem letzten Abschnitt des ersten Kapitels wird zunächst eine Formalisierung eines allgemeinen Entscheidungsproblems gegeben, welches dem Metaentscheidungsproblem der Instanz zugrunde liegt. Dann erfolgt eine Charakterisierung des Metaentscheidungsproblems der Instanz. Dazu werden mögliche Steuerungsvariablen auf Basis der Analysen von KAUS vorgestellt.
Schließlich wird das Delegationskonzept von LAUX als allgemeiner Lösungsansatz für das Metaentscheidungsproblem der Instanz vorgestellt. Der Abschnitt ist folgendermaßen gegliedert:

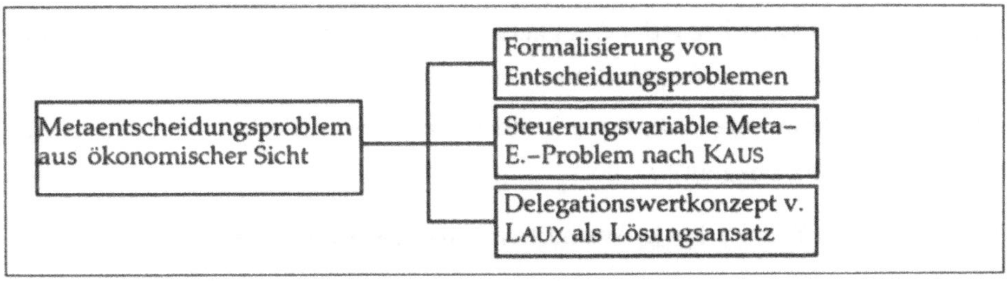

1. Formalisierung von Entscheidungsproblemen

Beschreibung und Formalisierung des Entscheidungsproblems erfolgen in einer recht allgemeingültigen Form, um den in dieser Arbeit behandelten Fall in den Kontext der Literatur einzubetten.[141]

---

[141] Der formale Teil der Darstellung orientiert sich soweit nicht anders angegeben an SCHMEIDLER [1989], S.574f.

Insbesondere können dadurch sowohl objektive als auch subjektive Wahrscheinlichkeiten berücksichtigt werden.

Konsequenzen

Mögliche Ergebnisse oder Konsequenzen des Entscheidungsproblems sind enthalten in der Menge X.

Die Elemente $x \in X$ sind allgemein aufzufassen als *atomistische holistische Einheiten* für ein (mit der Entscheidung befaßtes) Individuum. Idealerweise beschreibt eine Konsequenz $x \in X$ alle *für ein Individuum relevanten* Auswirkungen des Entscheidungsproblems, und das Vorliegen einer Konsequenz x schließt das einer anderen x′ aus. Der Inhalt von X hängt also von den Zielsetzungen des Entscheiders ab.[142] Die Konsequenzen können verbale Beschreibungen qualitativer Ausprägungen sein oder kardinal skalierte Größen, wie z.B. Gewinn.

(Objektive) Verteilung der Konsequenzen

Das Eintreten von Konsequenzen ist möglicherweise nicht sicher gegeben, sondern zufallsbeeinflußt. Dies ist sowohl bei nominalen wie auch bei kardinal skalierten Konsequenzen möglich. Im Fall eines reellwertigen Ergebnisattributes als Konsequenz existiert z.B. für jede Konsequenz eine diskret oder stetig verteilte reelle Zufallsvariable. Die Menge der (möglichen) Wahrscheinlichkeitsverteilungen über die Konsequenzen X, ausgestattet mit einer geeigneten σ-Algebra $\mathcal{X}$ auf X, wird mit Y bezeichnet (diese objektiven Wahrscheinlichkeiten sind dem Entscheider nicht notwendig bekannt):[143]

$$Y := \{\, y \mid y \text{ ist Wahrscheinlichkeitsmaß über } (X,\mathcal{X}) \,\}.$$

Die Verteilungen $y \in Y$ werden aufgefaßt als objektive Wahrscheinlichkeitsverteilungen, *roulette lotteries* in der Terminologie von ANSCOMBE und AUMANN.[144] Der Einfachheit halber werden die Konsequenzen $x \in X$ mit ihren zugehörigen Ein-

---

142 Vgl. FISHBURN [1981], S.141.

143 SCHMEIDLER betrachtet hier nur Verteilungen mit endlichem Trager in X. Technisch muß darum an dieser Stelle abweichend noch die Existenz einer σ-Algebra $\mathcal{X}$ von X gefordert werden, auf der die W.-Maße definiert sind.

144 Vgl. ANSCOMBE/AUMANN [1963], S.200 und SCHMEIDLER [1989], S.572f.

punktverteilungen y ∈ Y identifiziert, welche die gesamte Masse auf x legen. Auf diese Weise gilt X ⊆ Y.

Umweltzustände und Ereignisse (states of nature und events)

Das Vorliegen bestimmter objektiver Verteilungen y ist evtl. ebenfalls nicht sicher, sondern hängt noch von einem Umweltzustand s ∈ S ab, wobei S die Menge der möglichen relevanten Umweltzustände bezeichnet. In einem Teilmengensystem $\mathcal{S}$ von S sind Ereignisse (*events*) e ∈ $\mathcal{S}$ enthalten, und dieses Teilmengensystem bildet eine σ-Algebra von S.[145] Enthält $\mathcal{S}$ auch die einelementigen Teilmengen von S, so sind die Umweltzustände ebenfalls Ereignisse.

Subjektive Wahrscheinlichkeiten des Entscheiders, hier also der Instanz, für Ereignisse e werden mit P(e) bezeichnet.[146]

Alternativen (acts)

Das Treffen der Entscheidung entspricht der Auswahl einer Alternativen aus einer Menge von Alternative.

Formal wird eine Alternative aufgefaßt als Abbildung f: S → Y, die jedem Umweltzustand s die objektive Verteilung y ∈ Y der Konsequenz zuordnet. Aus technischen Gründen muß noch die $\mathcal{S}$-Meßbarkeit von f gefordert werden. Die Menge solcher Alternativen des Entscheidungsproblems wird bezeichnet mit L.[147]

Durch die Auswahl einer Alternative entschließt sich der Entscheider also für eine Auswahlfunktion, die bei Eintreten eines bestimmten Umweltzustandes eine objektive Verteilung der Konsequenz nach sich zieht. Das Eintreten des Umweltzustandes ist seinerseits wiederum mit subjektiven Wahrscheinlichkeiten belegt

---

145 Bei SCHMEIDLER ist $\mathcal{S}$ nur eine Algebra, bezeichnet als Σ, auf der später ein W.-Maß definiert werden kann. In dieser Arbeit sind W.-Maße grundsätzlich auf σ-Algebren definiert. Für weitere technische Diskussionen wird auf die angegebene Literatur verwiesen.

146 Vgl. FISHBURN [1981], S.142. Eine Möglichkeit ist die Annahme der Existenz subjektiver Wahrscheinlichkeiten, eine andere die Konstruktion solcher Wahrscheinlichkeiten über Präferenzstrukturen der Individuen, wie bei ANSCOMBE/AUMANN [1963] mit Hilfe der *horse lotteries*.

147 An L werden wiederum aus technischen Gründen Anforderungen gestellt, für die auf die angegebene Literatur verwiesen wird.

(über die Ereignisse (*events*)).
Diese Definition des Entscheidungsproblems erlaubt es also, im gleichen Formalismus mit subjektiven und objektiven Wahrscheinlichkeiten zu operieren.

Anschaulich beschrieben wird eine Alternative durch die Ausprägungen aller direkt beeinflußbaren (Aktions-) Variablen, zwischen denen gewählt werden kann; in diesem Sinne ist eine Alternative vollständig. Als Alternative kommt nur eine tatsächlich wählbare Zusammenstellung dieser Variablen in Frage. Alternativen schließen sich gegenseitig aus in dem Sinne, daß im Entscheidungszeitpunkt nur eine Alternative gewählt werden kann.
Bei Vorliegen von kontinuierlichen Aktionsvariablen ist es ohne weiteres denkbar, daß ein Entscheidungsproblem unendlich viele Alternativen aufweist. Praktisch ist es jedoch i.d.R. ausreichend, von einer endlichen Anzahl von Alternativen auszugehen. Dies kann operativ z.B. durch Diskretisierung der Aktionsvariablen im praktisch relevanten Bereich sichergestellt werden. Damit tatsächlich ein Entscheidungsproblem vorliegt, müssen mindestens zwei Alternativen existieren.

Der Fall, daß in Y *nur* die Einpunktverteilungen enthalten sind, also die Konsequenzen selbst, und es nur einen Umweltzustand gibt bzw. alle Alternativen konstante Funktionen $f: S \rightarrow Y$ sind, entspricht einer Entscheidung unter Sicherheit.
Liegen zumindest subjektive Wahrscheinlichkeiten vor, so wird von einer Entscheidung unter Risiko gesprochen. Sind hingegen keinerlei Wahrscheinlichkeiten bekannt, mit denen bei Wahl einer Alternative durch Eintreten einer bestimmten Umweltsituation die Ergebnisattribute realisiert werden, so liegt Unsicherheit im engeren Sinne vor.[148] Im Formalismus kann Unsicherheit im engeren Sinne verursacht werden durch völlige Unkenntnis über die objektiven Wahrscheinlichkeiten y oder die subjektiven Wahrscheinlichkeiten der Ereignisse und Umweltzustände (sofern die Alternativen nicht konstante Funktionen sind).

---

148 Vgl. z.B. LAUX [1982a], S.25. Der Fall der Unsicherheit im engeren Sinne wird auch als Ungewißheit bezeichnet, vgl. z.B. BAMBERG/COENENBERG [1974], S.104.

Beispiel I.1: *Das Grundmodell der Entscheidungstheorie*

Eine gebrauchliche Form zur Formalisierung von Entscheidungsproblemen ist das sogenannte Grundmodell der Entscheidungstheorie.[149] Dabei wird ausgegangen von N Alternativen A_n, n=1,...,N, und T möglichen Umweltzuständen S_t, t=1,...,T.

Fur eine Alternative n tritt in jedem Umweltzustand t der reelle Ergebniswert e_{nt} sicher ein. Die objektiven Wahrscheinlichkeitsverteilungen y des allgemeineren Modells entarten hier zu den sicheren Einpunktverteilungen, die mit den Konsequenzen identifiziert wurden.

Ereignisse und Umweltzustande sind in diesem Modell identisch, d.h. jedem Umweltzustand wird eine subjektive a priori Wahrscheinlichkeit $w(S_t)$ direkt zugeordnet entsprechend dem subjektiven Wahrscheinlichkeitsurteil des Entscheiders. Das Grundmodell der Entscheidungstheorie läßt sich auf folgende Weise darstellen:

	$w(S_1)$ S_1	...	$w(S_t)$ S_t	...	$w(S_T)$ S_T
A_1	e_{11}	...	e_{1t}	...	e_{1T}
...	...	...	...	...	...
A_n	e_{n1}	...	e_{nt}	...	e_{nT}
...	...	...	...	...	...
A_N	e_{N1}	...	e_{Nt}	...	e_{NT}

Abb. I.7: Das Grundmodell der Entscheidungstheorie

Das Grundmodell der Entscheidungstheorie geht also stets von einer diskreten, subjektiven Wahrscheinlichkeitsverteilung der Ergebniswerte (Konsequenzen) je Alternative aus.[150]

2. Steuerungsvariable im Metaentscheidungsproblem nach KAUS

KAUS hat einen Katalog von Steuerungsvariablen der Instanz aufgestellt, deren Festlegung das Metaentscheidungsproblem ausmacht. Dieser Katalog wird nun kurz dargestellt. Aufbauend darauf werden in Kapitel II die den Erfordernissen dieser Arbeit entsprechenden Steuerungsvariablen bestimmt.

---

149 Zum Grundmodell der Entscheidungstheorie vgl. z.B. SCHNEEWEIß [1967], S.7–31.

150 LAUX beschreibt ein Verfahren, wie man bei Vorliegen des Entscheidungsproblems in Form des Grundmodells der Entscheidungstheorie die explizite Einschätzung subjektiver Wahrscheinlichkeiten umgehen kann, vgl. LAUX [1976], S.64–68.

KAUS geht vom Grundmodell der Entscheidungstheorie aus und trifft zwei Annahmen, auf deren Basis er einen Katalog von Steuerungsvariablen erstellt:[151]

- Kein Zielkonflikt: Die Mitglieder befolgen eine von der Instanz vorgegebene Verhaltensnorm in Form einer vorgegebenen Zielfunktion. Ein Zielkonflikt zwischen Instanz und Gruppenmitgliedern besteht also nicht.
- Kein Delegationsproblem: Delegationsentscheidung und personelle Zusammensetzung des Gremiums stehen bereits fest.

Es ergeben sich folgende Steuerungsvariable:[152]

Steuervariable	Ausprägungen und Erläuterung
1. Zielfunktion	Merkmale Zielfunktion, besonders Risikoprofil
2. Abstimmungsverhalten	- Naives Abstimmungsverhalten - Antizipierendes Abstimmungsverhalten
3. Formalproblem	Mitteilung des Problems durch Instanz an Mitglieder: - Alternativenmenge - Umweltzustände - Ergebnisausprägungen
4. Kommunikationsregelungen	- Kommunikationskosten, - Kommunikationsreihenfolge/zeitliche Begrenzung, - Kollektive vs. autoritäre gruppeninterne Steuerung (z.B. Bestimmung Vorsitzender)
5. Output-Format	Rückmeldungsformat des Gremiums: - Erste Alternative laut Abstimmung (OF_1) - Rangfolge der Alternativen laut Abstimmung (OF_2) - Individuelle Abstimmfolgen aller Mitglieder (OF_3)
6. Abstimmung	- Abstimmungsregel (Single Vote / Borda /Mehrheitsregel /Einstimmigkeitskriterium) - Abstimmungsmodalitäten (geheime oder offene Stimmabgabe / Reihenfolge Stimmabgabe / Regelungen Pattsituationen / Zulässigkeit Stimmenthaltung / Festlegung Zwischenabstimmungen)
7. Zusatzinformationen	Zusatzinformationen von Instanz an das Gremium

Abb. I.8: Steuerungsvariable und mögliche Ausprägungen nach KAUS

151 Vgl. KAUS, [1985], S.22 zur Annahme des Grundmodells, S.13 zum Zielkonflikt, S.27 zu Delegationsentscheidung und personeller Zusammensetzung.

152 Vgl. KAUS [1985], S.46 zur Aufzählung der Steuerungsvariablen.
Im Einzelnen: S.179–183 zur Zielfunktion, S.193f zum Abstimmungsverhalten, S.207f zum Formalproblem, S.225 zu Kommunikationsregelungen, S.243f zum Output-Format, S.253–257 zur Abstimmung, S.279f zur Zusatzinformation.

3. Ein Lösungsansatz für das Metaentscheidungsproblem der Instanz: Das Delegationswertkonzept von LAUX

Ein Lösungsansatz für das Delegationsproblem der Instanz im Metaentscheidungsprozeß, der Frage nach dem optimalen Führungsstil, ist das Delegationswertkonzept von LAUX.[153]
Dieses Konzept hat auch auf andere Fragestellungen im Rahmen des Steuerungsproblems Anwendung gefunden, wie später noch erläutert wird.

LAUX unterscheidet folgende Führungsstile:[154]

- *Entscheidung durch Instanz:* Instanz entscheidet mit/ohne Zusatzinformation.
- *Delegation des Gesamtproblems*: Delegation an einen Entscheidungsträger oder an eine Gruppe mit/ohne Unterstützung durch einen Stab.
- *Aufteilung des Problems in Teilprobleme:* Problemaufteilung und Delegation der Teilprobleme an verschiedene Entscheidungsträger.

Das Delegationswertkonzept setzt an bei der Beantwortung der Frage nach dem optimalen dieser Führungsstile in einer gegebenen Entscheidungssituation. Der Delegationswert einer Entscheidung ist dabei definiert als Differenz aus dem Gewinnerwartungswert für die Entscheidung bei Delegation (vor Abzug von Kosten für die Entscheidungsfindung) und dem Gewinnerwartungswert bei Entscheidung durch die Instanz.
Die Entscheidung sollte delegiert werden, wenn die Differenz zwischen Delegationswert und Kosten der Entscheidungsfindung bei Delegation für mindestens einen Führungsstil positiv ist. Gibt es in diesem Sinne mehrere Möglichkeiten zur Delegation, so sollte derjenige Führungsstil gewählt werden, bei der diese Differenz ihren maximalen Wert annimmt.[155]

Für ein Entscheidungsproblem, das in Form und Notation des Grundmodells der Entscheidungstheorie vorliegt, ergibt sich der subjektive Erwartungswert der

---

153 Vgl. LAUX [1979a], S.40.

154 Vgl. LAUX [1979a], S.43f.

155 Zu diesem Absatz vgl. LAUX [1979a], S.41.

Instanz bei Entscheidung durch die Instanz als[156]

$$E = \max_{n=1,\ldots,N} \sum_{t=1}^{T} w(S_t) \cdot e_{nt}$$

Bei der Berechnung des Gewinnerwartungswertes bei Delegation tritt das Grundproblem auf, daß die Instanz zum Zeitpunkt der Delegation nicht weiß, welche Alternative bei Delegation gewählt wird. Andernfalls, wenn also die Instanz die Entscheidung bei Delegation antizipieren könnte, wäre eine Delegation wegen der anfallenden Kosten nicht mehr vorteilhaft.

Aus diesem Grund werden für die Entscheidung bei Delegation die bedingten Wahrscheinlichkeiten $p(A_n|S_t)$, n=1,...,N , definiert. Die $p(A_n|S_t)$ sind die Wahrscheinlichkeiten für die Wahl der Alternative n bei Eintreten von Umweltzustand t im Urteil der Instanz. Der subjektive Gewinnerwartungswert der Instanz bei Delegation ergibt sich aus diesen Wahrscheinlichkeiten. Dieser Erwartungswert ist die mit den a priori Wahrscheinlichkeiten der Instanz gewichtete Summe der bedingten Erwartungswerte beim Eintreten von Umweltzustand t:[157]

$$ED = \sum_{t=1}^{T} w(s_t) \cdot \sum_{n=1}^{N} p(A_n|S_t) \cdot e_{nt}$$

Als Kernproblem bei der Berechnung des Delegationswertes erweist sich die Berechnung der bedingten Wahrscheinlichkeiten bei Delegation $p(A_n|S_t)$.[158]
Diese Wahrscheinlichkeiten können direkt geschätzt werden, was allerdings recht hohe Anforderungen an die Instanz stellt, oder mit Hilfe eines differenzierten Kalküls, welches die Schätzaufgabe in Einzelschritte zerlegt.[159]

Ein Dilemma bei der Bestimmung des Delegationswertes liegt darin, daß die theoretisch exakte Bestimmung der $p(A_n|S_t)$ aufwendiger ist als die Vorgabe eines

156 Vgl. LAUX [1979a], S.47, gültig beim aktuellen Informationsstand der Instanz.

157 Zu diesem Absatz vgl. LAUX [1979a], S.69f.

158 Vgl. LAUX [1979a], S.76 und LAUX [1979b], S.125.

159 Vgl. LAUX [1979b], S.129f und LIERMANN [1982], S.140f zur Skizzierung solcher Verfahren. LIERMANN verfolgt allgemein den Ansatz, alle Steuerungsmaßnahmen im Rahmen des Metaentscheidungsproblems zu beurteilen durch Bestimmung des Delegationswertes fur diese Maßnahme. Dies geschieht mit Hilfe der bedingten Wahrscheinlichkeiten $p(A_n|S_t)$ ohne und mit Anwendung der Maßnahme.

optimalen Systems expliziter Verhaltensnormen, das abhängig von der Informationsstruktur die gewählte Alternative vorschreibt.[160] Eine Methode zur Bestimmung der Wahrscheinlichkeiten $p(A_n|S_t)$ für eine potentielle Entscheidungsgruppe besteht in der Antizipation individueller Präferenzordnungen der Mitglieder.[161]

Obwohl die Bestimmung des Delegationswertes insgesamt recht aufwendig sein kann, verdeutlicht die Kenntnis des theoretischen Zusammenhanges in jedem Falle die Bedeutung empirischer Informationen und die Beziehungen zwischen den relevanten Größen.[162] So werden erfolgreiche Delegationsentscheidungen und die Festlegung von Steuerungsmaßnahmen im Rahmen des Metaentscheidungsproblems erleichtert.

Das Delegationswertkonzept stellt ein subjektives a priori Kalkül dar. Das Ergebnis dieses Kalküls für Steuerungsmaßnahmen ist selbstverständlich abhängig von subjektiven Elementen,[163] beispielsweise den a priori Wahrscheinlichkeiten der Instanz für das Eintreten der Umweltsituationen.
Demgegenüber schätzt das in dieser Arbeit entwickelte Modell den Einfluß von Ausprägungen verschiedener Steuerungsvariablen auf den *objektiven* Erwartungswert der gewählten Alternative, wobei dieser i.A. weder Instanz noch Mitgliedern bekannt ist. Subjektive Elemente finden sich in der Einschätzung von Parametern durch die Instanz, betreffend beispielsweise Eigenschaften der Gewinnverteilungen unter den Alternativen.

---

160 Vgl. LAUX [1979a], S.87 und LAUX [1979b], S.146.

161 Vgl. LAUX [1979b], S.169 und die darauf folgenden Abschnitte sowie LIERMANN [1982], S.141-144.

162 Vgl. LAUX [1979a], S.87.

163 Vgl. LIERMANN [1982], S.289f.

KAPITEL II: MODELLIERUNG

Ziel des Kapitels

Entwicklung eines Modells zur Beschreibung, Berechnung und Optimierung der erwarteten Qualität einer Gruppenentscheidung. Erforderliche Schritte sind:

- Formalisierung des Problems: Definition von betrachtetem Entscheidungs- und Metaentscheidungsproblem, Instanzzielsetzung und Steuerungsvariablen.
- Quantifizierung von Zielsetzungen der Mitglieder: Herleitung von Zielsetzungen, welche die Gruppenmitglieder z.T. abweichend von den Zielen der Instanz im Entscheidungsprozeß verfolgen. Quantifizierung dieser Zielsetzungen in Nutzenfunktionen der Erwartungsnutzen-Theorie.
- Entscheidungsprozeß: Beschreibung des Gruppenentscheidungsprozesses.
  - Schätzen der Parameter durch die Gruppenmitglieder
  - Interaktion zwischen den Gruppenmitgliedern
  - Abstimmung in der Gruppe
- Simulationsmodell: Umsetzung des Gruppenentscheidungsmodells in ein rechnergestütztes Simulationsmodell zur Berechnung der erwarteten Entscheidungsqualität.

In Kapitel I wurde das Metaentscheidungsproblem der Instanz aufgezeigt, und es wurden Grundlagen zu seiner Lösung erörtert.
Im zweiten Kapitel erfolgt die Modellierung des Metaentscheidungsproblems der Instanz. Vor allem ist hierzu eine modellmäßige Abbildung des enthaltenen Gruppenentscheidungsproblems erforderlich, dessen Ergebnis zur Lösung des Metaentscheidungsproblems antizipiert werden muß.

Dafür werden zunächst Entscheidungs- und Metaentscheidungsproblem für das weitere Vorgehen formalisiert, die betrachtete Zielsetzung der Instanz festgelegt und die Modellkonzeption dargestellt. Auf den Überlegungen aus Kapitel I aufbauend werden dann die Mitgliederzielsetzungen in Form von Nutzenfunktionen

quantifiziert. Es folgt die Modellierung des eigentlichen Gruppenentscheidungsprozesses mit den drei Prozeßschritten Einschätzung der Alternativen, Interaktion und Abstimmung. In diesen Abschnitten werden statistische und spieltheoretische Überlegungen von Bedeutung sein.
Damit ist die erste Phase der Modellierung abgeschlossen. Es folgt die zweite Phase, in der eine spezifische Informationsstruktur der Instanz zugrunde gelegt wird. Darauf aufbauend erfolgt die Realisation eines Simulationsmodell zur Berechnung der Zielgröße "erwartete Entscheidungsqualität". Dabei wird eine Zusammenfassung der Modellierung und eine Interpretation des Modells im Lichte der Principal-Agent-Theorie gegeben.

Kapitel II gliedert sich in folgende Abschnitte:

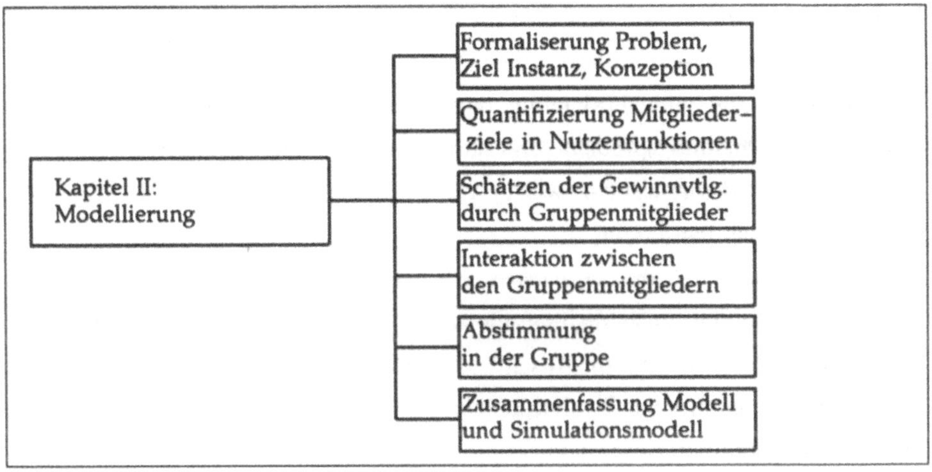

A. Modellkonzeption, Entscheidungsproblem und Ziel der Instanz

Ziel des Abschnittes
Die Modellierung der Entscheidungsprozesse von Instanz und Gruppe wird konkretisiert. Neben einer Darstellung der Modellkonzeption sollen das dem Modell zugrunde liegende Entscheidungsproblem und die Zielsetzung der Instanz im Entscheidungsproblem formalisiert werden. Darauf aufbauend wird die Zielsetzung der Instanz im Metaentscheidungsprozeß hergeleitet und zu der Zielgröße *erwartete Entscheidungsqualität* normiert. Ferner soll eine geeignete Auswahl von Steuerungsvariablen festgelegt werden.

In diesem Abschnitt wird zunächst die Konzeption des Modells vorgestellt, mit dessen Hilfe normative und deskriptive Zielsetzungen der Arbeit verfolgt werden können. Es folgen eine Festlegung der Zielsetzung der Instanz im zugrunde liegenden Entscheidungsproblem, und darauf aufbauend die Definition der Größe *erwartete Entscheidungsqualität,* welche die Zielsetzung der Instanz im Metaentscheidungsprozeß beschreibt.
Für die vorliegende Arbeit erweist es sich als sinnvoll, eine andere Menge von Steuerungsvariablen zu betrachten als KAUS, wie in Kapitel I vorgestellt. Diese Steuerungsvariable werden im Anschluß definiert. Schließlich werden für weitere Modellierung potentielle Fehlerquellen bei der Berechnung der erwarteten Entscheidungsqualität vorgestellt.

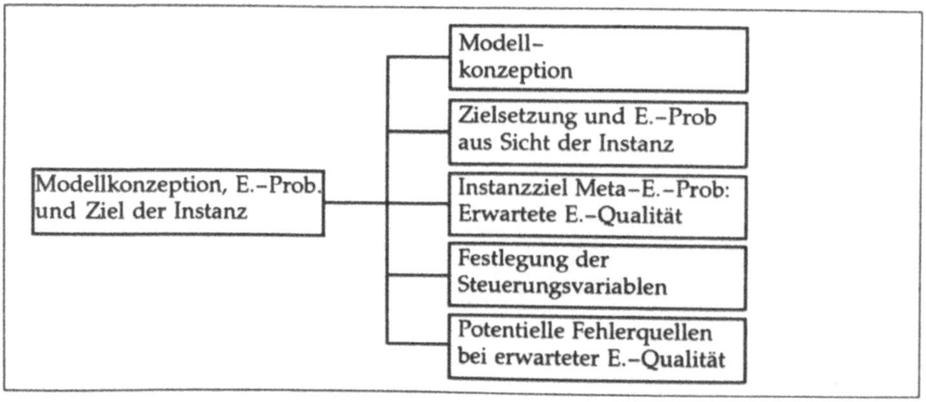

1. Konzeption des Modells

Nach der normativen Zielsetzung soll das Modell der Instanz Empfehlungen geben, wie die Steuerungsvariablen des Metaentscheidungsproblems zu wählen sind unter der Zielsetzung optimaler Qualität der Entscheidung in Abhängigkeit verschiedener situativer Parameter. Es gibt endlich viele Steuerungsvariable und situative Parameter im Modell, jede in Form einer reellen Zahl kodierbar. Von nun an bezeichnet p den Vektor der Parameter und v den Vektor der Variablen. Zur Erstellung des normativen Modells sind zwei Schritte erforderlich:

- *Beschreibender Schritt:* Ermittlung des funktionalen Zusammenhanges zwischen situativen Parametern p, Steuerungsvariablen v und der Zielgröße (erwartete) Entscheidungsqualität.
- *Optimierungs-Schritt:* Wahl der situativ optimalen Steuerungsvariablen, d.h. für gegebenes p Festlegung von v so, daß die (erwartete) Entscheidungsqualität optimiert wird. Zu berücksichtigen ist, daß evtl. nicht alle Steuerungsvariablen zulässig sind. Es muß also die situativ optimale *zulässige* Kombination von Steuerungsvariablen ausgewählt werden.

Der erste dieser beiden Schritte geht gleichzeitig die deskriptive Zielsetzung dieser Arbeit an: Für ein besseres quantitatives Verständnis der Phänomene bei Gruppenentscheidungen ist gerade der beschreibende Schritt erforderlich.

Durch die methodische Aufteilung in die beiden Schritte können also normative und deskriptive Zielsetzung gleichzeitig behandelt werden. Das deskriptive Modell erscheint aus dieser Perspektive als wichtiger Teil des normativen Modells, aber auch als eigenständig, wie in nebenstehender Abbildung dargestellt.

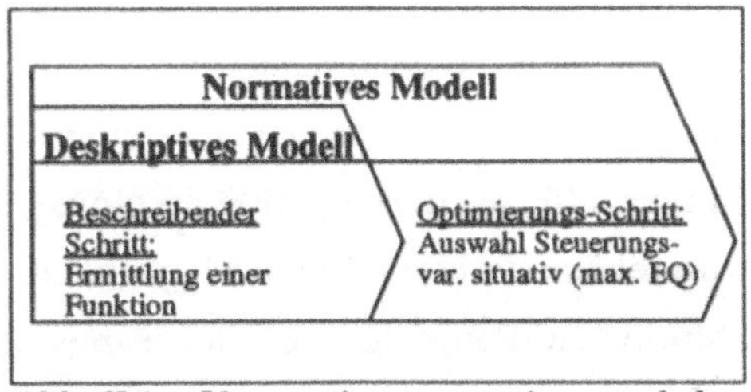

Abb. II.1: Konzeption normatives und deskriptives Modell

Im Interesse der Operationalität sollte sich das Modell auf die Bestimmung der wichtigsten Steuerungsvariablen unter Berücksichtigung der relevanten situativen

Parameter beschränken. Die Relevanz eines situativen Parameters kann als hoch angesehen werden, wenn die sich ergebenden Empfehlungen zur Festlegung der Steuerungsvariablen und die Entscheidungsqualität empfindlich von diesem Parameter abhängen.

Der beschreibende Schritt besteht formal in der Ermittlung einer Funktion

$$g : (v,p) \rightarrow \text{erw.EQ},$$

wie in der nebenstehenden Abbildung vereinfachend dargestellt. Diese Funktion g bildet jede mögliche Kombination von situativen Parametern p und Steuerungsvariablen v auf den zugehörigen Zielwert ab.

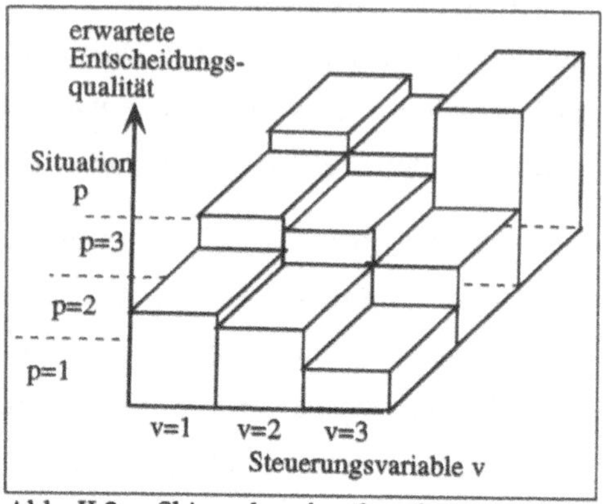

Abb. II.2: Skizze beschreibender Schritt

Sind alle Steuerungsvariablen im Steuerungsvektor v zulässig, so besteht der Optimierungs-Schritt formal in der Bestimmung einer Funktion

$$g_{|\text{erw.EQ}\rightarrow\text{max}.} : p \rightarrow v,$$

wie in der nebenstehenden Abbildung skizziert ist. Diese Funktion ordnet jeder Situation eine optimale Kombination an Steuerungsvariablen zu.

Gibt es, wie zu erwarten, Einschränkungen für die zulässigen Steuerungsvariablen, so besteht eine Möglichkeit darin, die Rangfolge der Steuerungsvektoren v mit abnehmender Zielgröße anzugeben.

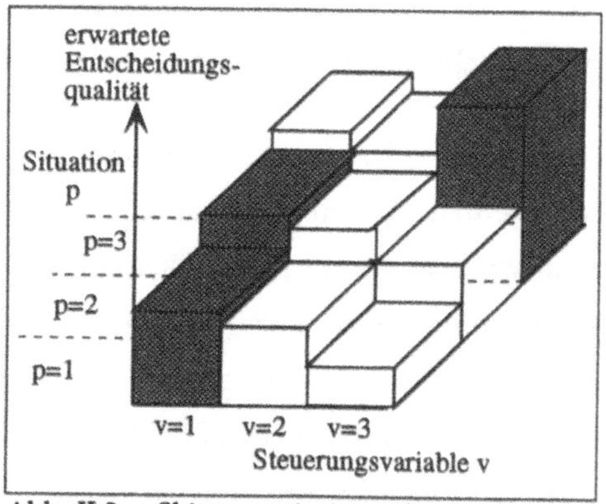

Abb. II.3: Skizze optimierender Schritt

Die Lösung des Steuerungsproblems besteht dann in der Wahl des zulässigen v mit dem höchsten Rang. Einschränkungen für die Zulässigkeit von Variablen bestehen z.B. in der tatsächlichen Wählbarkeit eines Steuerungsvektors v durch die

Instanz, wenn keine potentiellen Gruppen mit ausreichender Qualifikation etc. verfügbar sind. Das Metaentscheidungsproblem ist ein Entscheidungsproblem im allgemeinen Sinne mit einer besonderen Struktur.

Da wie in der Realität auch im deskriptiven Modell eine Reihe zufälliger Einflüsse Bedeutung hat, soll das Modell mit Hilfe eines computergestützten Simulationsmodells operationalisiert werden. Dieses Simulationsmodell berechnet die Zielgröße erwartete Entscheidungsqualität im beschreibenden Schritt mit beliebig guter Näherung durch eine Monte Carlo-Simulation.

2. Zielsetzung und Entscheidungsproblem aus Sicht der Instanz

Die Instanz verfolgt in einem Entscheidungsproblem nur das Ziel, einen möglichst hohen Gewinn zu erzielen. Darüber hinaus hat sie kein persönliches Interesse an den Alternativen. Ist der Gewinn einer Alternative zum Entscheidungszeitpunkt nicht deterministisch, sondern zufallsabhängig, so handelt die Instanz als risikoneutraler Erwartungsnutzenmaximierer.
Risikoneutrales Verhalten nach der Theorie des erwarteten Nutzens entspricht der Verwendung einer linearen (Risiko-)Nutzenfunktion der Form U(x)=ax. Die Verwendung einer solchen Nutzenfunktion ist äquivalent zur Anwendung der μ-Regel, d.h. der Orientierung am Erwartungswert der Zielgröße. Die Instanz will also den erwarteten Gewinn maximieren.[164]

Risikoneutralität erscheint plausibel für Entscheidungen, die beispielsweise im Vergleich zum Gesamtvermögen des Entscheidungsträgers nur eine untergeordnete Bedeutung haben. Dies ist der Fall, wenn die Gewinnverteilung den Hauptteil ihrer Masse auf ein relativ gesehen kleines Einkommensintervall des Entscheidungsträgers legt. Dann läßt sich die Nutzenfunktion des Entscheidungsträgers für gewöhnlich gut durch eine Gerade approximieren.[165]

Eine solche Situation liegt vor für die Aktionäre einer Aktiengesellschaft, deren

---

164 Zur Erläuterung von Erwartungsnutzentheorie, Nutzenfunktion und μ-Regel siehe *Kapitel I, D.*

165 Vgl. SCHNEEWEIß [1967], S.64f zu μ-Prinzip bei linearer Nutzenfunktion und Approximierbarkeit der RNF.

Vermögen so stark gestreut ist, daß der Anteil an der AG für jeden Gesellschafter nur einen kleinen Teil seines Vermögens ausmacht. Bei Risikoneutralität orientiert sich die Instanz demnach beispielsweise an der Zielsetzung dieser Gesellschafter.

Das Entscheidungsproblem der Instanz

Es wird in der vorliegenden Arbeit davon ausgegangen, daß eine einmal mit der Entscheidung beauftragte Entscheidungsgruppe im Zeitverlauf nicht mehr personell verändert wird.[166]

Im Rahmen der betrachteten Entscheidungssituation der Instanz ist die Gruppe stets durch diese Instanz mit der Entscheidung bzw. der Abgabe einer Empfehlung beauftragt. Isoliert läßt sich das Gruppenentscheidungsmodell jedoch ebenso für die Analyse der Qualität von Gruppenentscheidungen einsetzen, wenn die Gruppe nicht durch eine Instanz beauftragt wurde.

Ferner wird ein Entscheidungsproblem mit endlicher Alternativenzahl $A_1,...,A_N$ vorausgesetzt. Damit ein Entscheidungsproblem gegeben ist, müssen mindestens zwei Alternativen existieren, d.h. es gilt $2 \leq N < \infty$.

Die Konsequenz (*im Sinne von Kap. I, F.1.*) aus Sicht der Instanz ist, wie bereits erläutert, der letztlich realisierte Gewinn einer Alternative. Für jede Alternative wird angenommen, daß der Gewinn objektiv verteilt ist gemäß einer im Verlauf des Entscheidungsprozesses stabilen Normalverteilung.[167]

Da sich die Masse der Normalverteilung auf ganz $\mathbb{R}$ verteilt, gilt für die Menge der Konsequenzen $X = \mathbb{R}$. Y läßt sich beschränken auf die Menge der univariaten Normalverteilungen einschließlich der degenerierten Einpunktverteilungen.

---

166 Der degenerierte Fall nur eines Gruppenmitgliedes wird mit in die Analyse eingeschlossen, um später die Qualitat bei Entscheidung durch die Instanz als Sonderfall zu erhalten. Trotzdem wird weiterhin der Ausdruck *Gruppe* verwendet.

167 Eine Verteilungsannahme wird ausschließlich benotigt, um spater die Formalisierung von Praferenzfunktionen der Gruppenmitglieder vorzunehmen. Es ist deshalb die Annahme ausreichend, daß die Mitglieder *subjektiv* von einer Normalverteilung ausgehen. Sie *konnen* nur Erwartungswert und Varianz einschatzen, und gehen deshalb nach dem *Prinzip der maximalen Entropie der Ausgangsverteilung* von der Normalverteilung aus. (Die Einschatzungen erfolgen, bevor sie sich uber ihre Praferenzfunktionen klarwerden! Sonst kame man zu einem Zirkelschluß.) Stabilitat der Verteilung bedeutet, daß Erwartungswert und Varianz der Normalverteilung im Zeitablauf konstant bleiben.

Weil die Betrachtung in dem Modell der vorliegenden Arbeit auf der untersten Ebene durch Momente (Erwartungswerte und Varianzen) der Gewinnverteilung erfolgt, ist die *explizite* Einschätzung subjektiver Wahrscheinlichkeiten für Umweltzustände nicht notwendig. Auf der expliziten Beobachtungsebene besteht S deshalb nur aus einem Umweltzustand. Später werden sich jedoch Instanz und Gruppenmitglieder ein subjektives Wahrscheinlichkeitsurteil über Erwartungswert und Varianz der Gewinnverteilung bilden. Auf Basis welcher möglichen Einschätzungen von Umweltzuständen dies möglicherweise geschieht, wird jedoch nicht modelliert.

Zusammenfassend wird in der vorliegenden Arbeit von folgender Situation ausgegangen:

(II.1) Gruppengröße, Alternativenzahl, Gewinnverteilung und Gewinnerwartung als Zielgröße der Instanz

Es wird von einer Entscheidungsgruppe mit M≥1 Mitgliedern ausgegangen, die mit m = 1,...,M bezeichnet werden. Die <u>*Gruppengröße*</u> M ist dabei Steuerungsvariable der Instanz. M bleibt während des gesamten Entscheidungsprozesses fest. Es werden also während des laufenden Prozesses keine neuen Mitglieder aufgenommen oder bereits zugehörige ausgeschlossen.

Es existiert eine endliche <u>*Anzahl von Alternativen*</u> im Entscheidungsproblem, allgemein N Alternativen, bezeichnet mit $A_1,\ldots,A_N$, $2 \leq N < \infty$.

Der <u>*Gewinn*</u> ist für jede Alternative A_n unsicher und objektiv verteilt gemäß einer während der Entscheidung stabilen Normalverteilung, also mit Erwartungswert $\mu(A_n)$ und Varianz $\sigma^2(A_n)$. Es gilt also

$$G(A_n) \sim N(\ \mu(A_n)\ ;\ \sigma^2(A_n)\ )\ .$$

Für die Instanz ist jede Alternative A_n ergebnisseitig vollständig charakterisiert durch ihren Gewinn $G(A_n)$. Die Instanz ist risikoneutraler Entscheider nach der Erwartungsnutzentheorie, maximiert also ihre Einschätzung des Gewinnerwartungswertes. Optimal aus Sicht der Instanz ist demnach eine Alternative n* mit

$$\mu(A_{n^*}) \geq \mu(A_n) \quad \forall\, n=1,\ldots,N.$$

Im Vorgriff auf den entsprechenden Abschnitt in diesem Kapitel muß an dieser Stelle bereits vorgestellt werden, wie die Gewinnerwartungswerte für die Alternativen im Simulationsmodell realisiert werden, damit die folgende Definition der erwarteten Entscheidungsqualität verständlich wird.

Würde die Situationsbeschreibung durch die situativen Parameter p im Simulationsmodell mit Hilfe einzelner Gewinnerwartungen der Alternativen erfolgen, so wäre die entstehende Situationsbeschreibung sehr umfangreich und unübersichtlich. Zur Sicherung der Operationalität des entstehenden Modells soll im Simulationsmodell von einer gröberen Beobachtungsebene der Instanz ausgegangen werden: Die Instanz faßt die ihr unbekannten Gewinnerwartungen als zufällig auf und bildet sich lediglich ein subjektives Urteil über ihre Wahrscheinlichkeitsverteilung.

Bei der Nachbildung dieses Urteils im Simulationsmodell wird das *Prinzip der maximalen Entropie der Ausgangsverteilung* helfen.

(II.2) Realisierung der Gewinnerwartungswerte im Simulationsmodell

Der Instanz sind die entscheidungsrelevanten Gewinnerwartungswerte $\mu(A_n)$ je Alternative nicht bekannt. Darum werden diese Erwartungswerte ihrerseits als zufällig aufgefaßt. Es wird angenommen, daß sich die Instanz zumindest ein subjektives Bild vom Bereich machen kann, in dem die Erwartungswerte aller Alternativen liegen.

Weil die Instanz darüber hinaus keine Informationen über die zugrunde liegende Wahrscheinlichkeitsverteilung hat, werden nach dem *Prinzip der maximalen Entropie der Ausgangsverteilung* stochastisch unabhängige Rechteckverteilungen für die Gewinnerwartungswerte über die Alternativen angenommen.

Diese Rechteckverteilungen haben den Erwartungswert $E_{Gew}(\mu)$ und die Spannweite $\Delta_{Gew}(\mu)$. Diese beiden Verteilungsparameter sind situative Parameter des Entscheidungsproblems.

3. Zielsetzung der Instanz im Metaentscheidungsprozeß: Die erwartete Entscheidungsqualität

Bei einer den Gewinnerwartungswert maximierenden Instanz wie in der vorliegenden Arbeit wäre das Entscheidungsproblem offenbar gelöst, wenn die Instanz die objektiven Gewinnerwartungswerte $\mu(A_n)$ richtig einschätzen könnte. Der *Nutzen für die Instanz auf Beobachtungsebene des Metaentscheidungsprozesses* wäre maximal.

Mehr als einen hohen *Erwartungswert* des Gewinnes kann die Instanz hier nicht erreichen, da die tatsächliche Realisation eines Gewinnes außerhalb des Betrachtungshorizontes liegt. *Aus Sicht der Metaentscheidung* würde sie den Nutzen oder die Qualität einer Entscheidung mit hohem Gewinnerwartungswert als gut, den einer Entscheidung mit niedrigem Gewinnerwartungswert als schlecht beurteilen.

Naheliegend wäre die Betrachtung des mittleren Gewinnerwartungswertes der ausgewählten Alternative, der bei einer bestimmten Festlegung der Steuerungsvariablen erzielt wird.
Dieser mittlere Gewinnerwartungswert wäre allerdings absolut gesehen schwierig zu interpretieren. So sagt die Feststellung, daß bei einer Entscheidung z.B ein Gewinnerwartungswert von DM 50000,- oder von x Geldeinheiten erreicht wurde, nichts über die Güte der getroffenen Entscheidung aus. Vielmehr ist wesentlich, ob die DM 50000,- in der Entscheidungssituation ein vergleichsweise hoher oder niedriger Wert waren.
Liegt der Gewinnerwartungswert der ausgewählten Alternative nahe am maximal möglichen Erwartungswert, so war die Güte oder Qualität der Entscheidung hoch, im umgekehrten Fall niedrig.

Um eine Kennzahl zu erhalten, die als Qualität ohne weitere Betrachtung der zugrunde liegenden Entscheidungssituation interpretierbar ist, findet folgende Normierung statt: *Die Qualität beschreibt den Gewinnerwartungswert der ausgewählten Alternative in Relation zu den Gewinnerwartungswerten der anderen Alternativen des Entscheidungsproblems.*

Nach folgender Definition der Qualität einer Entscheidung für Alternative n^* ist die Qualität eine umskalierte Form des Gewinnerwartungswertes als *Nutzen für die risikoneutrale Instanz im Metaentscheidungsproblem*:[168] (Vorläufige Definition vor zusätzlichen Kosten der Delegation.)

$$Qualität\ (A_{n^*}) := \frac{\mu(A_{n^*}) - \text{untere Grenze der Gewinnerwartungswert-Verteilung}}{\text{Spannweite der Gewinnerwartungswert-Verteilung}}$$

Die Qualität der Entscheidung für Alternative n^* vor Kosten ist so definiert als Verhältnis der Differenzen vom Gewinnerwartungswert der gewählten Alternative und dem schlechtesten möglichen zur maximal möglichen Differenz zweier Erwartungswerte, d.h. der Spannweite. Bei einer Entscheidungsqualität in der Nähe von 1 wurde eine Alternative mit hohem Gewinnerwartungswert gewählt, bei einer Qualität in der Nähe von 0 eine i.S.d. Instanz schlechte Alternative, d.h. mit kleinem Gewinnerwartungswert.

Eine andere denkbare Möglichkeit der Normierung des erreichten Gewinnerwartungswertes ist folgende Definition der Entscheidungsqualität:
Die Differenz zwischen dem realisierten und dem kleinsten *tatsächlichen* Gewinnerwartungswert der Alternativen eines Entscheidungsproblems wird geteilt durch den Abstand von höchstem und niedrigstem *tatsächlichen* Gewinnerwartungswert. Die Qualität der situativ besten Entscheidung wäre in diesem Fall immer eins.

Diese naheliegende Definition scheitert jedoch an der Möglichkeit systematischer Verfälschungen bei der Berechnung des Mittelwertes in einer Monte Carlo-Simulation. In der Simulation werden auch bei Vorliegen der gleichen *maximalen* Gewinnerwartungs-Spannweite unterschiedliche Abstände zwischen dem maximalen und dem minimalen *erzeugten* Gewinnerwartungswert auftreten.
Es ist denkbar, daß eine Gruppe beispielsweise bei kleinen tatsächlichen Abständen der Gewinnerwartungen sehr gut entscheidet, bei größeren tatsächlichen Abständen jedoch systematisch schlechter. Gerade im Fall deutlicher Abstände

---

168 Solche positiven, affin-linearen Transformationen von Nutzenfunktionen haben keinen Einfluß auf die Rangordnung der Alternativen und damit auf die Entscheidung, vgl. z.B. LAUX [1982a], S.182f.

zwischen den *tatsächlichen* Gewinnerwartungen hätte jedoch das Treffen einer guten Entscheidung stärkere Bedeutung als im umgekehrten Fall.
Die Qualität der geschilderten Gruppe würde durch die zweite Form der Normierung im Vergleich zu einer Gruppe mit den umgekehrten Eigenschaften überschätzt. Aus diesem Grund orientiert sich die Definition der Entscheidungsqualität an der maximalen Spannweite der Gewinnerwartungen. Bei Vorliegen der gleichen Parameter wird so immer mit denselben Werten normiert, und es kann in der Simulation zu keiner Verfälschung durch die Normierung kommen.

Treten durch die Delegation des Entscheidungsproblems noch zusätzliche Kosten auf, so müssen diese bei der Definition der Entscheidungsqualität berücksichtigt werden. Im Rahmen der vorliegenden Arbeit beschränkt sich die explizite Betrachtung solcher Kosten auf Belohnungen B_m für alle Mitglieder m, m=1,...,M, welche ihnen von der Instanz gezahlt werden bei Wahl von Alternative A_{n^*}.

(II.3) Definition der Entscheidungsqualität

Die Qualität der Entscheidung für Alternative n^* wird definiert als Differenz des Gewinnerwartungswertes von A_{n^*}, abzüglich der Belohnungen aller M Gruppenmitglieder $B_m(A_{n^*})$, und dem kleinsten möglichen Erwartungswert $[E_{Gew}(\mu)-\Delta_{Gew}(\mu)/2]$ relativ zur Gewinnerwartungs-Spannweite $\Delta_{Gew}(\mu)$. Die Qualität ist der *Nutzen im Metaentscheidungsproblem für die risikoneutrale Instanz* nach einer affin linearen Transformation zur besseren Interpretierbarkeit.

$$Qualität\,(A_{n^*}) := \frac{\mu(A_{n^*}) - \sum_{m=1}^{M} B_m(A_{n^*}) - (E_{Gew}(\mu) - \frac{\Delta_{Gew}(\mu)}{2})}{\Delta_{Gew}(\mu)}$$

Im Metaentscheidungsproblem wird jedoch von den einzelnen Alternativen abstrahiert. Die Instanz kennt nur noch die situativen Parameter *p* als Ereignisse (*events*) des Metaentscheidungsproblems. Abhängig von den Steuerungsvariablen *v* und den situativen Parametern *p* wird es jedoch zufällige Einflüsse auf die Entscheidung und somit die Entscheidungsqualität geben.

Die Realisation einer bestimmten Entscheidungsqualität inklusive Belohnungskosten wird aufgefaßt als Bild einer reellwertigen Zufallsvariable, die jeder verursachenden Wirklichkeit abhängig von Situationsparametern p und Steuerungsvariablen v die Entscheidung für eine Alternative A_{n^*} *und somit die resultierende Entscheidungsqualität zuordnet.*

Die Entscheidungsqualität kann also als Zufallsvariable aufgefaßt werden, die leichter interpetierbar ist als der realisierte Gewinnerwartungswert. Im Metaentscheidungsproblem interessieren Verteilung und Erwartungswert der Qualität:

Für ein durch $(v;p)$ charakterisiertes Entscheidungsproblem entspricht die Verteilung der Entscheidungsqualität einer unbekannten reellwertigen Verteilungsfunktion $F_{(v;p)}(\text{Qualität}) = F(\text{Qualität} \mid (v;p))$. Als Erwartungswertmaximierer ist es für die Instanz rational, *im Metaentscheidungsproblem* bei einer Problembeschreibung durch $(v;p)$ *die erwartete Entscheidungsqualität zu maximieren*, so wie sie sich im Entscheidungsproblem am erwarteten Gewinn orientiert.
Durch das Abstellen auf die erwartete Entscheidungsqualität können später Analysen gemacht und Empfehlungen gegeben werden, die stärker von der konkreten Entscheidungssituation abstrahieren und somit leichter zu verallgemeinern sind als bei Analyse des im Mittel erzielten Gewinnerwartungswertes.

(II.4) Definition der erwarteten Entscheidungsqualität

Die erwartete Entscheidungsqualität bei Vorliegen der Situationsparameter p und Steuerungsvariablen v wird bezeichnet als

$$E(\text{ Qualität } \mid (v;p)\ ).$$

Im Metaentscheidungsproblem maximiert die Instanz die erwartete Entscheidungsqualität als Erwartungswert des Nutzens "*Qualität*" für eine Beobachtungstiefe, die nur durch $(v;p)$ beschrieben wird. Die Maximierung erfolgt durch Wahl der Steuerungsvariablen v bei vorgegebenen situativen Parametern p.

Da die analytische Berechnung dieser Erwartungswerte oder gar der Verteilungsfunktion F jedoch auf große Schwierigkeiten stößt, sollen die Werte, wie bereits angedeutet, durch eine Monte Carlo-Simulation approximativ bestimmt werden.

4. Steuerungsvariablen in der vorliegenden Arbeit

Das Metaentscheidungsproblem wird in der vorliegenden Arbeit wie beschrieben aufgefaßt werden als optimale Festlegung einer Reihe von Steuerungsvariablen unter der Zielsetzung der Instanz. Die Ermittlung soll abhängig von den situativen Parametern durch das normative Modell erfolgen.
Faßt man auf der höheren Abstraktionsebene das Metaentscheidungsproblem im Sinne eines allgemeinen Entscheidungsproblems auf, so sind die möglichen Ausprägungen der Steuerungsvariablen gerade seine Alternativen. Die situativen Parameter entsprechen dann den Ereignissen (*events*), welche Auskunft über die Umweltzustände geben.

Im Vergleich zu den Steuerungsvariablen von KAUS sollen in der vorliegenden Modellierung die beiden Annahmen hinsichtlich Zielkonformität der Mitglieder und feststehender Delegation an ein bestimmtes Gremium nicht gemacht werden. Bei Delegation von Entscheidungen entsteht ein wichtiger und komplexer Steuerungsbedarf der Instanz aus Zielkonflikt, Delegationsproblem und personeller Zusammensetzung des Gremiums. Dafür muß andererseits aus Gründen der Operationalität und analytischen Klarheit die Liste der Variablen im Vergleich zu den Betrachtungen von KAUS verkürzt werden. Allgemein sollen in dieser Arbeit eher Empfehlungen für den organisatorischen Rahmen gegeben werden, den die Instanz im Metaentscheidungsproblem festlegt, als für Eingriffe der Instanz in den laufenden Entscheidungsprozeß. Vor diesem Hintergrund werden nun mögliche Steuerungsvariablen diskutiert.

Frage der Delegation
Die Beantwortung der Frage, ob die Delegation eines gegebenen Entscheidungsproblems vorteilhaft aus Sicht der Instanz ist, oder ob sie die Entscheidung besser selbst treffen sollte, ist eine wichtige Steuerungsvariable für die Instanz. Das Delegationswertmodell von LAUX zur Berechnung der Vorteilhaftigkeit der Delegationsentscheidung im Metaentscheidungsproblem wurde bereits vorgestellt. In dieser Arbeit muß die Frage nach der Vorteilhaftigkeit der Delegationsentscheidung simultan mit der Festlegung der anderen Steuerungsvariablen beantwortet werden.

Für die Beantwortung durch das normative Modell müssen potentielle erwartete Entscheidungsqualitäten der besten Gruppe und der Instanz verglichen werden.

Größe und Zusammensetzung der Entscheidungsgruppe

Einer der wesentlichen Parameter des Metaentscheidungsproblems ist die Fragestellung, an welche der zur Verfügung stehenden Gruppen die Entscheidung am günstigsten delegiert werden soll, *falls* von einer Delegation ausgegangen wird. Eine Gruppe setzt sich zusammen aus einer Anzahl einzelner Entscheidungsträger, so daß hier sowohl die Anzahl als auch die Zusammensetzung der Gruppe hinsichtlich der Ausprägung unterschiedlicher individueller Parameter der Mitglieder relevant ist. Es ist beispielsweise unmittelbar einsichtig, daß die Frage nach der optimalen Gruppengröße nicht unabhängig von den Eigenschaften der Mitglieder beantwortet werden kann, die für die Gruppenbildung zur Verfügung stehen.

Die Fragen nach Delegation und Größe und Zusammensetzung der Entscheidungsgruppe lassen sich auffassen als Frage nach dem optimalen Führungsstil. Mögliche Führungsstile sind Entscheidung durch die Instanz und Entscheidung durch eine beliebige, als Entscheidungsträger zur Verfügung stehende Gruppe im Sinne dieser Arbeit. Die Frage nach dem optimalen Führungsstil läßt sich aber nur simultan beantworten mit der optimalen Festlegung der restlichen Steuerungsvariablen für jeden möglichen Führungsstil.

Nach diesen zusätzlichen Steuerungsmöglichkeiten wird nun die Verwendung der Steuerungsvariablen von KAUS in dieser Arbeit diskutiert:

Zielfunktion

Mit Gruppenentscheidungen bei homogener Zielsetzung zwischen den Gruppenmitgliedern beschäftigt sich die auf MARSCHAK zurückgehende Teamtheorie. In Anlehnung daran wird für eine Entscheidungsgruppe von Individuen mit identischer Zielsetzung in der ökonomischen Literatur gewöhnlich der Begriff des Teams benutzt.[169] Die Annahme homogener Zielsetzungen ist jedoch nicht ohne

---

[169] Zur Teamtheorie siehe z.B. die Sammelaufsatze von ALBACH [1969], BAETGE [1977] und das Buch von MARSCHAK/RADNER [1972].

weiteres auf allgemeine Gruppenentscheidungen übertragbar, zumal nur begrenzt von der Steuerbarkeit individueller Mitgliederziele durch die Instanz ausgegangen werden kann.[170]

Im Rahmen der Principal-Agent-Theorie wird unterstellt, daß sowohl der Prinzipal als auch die Mitglieder als Agenten ihren eigenen erwarteten Nutzen optimieren. Aus diesem Zielkonflikt entsteht als Kernproblem des Agency-Ansatzes die Notwendigkeit intensiver Untersuchungen über geeignete monetäre Belohnungssysteme, welche in einer solchen Situation den erwarteten Nutzen der Instanz optimieren.[171]

Da die Problematik des Zielkonfliktes zwischen Gruppenmitgliedern und Instanz insbesondere aus Sicht der Principal-Agent-Theorie als wesentlich erscheint, wird auf den teamtheoretischen Ansatz im folgenden nicht weiter eingegangen, sondern dem Ansatz individueller Zielsetzungen der Principal-Agent-Theorie gefolgt.

Im Rahmen des Agency-Ansatzes wird oft angenommen, daß die Instanz Einfluß auf die Präferenzen der Mitglieder ausübt durch Gewährung einer erfolgsbezogenen linearen Belohnung der Form

$$B = f \cdot G + F ,$$

wobei B die finanzielle Belohnung bezeichnet, G den mit der Realisation einer Alternative verbundenen *tatsächlich* erzielten Erfolg bzw. Gewinn (vor Belohnung), $f \in [0;1]$ den Prämiensatz und F ein erfolgsunabhängiges Fixum.[172]

Auf der Basis der später gemachten Annahmen über die vorliegende Zielsetzung und Rationalität der Gruppenmitglieder stellt man -wegen konstanter absoluter Risikoaversion der Mitglieder- leicht fest, daß das Fixum F nicht entscheidungsrelevant ist. Dabei wird unterstellt, daß die vorgesetzte Instanz Mitglieder zur Mitarbeit in der Gruppe ohne deren Einverständnis berufen kann. Die finanziellen Steuerungsmöglichkeiten hinsichtlich der Mitgliederpräferenzen beschränken sich

---

170 Siehe dazu auch *Kapitel II, B.*.

171 Vgl. LAUX [1990], S.11f, und S.242-254 beispielsweise fur den Fall, daß die Mitglieder nicht einmal indifferent sind zwischen den Alternativen selbst.

172 Vgl. LAUX [1990], S.24, S.43, S.81. Die Analyse beschrankt sich zur Komplexitatsreduktion auf solche linearen Belohnungsfunktionen. Zur Rechtfertigung dieser Annahme vgl. PETERSEN [1989], S.58 und HARTMANN-WENDELS [1989], S.716. Eine analytische Losung des Problems findet sich für den Fall eines Agenten und bestimmten Klassen von Nutzen- und Belohnungsfunktionen bei ROSS [1973].

nach diesen Annahmen auf den einheitlichen Prämiensatz f.
Um aus einer Prämiendifferenzierung für die Mitglieder einen Vorteil zu ziehen, müßte die Instanz Informationen über individuelle versteckte Eigenschaften (*hidden characteristics*) der Mitglieder haben. Es wird jedoch später davon ausgegangen, daß ihr Informationen über Mitgliedereigenschaften lediglich in Form einer Verteilung über alle Mitglieder vorliegen. Die Möglichkeit der Prämiendifferenzierung wird aus diesem Grunde nicht weiter verfolgt.[173]

Abstimmungsverhalten

Ob sich die Mitglieder naiv oder antizipierend bei der Abstimmung verhalten, ist bei individueller Rationalität abhängig von der Situation in der Gruppe und wird als situativer Parameter für die Instanz im Metaentscheidungsproblem aufgefaßt.

Formalproblem

Aus der Formulierung des Entscheidungsproblems auf aggregiertem Niveau folgt, daß Freiheitsgrade der Mitteilung von Umweltzuständen und Ergebnisausprägungen entfallen. Steuerungsempfehlungen für die verbleibende Möglichkeit, die Alternativenmenge variabel zu kommunizieren, werden in dieser Arbeit nicht gegeben. Den Mitgliedern liegt hinsichtlich der Alternativenmenge das Originalproblem vor, die Ergebnisse werden sie im Rahmen der Bildung ihrer individuellen Präferenzordnungen ohnehin selbst einschätzen.

Kommunikationsregelungen

Empfehlungen zum Eingreifen der Instanz in die Gruppeninteraktion werden in dieser Arbeit nicht gegeben. Die Bestimmung relevanter Kommunikationskosten für das Metaentscheidungsproblem in Form von Opportunitätskosten, die durch die Teilnahme von Mitgliedern an der Entscheidungsgruppe anfallen, wird für die Instanz im allgemeinen Fall kaum zu leisten sein. Sollten sich diese Kosten für den Einzelfall als erheblich und relevant für die optimale Gruppenzusammensetzung erweisen, so besteht bei der Modellanwendung die Möglichkeit, jede Entschei-

173 Prämiendifferenzierung bei einer spieltheoretischen Erweiterung des Grossman-Hart Principal-Agent-Modells betrachtet MOOKHERJEE [1986]

dungsgruppe mit ihren spezifischen Kommunikationskosten zu belasten.

Output-Format

Mit zunehmendem Informationsgrad des Output-Formates (*siehe Kap. I, F.2.*) kann die Entscheidungsqualität einer rational handelnden Instanz nicht systematisch abnehmen, da die Anwendung der Gruppenentscheidungsregel, welche zu der höheren Verdichtung bei Informationsverlust führte, nachvollziehbar bleibt. Die Instanz könnte allerdings durch Vorgabe eines detaillierteren Output-Formates bei Kenntnis individueller versteckter Eigenschaften (*hidden characteristics)* der Mitglieder einen systematischen Vorteil erzielen. Da die Instanz aber im vorliegenden Modell wie bereits erwähnt nur *die Verteilung* von z.B. persönlichen Interessen und Qualifikationen der Mitglieder kennt, nicht aber die Ausprägungen *bei einzelnen Mitgliedern*, kann sie die zusätzlichen Informationen, welche in den Stimmabgaben der einzelnen Mitglieder enthalten sind, nicht systematisch nutzen, ähnlich wie beim Prämiensatz. Die Instanz muß also entweder dem Urteil der Gruppe folgen, oder die Entscheidung von vorn herein selbst treffen. Die Vorgabe eines Outputformates, welches vom kanonischen Format "*empfohlene Alternative der Gruppe*" abweicht, ist somit nicht sinnvoll und wird nicht weiter verfolgt.

Abstimmung

Es werden drei gängige Abstimmungsregeln auf ihre Vorteilhaftigkeit hin untersucht, welche in Kapitel I bereits näher erläutert wurden: Das Single Vote-Kriterium, das Borda-Kriterium und die Hare-Regel. Es wird später noch erläutert, daß von einer gleichzeitigen, geheimen Abstimmung in der Gruppe ausgegangen wird. Empfehlungen zu Abstimmungsmodalitäten wie Regelungen bei Pattsituationen und Zwischenabstimmungen werden nicht gemacht. Stimmenthaltungen erweisen sich unmittelbar aus den Überlegungen zur Zielsetzung und Rationalität der Mitglieder als individuell irrationale Strategie.[174]

---

174 KAUS [1985], S.260-262, zeigt, daß Stimmenthaltung einem Mitglied keine Vorteile bringen kann, wenn sich die Mitglieder zielkonform mit der Instanz verhalten. Die gleichen Überlegungen gelten bei Verhalten gemaß eigenen Zielen, wie hier zugrunde gelegt. Ein Konflikt zwischen persönlichen und Instanzzielen im Sinne von KAUS wird nicht angenommen. Jedes Mitglied maximiert den eigenen Nutzen.

Zusatzinformationen

Der allgemeine Einfluß von Zusatzinformationen wird nicht untersucht. Später wird von individuellen Qualifikationen der Gruppenmitglieder ausgegangen. Diese können aufgefaßt werden als Qualifikationen nach Bekanntgabe von Informationen durch die Instanz. In jedem Fall wird bei einem positiven Informationswert dieser Informationen die Prognosequalität der Gruppe steigen.

Einen Überblick über die Steuerungsvariablen gibt die folgende Abbildung:

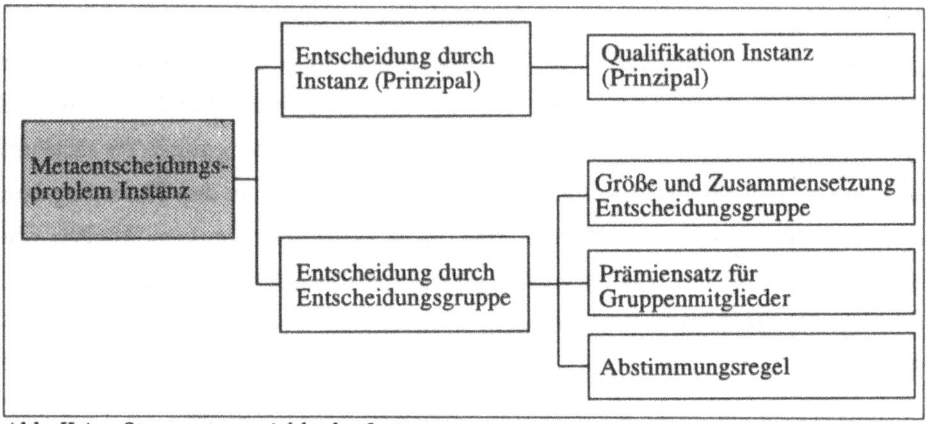

Abb. II.4: Steuerungsvariable der Instanz

5. Potentielle Fehlerquellen bei Berechnung der erwarteten Entscheidungsqualität

Einerseits sind Modelle Vereinfachungen der Realität, andererseits wäre ein Modell, das alle Elemente der Realität enthält, wegen der entstehenden Überkomplexität i.A. nicht anzustreben.

Ein deskriptives Modell kann häufig aufgefaßt werden als Postulierung eines bestimmten, evtl. recht komplexen Ursache-Wirkungs-Zusammenhanges zwischen dem Untersuchungsgegenstand des Modells und seinen Determinanten. Dabei gelten oft folgende drei Einschränkungen:[175]

175 Eine gängige Idealisierung ist die *Annahme der Geschlossenheit* des modellierten Systems, vgl. ALBERT [1987], S.109.

- Andere Auswirkungen: Die erfaßten Determinanten haben auch Auswirkungen auf andere Faktoren als den Untersuchungsgegenstand, welche evtl. eng mit diesem zusammenhängen können.
- Fehlende Determinanten: Nicht alle Determinanten oder Einflußfaktoren auf den Untersuchungsgegenstand sind im Modell erfaßt.
- Fehlende Kausalitäten: Nicht alle Wirkungsmechanismen bzw. Kausalitäten zwischen Determinanten (Ursachen) und dem Untersuchungsgegenstand (Wirkung) sind tatsächlich modelliert.

Dies soll mit der nebenstehenden Abbildung verdeutlicht werden. Unkritisch ist sicherlich der erste Fall: Das Modell macht nur Aussagen über den Untersuchungsgegenstand, nicht über andere, evtl. verwandte Gegenstände.

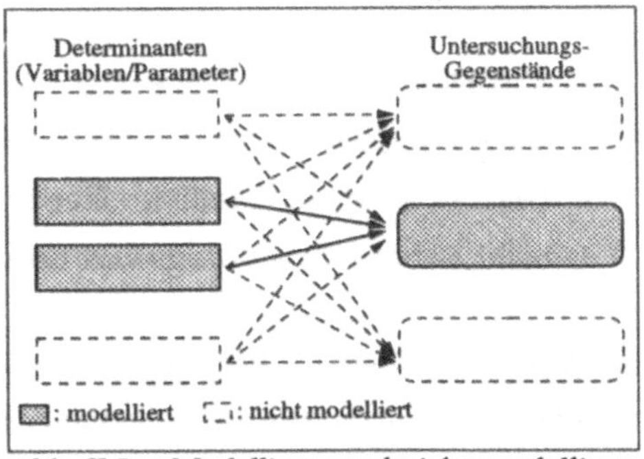

Abb. II.5: Modellierte und nicht modellierte Elemente eines realen Systems

Ob der zweite Punkt problematisch ist, hängt von Gebrauch und Kontext eines Modells ab. Interessiert das Verhalten des Untersuchungsgegenstandes in der Realität, so können nicht berücksichtigte Ursachen zu falschen Vorhersagen über Vorkommen oder Ausprägung des Untersuchungsgegenstandes führen. Soll dagegen nur der Zusammenhang zwischen den *betrachteten* Determinanten und dem Untersuchungsgegenstand aufgezeigt werden, so ist Unvollständigkeit der Determinantenmenge nicht von Bedeutung.

Falsche oder Unvollständige Abbildung des Ursache-Wirkungs-Zusammenhanges, wie im dritten Fall beschrieben, führt in vielen Fällen zu Fehlern in Anwendung und Interpretation des Modells. Dies wird immer dann geschehen, wenn die weggelassenen Kausalmechanismen nicht nur zu vernachlässigende (quantitative oder qualitative) Bedeutung haben.

Im Modell der vorliegenden Arbeit ist der Untersuchungsgegenstand wie geschildert die erwartete Entscheidungsqualität der Instanz. Im Rahmen des normativen Modells wird diese Größe optimiert, nicht aber ein anderer Untersuchungsgegenstand wie die Akzeptanz einer Entscheidung oder sonstige mögliche Gütekriterien für das Metaentscheidungsproblem.[176]

Zur Komplexitätsreduktion und analytischen Klarheit wird es jedoch nötig sein, sowohl einige Determinanten als auch Wirkungsmechanismen dieser Entscheidungsqualität zu vernachlässigen. An einigen Stellen wird dies diskutiert werden. Grundsätzlich können eine Determinante oder ein Mechanismus in folgenden Situationen vernachlässigt werden:

- Unwesentliche Beeinflussung: Die Qualität jeder Einzelentscheidung wird der Höhe nach nur unwesentlich beeinflußt.
- Unsystematische Beeinflussung: Der Einfluß auf die Entscheidungsqualität ist unsystematisch in dem Sinne, daß sich bei Variation des weggelassenen Faktors zwar die Qualität einer Einzelentscheidung ändern mag, dies aber nicht auf den Erwartungswert durchschlägt.

Liegt unwesentlicher oder unsystematischer Einfluß vor, so ist die Kausalität der Modellelemente zueinander im wesentlichen invariant gegenüber der Übertragung in die komplexere Realität. In diesem Fall sollte das Modell zur Komplexitätsreduktion entsprechend vereinfacht werden.

Die folgende Gegenüberstellung soll den Zusammenhang der abstrakten Elemente von Entscheidungsproblem und Metaentscheidungsproblem klarer herausarbeiten:

Formales Element	**Entscheidungsprob.**	**Metaentscheidungsprob.**
Alternativen	$A_1,\ldots,A_N$	Steuerungsvariable v
Konsequenz (Zielgröße)	Gewinn $G(A_n)$	Erwarteter Gewinn $\mu(A_n)$
Verteilung der Konsequenz	*Normal* $N(\mu(A_n);\sigma^2(A_n))$	? : $F(a\cdot\mathit{Qualität}+b\,|\,(v;p))$
Nutzen für die Instanz	Gewinn $G(A_n)$	Entscheidungsqualität
Zielsetzung der Instanz (= erw. Nutzen → max!)	Erwarteter Gewinn: $\mu(A_n) \rightarrow$ max!	Erw.Entscheidungsqualität: $E(\text{Qualität}\,|\,(v;p)) \rightarrow$ max!
Umweltzustände/Ereignisse	*nicht explizit modelliert*	In den situativen Par. p

Abb. II.6: Gegenüberstellung von Entscheidungsproblem und Metaentscheidungsproblem

176 Ein solches Vorgehen findet man z.B. bei VROOM/YETTON [1973].

B. Quantifizierung der Mitgliederziele in Nutzenfunktionen

Ziel des Abschnittes
Die Ziele der Mitglieder sollen in Form von Nutzenfunktionen konkretisiert und quantifiziert werden. Besonders zu beachten sind Risikopräferenzen der Mitglieder und die Abbildung einer möglichen Konformitätstendenz, wie sie in Gruppen typischerweise auftritt.

In diesem Abschnitt werden individuelle Rationalität und individuelle Zielsetzungen der Gruppenmitglieder konkretisiert. Dazu wird zunächst die Anwendung des ökonomischen Verhaltensmodells und die Ausgestaltung mit Hilfe der Erwartungsnutzen-Theorie diskutiert. Die Ziele werden zunächst qualitativ dargestellt, dann folgt eine Herleitung von Nutzenfunktionen für die Mitglieder in mehreren Schritten. Die Gliederung des Abschnittes ist im folgender Abbildung dargestellt:

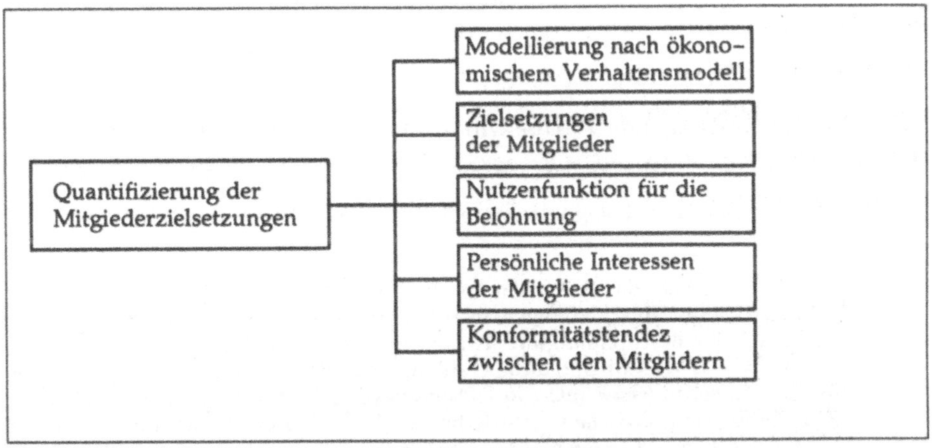

1. Rationalität der Mitglieder nach dem ökonomischen Verhaltensmodell

Im Entscheidungsprozeß einer Gruppe treten vielfältige, komplexe Effekte auf. Allgemein gesprochen kommen diese Effekte -je nach Sichtweise und Beobachtungsebene- zustande durch die Eigenschaften der Gruppe als Ganzes (*holistische Sichtweise*) oder durch die Eigenschaften der einzelnen Gruppenmitglieder und deren Wechselwirkungen (*reduktionistische Sichtweise*).[177]

Bei der Betrachtung der Gruppe als Ganzes tritt das Problem auf, daß das Modell entweder das Verhalten der Gruppe für alle denkbaren Situationen bereits enthalten muß, oder daß die Gesamtmotivation der Gruppe eingeschätzt werden muß.

Erscheint es bereits schwierig, Ziele und Motive einzelner Individuen einzuschätzen, so ist dies für eine Gruppe von in Wechselwirkung stehenden Individuen als Ganzes vermutlich hoffnungslos. Bei praktikablen Vereinfachungen besteht die Gefahr, daß durch die Gruppenstruktur entstehende, bei Individuen qualitativ nicht vorhandene Effekte vernachlässigt werden und so die Realität nicht valide abgebildet wird.[178]

Die Modellierung einzelner Gruppenmitglieder scheint demgegenüber eher möglich. Als Verhaltensmodell des einzelnen Mitgliedes bietet sich das in Kapitel I geschilderte ökonomische Verhaltensmodell des *modernen homo oeconomicus* an.
Bei einer solchen Modellierung müssen jedoch die durch die Gruppenstruktur entstehenden Effekte gesondert abgebildet werden, d.h. die Beziehungen zwischen den Mitgliedern dürfen nicht vernachlässigt werden.
Das Verhalten der Gruppe ergibt sich aus den individuellen Verhaltensweisen unter Berücksichtigung ihrer Wechselwirkungen. Die Modellierung folgt also dem reduktionistischen, individuellen, ökonomischen Ansatz, nicht einem systemorientierten, in dem die Systemelemente nicht mehr einzeln abgebildet werden:

---

177 KIRSCH bezeichnet das Ausgehen von Individualentscheidungen für die Analyse organisatorischer Entscheidungen als reduktionistisch epistemologischen Standort. Die Wahl der Beschreibungsart sieht er als eine Frage der Beobachtungs- oder Systemebene und empfiehlt, diese Wahl aus pragmatischen Gründen und undogmatisch zu sehen (*beschränkter Reduktionismus*), vgl. KIRSCH [1977], S.95 und S.97. Zur Diskussion zwischen holistischer und reduktionistischer Sichtweise vgl. POPPER [1972], S.217f sowie NAGEL [1961], S.380–397. NAGEL betont auf S.394f, daß in einigen Systemen die Notwendigkeit zu *"nichtadditiver Analyse"* besteht, die jedoch trotzdem bisweilen mit Hilfe der Teile und *ihrer Beziehungen zueinander* geleistet werden kann. In diesem Sinne soll auch die Analyse des Gruppenverhaltens erfolgen.

178 Ein Beispiel für solch eine intuitive, aber falsche Vereinfachung ist die Annahme der Existenz einer transitiven Ordnung für Gruppenpräferenzstruktur bei beliebigen Entscheidungsproblemen. In der Regel werden solche Präferenzstrukturen nicht aus beliebigen transitiven individuellen Präferenzstrukturen entstehen, vgl. ARROW [1951], S.59f (*Unmöglichkeitstheorem*).

Die vorliegende Untersuchung geht von individuell rationalem Verhalten auf Basis des ökonomischen Verhaltensmodells aus.

2. Zielsetzungen der Mitglieder nach der Erwartungsnutzen-Theorie

Wie in Kapitel I im Abschnitt über sozialpsychologische Modelle erörtert, lassen sich die bei der Analyse von Gruppenentscheidungen auftretenden individuellen Zielsetzungen in zwei Klassen einteilen: Entscheidungsproblemorientierte und an der Gruppe orientierte (*siehe Kap. I, C.*).

Entscheidungsproblemorientierte Zielsetzungen können dabei entweder allen Mitgliedern gemeinsam sein oder individuell unterschiedlich. Dies kann einen Zielkonflikt zwischen Mitgliedern und Instanz sowie innerhalb der Gruppe zur Folge haben. Aus diesen Überlegungen erhält man folgende Zielstrukturen der Mitglieder, von denen in der weiteren Untersuchung ausgegangen wird:

(II.5) Zielelemente der Gruppenmitglieder

Es werden drei unterschiedlichen Zielsetzungen jedes Mitgliedes berücksichtigt, deren Umsetzung im folgenden noch detailliert ausgestaltet werden muß:

- Alternativenspezifischer Gewinn bzw. monetäre Belohnung der Mitglieder in Abhängigkeit des Erfolges der gewählten Alternative durch die Instanz
- Persönliche Interessen der Mitglieder an den Alternativen, individuell verursacht z.B. durch Prestigegewinne und -verluste, Arbeitsleid, etc..
- Übereinstimmung in Form von Konformität mit anderen Mitgliedern (normativer Einfluß).

Für die Ausgestaltung der Rationalität von Gruppenmitgliedern nach dem ökonomischen Verhaltensmodell wird ein Kompromiß benötigt zwischen analytischer Klarheit und hinreichender Berücksichtigung der wichtigsten Phänomene mit Auswirkungen auf die Entscheidungsfindung. Das Modell muß in hinreichender Allgemeinheit, d.h. unabhängig vom speziellen Entscheidungsproblem und seinen spezifischen Alternativen formuliert werden können.

Zwar können wie in Kapitel I diskutiert deskriptive Abweichungen des Mitgliederverhaltens von den Axiomen der Erwartungsnutzen-Theorie auftreten (*siehe Kap. I, D.3.*). Solche Abweichungen sind jedoch tolerierbar für das Modell, solange diese Abweichungen unbedeutend oder unsystematisch sind (*im Sinne von Kap. II, A.5.*) Zur Berücksichtigung bedeutender, systematischer Abweichungen jedoch existieren folgende Voraussetzungen:

- *Antizipation durch die Instanz:* Die Instanz müßte in der Lage sein, nicht im Einklang mit der Erwartungsnutzen-Theorie stehendes Verhalten von Mitgliedern zu antizipieren. Sollte diese Forderung überhaupt erfüllbar sein, was als unwahrscheinlich angesehen werden muß, so steht sie jedenfalls im Widerspruch zum Grundsatz der Operationalität für die Instanz (*siehe Kap. I, A.2.a.*): Um diese Antizipation vorzunehmen, wäre ein zu hoher Planungsaufwand nötig.
- *Antizipation bei der Modellerstellung:* Darüber hinaus müßte die Art solcher Abweichungen bei der Erstellung des Modells antizipiert werden, da eine anerkannte Verallgemeinerung oder Veränderung der Erwartungsnutzen-Theorie nicht existiert, auf die zurückgegriffen werden könnte.

Einerseits erscheinen diese Forderungen unerfüllbar, andererseits werden Erwartungsnutzen-Ansätze erfolgreich bei der Modellierung anderer Sachverhalte eingesetzt. Deswegen wird davon ausgegangen, daß Rationalität der Mitglieder im ökonomischen Verhaltensmodell auf der Erwartungsnutzen-Theorie beruht.

Zum Verständnis der folgenden Betrachtungen ist eine Vorwegnahme der Modellierung von persönlichen Interessen einschließlich Konformität erforderlich. Zur Anwendung der Erwartungsnutzen-Theorie wird eine Quantifizierbarkeit von persönlichen Interessen und Konformitätstendenz in einer reellen Zahl angenommen.
Die Konformitätstendenz wird als spezielles persönliches Interesse an den Alternativen formuliert, welches sich aus den Präferenzen der *anderen* Mitglieder für eine Alternative ergibt. Im folgenden wird zunächst der Nutzen aus der Belohnung erörtert. Dann folgt der Nutzen aus persönlichen Interessen und Konformität.

$B_m(A_n)$ bezeichnet die Belohnung für Mitglied m bei Wahl von Alternative n durch die Gruppe, $PI^0_m(A_n)$ seine eigenständigen persönlichen Interessen an dieser Alternative (vor Konformitätseinfluß) und $PI_m(A_n)$ die persönlichen Interessen nach Berücksichtigung der Konformität. Gesucht ist die Präferenzfunktion Φ_m für jedes Mitglied m, welche jede Alternative A_n auf den erwarteten Nutzen $E(U_m(A_n))$ abbildet, den Mitglied m dem Ergebnispaar $(B_m(A_n); PI_m(A_n))$[179] beimißt:

$$\Phi_m[\ A_n] = E(\ U^{\sim}_m[\ B_m(A_n);\ PI_m(A_n)\ ]\ ).$$

In dieser Beschreibung, in der alle Teilziele der Gruppenmitglieder enthalten sind, ist die Nutzenfunktion unabhängig von weiteren (Umwelt-)Zuständen.[180]

3. Nutzenfunktion für die Belohnung unter Berücksichtigung des Risikos

In diesem Abschnitt wird die Nutzenfunktion ohne persönliche Interessen hergeleitet, also für den Spezialfall $PI_m = 0$. Dabei ist insbesondere die Risikopräferenz der Mitglieder für die Belohnung entscheidend, denn bei Risikoneutralität des Entscheiders hat dieser bekanntlich eine lineare Nutzenfunktion V, also z.B. die identische Abbildung $V(x) = x$.

Die Überlegungen zur Abbildung der Risikopräferenz können in der Modellierung operational nur auf eine Weise umgesetzt werden: Die Hypothese der konstanten *absoluten* Risikoaversion ist die einzige, bei der die Instanz nicht die Vermögenshöhe der einzelnen Mitglieder schätzen muß (*zu Vorzügen und Problemen bei unterschiedlichen Möglichkeiten der Berücksichtigung des Risikos siehe Kap. I, D.4.*).

Es erscheint schwierig, bei der Zusammenstellung einer Entscheidungsgruppe eine zwischen den Mitgliedern unterschiedliche *Veränderung* der Risikoaversion zu berücksichtigen, die durch unterschiedliche Belohnungen ausgelöst wird aufgrund verschiedener Vermögenssituationen. Trotzdem besteht vermutlich genaugenommen ein solcher Effekt.

---

179 Von Teilnutzen für die einzelnen Zielelemente kann nur bei Nutzenunabhängig gesprochen werden, vgl. BAMBERG/COENENBERG [1974], S.44f.

180 Wäre die Konformitätstendenz nicht in die Nutzenfunktionen integriert, so hätte man den Fall einer zustandsabhängigen Nutzenfunktion, nämlich abhängig z.B. vom Abstimmungsergebnis, vgl. dazu LAUX [1982a], S.194–197.

Zur Komplexitätsreduktion und nach dem Grundsatz der Operationalität des Modells wird deshalb die tatsächliche Nutzenfunktion im relevanten Bereich approximiert durch eine Nutzenfunktion unter der Annahme konstanter absoluter Risikoaversion.[181] Die gegenüber der Annahme linearer Nutzenfunktionen deutlich verbesserte Approximationsgüte in mittleren Einkommensintervallen läßt darauf hoffen, daß durch diese Annahme nur unwesentliche Abweichungen für die erwartete Entscheidungsqualität verursacht werden.

Nach einem bekannten Ergebnis folgt bei konstanter absoluter Risikoaversion die Gestalt der Nutzenfunktion V bereits bis auf eine positiv (affin) lineare Transformation. V ist eine exponentielle Nutzenfunktion der Form ($r_a = r_a(x) \equiv$ konst.)[182]

$$V(x) \;=\; -\exp(\,-\,r_a \cdot x\;)\,.$$

Für normalverteilte Ergebniswerte, wie in dieser Arbeit vorausgesetzt, erhält man den *erwarteten* Nutzen bei exponentieller Nutzenfunktion auf sehr einfache Weise: Bezeichnet μ=E(x) den Erwartungswert und σ^2=Var(x) die Varianz der Ergebnisverteilung, so gilt[183]

$$E(\,V(x)\,) \;=\; V(\,\mu - (r_a/2)\cdot\sigma^2\,)\,.$$

Die Größe $\mu - (r_a/2) \cdot \sigma^2$ bezeichnet man als Sicherheitsäquivalent des Entscheiders bei normalverteiltem Zielwert und exponentieller Nutzenfunktion[184]

Die Orientierung an einem Funktional, welches nur von Erwartungswert und Varianz der Ergebnisverteilung abhängig ist, bezeichnet man allgemein als μ–σ–Prinzip.[185] Die Konstellation von normalverteilten Ergebniswerte und exponentiel-

---

181 Wegen konstanter absolute Risikoaversion ist das in *Kap II, A.4.* erwahnte Fixum F der linearen Belohnungsfunktion nicht entscheidungsrelevant.

182 Vgl. PRATT [1964], S.130.

183 Vgl. SCHNEEWEIß [1967], S.146–148.

184 Zum Sicherheitsaquivalent vgl. z.B. LAUX [1982a], S.207–217 und SCHNEEWEIß [1967], S.42–46.

185 SINN kommt in seinen Untersuchungen zu dem Schluß, daß das μ–σ–Prinzip in seiner allgemeinen Form sogar als praktikable Alternative zum allgemeinen Erwartungsnutzenkriterium geeignet ist, da mit ihm "*nahezu beliebige Verlaufe der von Neumann–Morgenstern–Nutzenfunktion abgebildet werden*" können und es analytisch verhältnismaßig leicht zu handhaben ist, vgl. SINN [1980], S.126f.
Allgemein, d.h. bei beliebigen Wahrscheinlichkeitsverteilungen, ist das μ–σ–Prinzip *exakt* nur bei Vorliegen einer (unplausiblen) quadratischen Nutzenfunktion mit der Erwartungsnutzen-Theorie vereinbar, vgl. z.B. LAUX [1982a], S.208–212 und SCHNEEWEIß [1967], S.96–98.

ler Nutzenfunktion hat also die Orientierung am μ–σ–Prinzip der sehr einfachen linearen Form zur Folge: Die Orientierung an der Größe $\mu - (r_a/2) \cdot \sigma^2$.

Mit der Verteilung des Gewinnes $G(A_n)$ einer Alternative n ist auch die Belohnung bzw. der Gewinnanteil eines Mitgliedes, $f \cdot G(A_n)$, normal verteilt. Die Verteilung hat einen Erwartungswert von $f \cdot \mu(A_n)$ und eine Varianz von $f^2 \cdot \sigma^2(A_n)$.[186]

Bezeichnen $r_{a,m}$ das konstante ARROW–PRATT Maß der Risikoaversion von Mitglied m und $a^{nsk}{}_m = (r_{a,m}/2) > 0$ seinen Risikoaversions–Koeffizienten, so ergibt sich folgende Bestimmungsgleichung für den erwarteten Teilnutzen der Belohnung ohne persönliche Interessen

$$E(\,U^{-}{}_m[B_m(A_n);\,0]\,) \;=\; U_m(\,f{\cdot}\mu(A_n) - a^{nsk}{}_m \cdot [f^2{\cdot}\sigma^2(A_n)]\,)\;.$$

Bei Risikoneutralität ($a^{nsk}{}_m = 0$) hat das Mitglied m die lineare Nutzenfunktion $U_m(\,x\,) = x$, bei Risikoaversion die exponentielle Nutzenfunktion $U_m(\,x\,) = -\exp(-2{\cdot}a^{nsk}{}_m{\cdot}x)$.

4. Persönliche Interessen der Gruppenmitglieder

Die Gruppenmitglieder können unabhängig von der Gewinnverteilung persönliche Interessen an den Alternativen haben. Diese persönlichen Interessen können beispielsweise aus Arbeitsleid bestehen, wie es beim Agency–Ansatz berücksichtigt wird. Auch Prestigegewinne oder -verluste, die für ein Mitglied mit den einzelnen Alternativen verbunden sind, können zu solchen persönlichen Interessen führen, und es sind auch noch andere Motivationen denkbar, die zu persönlichen Interessen der Mitglieder an den Alternativen führen.[187]

Auch die Konformitätstendenz innerhalb einer Entscheidungsgruppe kann als persönliches Interesse an einer Konformität mit anderen Mitgliedern aufgefaßt werden. Dieser konformitätsbeeinflußte Teil der persönlichen Interessen wird im nächsten Teilabschnitt erläutert. Die Betrachtungen beschränken sich zunächst auf

---

186 Fur $a,\sigma,\lambda \in \mathbb{R}$, $X_1 \sim N(a,\sigma^2)$ gilt $\lambda{\cdot}X_1 \sim N(\,\lambda{\cdot}a,\, \lambda^2{\cdot}\sigma^2)$, vgl. z.B. HINDERER [1972], S.198.

187 Berücksichtigung von Arbeitsleid ist ein typisches Vorgehen des Agency–Ansatzes; "*Effort is a disutility to the agent*", ARROW [1985], S.38. Ein Beispiel persönlicher Interessen beschreibt LAUX [1979a], S.95–99, (dort "persönliche Präferenzen").

die nicht konformitätsbeeinflußten, eigenständigen persönlichen Interessen. Die eigenständigen persönlichen Interessen (ohne Konformitätseinfluß) von Mitglied m an Alternative n liegen im Modell in Form der reellen Zahl $PI^0{}_m(A_n)$ vor.

Es stellt sich nun die Frage, wie die persönlichen Interessen im Detail in die Nutzenfunktionen und somit in die Präferenzen einfließen.
Im folgenden wird davon ausgegangen, daß sich der Nutzen für die Mitglieder aus persönlichem Interesse durch eine sichere, äquivalente Zahlung von Geldeinheiten ausdrücken läßt. Die Höhe des Geldäquivalentes wird als unabhängig von der erwarteten Belohnungszahlung angenommen.
Die persönlichen Interessen können also in der Einheit Geldäquivalente so skaliert werden, daß die Zahl $PI^0{}_m(A_n)$ gerade die Höhe des Geldäquivalentes bezeichnet, welches das Mitglied seinen eigenständigen persönlichen Interessen beimißt.

Auf der Basis dieser Geldäquivalente lassen die Mitglieder ihre persönlichen Interessen genau wie die tatsächliche Belohnung in ihre Nutzenfunktionen einfließen. Die Mitglieder beziehen nun konsequenterweise die gleichen Nutzen- und Risikobetrachtungen, welche zu ihrer Nutzenfunktion für die Belohnung geführt haben, auf die Summe von Belohnungszahlung und Geldäquivalent der persönlichen Interessen. Bei einer normalverteilten Belohnung für Alternative n mit Erwartungswert $f \cdot \mu(A_n)$ und Varianz $f^2 \cdot \sigma^2(A_n)$ sowie eigenständigen persönlichen Interessen von $PI^0{}_m(A_n)$ ergibt sich für Mitglied m der gleiche Nutzen vor Berücksichtigung der Konformität wie bei einer Belohnungsverteilung mit Erwartungswert $f \cdot \mu(A_n) + PI^0{}_m(A_n)$ und Varianz $f^2 \cdot \sigma^2(A_n)$.

Vor Berücksichtigung der Konformität ergibt sich demnach als Präferenzfunktion

$$\begin{aligned} \Phi'_m[\,A_n] &= E(\,U^{\sim}{}_m[B_m(A_n)\,;\,PI^0{}_m(A_n)\,]\,) \\ &= U_m(\,f{\cdot}\mu(A_n) - a^{nsk}{}_m \cdot [f^2{\cdot}\sigma^2(A_n)] + PI^0{}_m(A_n)\,)\,, \end{aligned}$$

wobei unter Risikoneutralität ($a^{nsk}{}_m = 0$) die lineare Nutzenfunktion U_m wiederum linear ist, $U_m(\,x\,) = x$, während bei Risikoaversion die exponentielle Nutzenfunktion $U_m(\,x\,) = -\exp(-2{\cdot}a^{nsk}{}_m{\cdot}x)$ gilt.

Das Sicherheitsäquivalent von Belohnungszahlung und eigenständigen persönlichen Interessen von Mitglied m an Alternative n beträgt also

$$f \cdot \mu(A_n) - a^{nsk}_m \cdot [f^2 \cdot \sigma^2(A_n)] + PI^0_m(A_n) .$$

Ferner wird angenommen, daß eigenständige persönliche Interessen eines Mitgliedes an den Alternativen allen anderen Mitgliedern bekannt sind.

Die Instanz kennt diese Interessen der Mitglieder jedoch nicht im einzelnen. Später wird davon ausgegangen, daß die Instanz lediglich Informationen über die Verteilung der Interessen innerhalb der Gruppe hat. Die persönlichen Interessen der Mitglieder sind somit für die Instanz versteckte Eigenschaften (*hidden charakteristics*) i.S.d. Principal-Agent-Theorie.

5. Konformitätstendenz zwischen den Mitgliedern

Wie in der Beschreibung sozialpsycholgischer Modelle der Kleingruppenforschung deutlich wurde, besteht in Gruppen üblicherweise ein normativer Einfluß, der eine Tendenz zur Konformität zur Folge hat (*siehe Kap. I, C.*).

Im Rahmen der vorliegenden Arbeit wird diese Konformitätstendenz als Teil der persönlichen Interessen von Mitgliedern modelliert. Das besondere an diesen *konformitätsbezogenen* Interessen ist die Gleichgerichtetheit zwischen Mitgliedern: Eine von der Gruppe insgesamt hoch bewertete Alternative ist für alle Mitglieder attraktiv hinsichtlich der Konformität. Diese systematische Abhängigkeit ist bei *eigenständigen* persönlichen Interessen nicht gegeben oder zumindest nicht von der Instanz antizipierbar. So muß die Konformitätstendenz separat abgebildet werden.

Die Konformitätstendenz wird als Teil der persönlichen Interessen eines Mitgliedes für eine Alternative modelliert, welcher abhängig von dem Sicherheitsäquivalent ist, den andere Mitglieder dieser Alternative beimessen.[188]

Der Anteil der gesamten persönlichen Interessen von Gruppenmitglied m, welcher durch seine Konformitätstendenz entsteht, wird mit a^{konf}_m bezeichnet, und es gilt $0 \leq a^{konf}_m < 1$. Die gesamten persönlichen Interessen eines Mitgliedes m an einer Alternative setzen sich aus dem Belohnungsäquivalent seiner eigenständigen persönlichen Interessen $PI^0_m(A_n)$ und dem Sicherheitsäquivalent der anderen

---

188 Ähnlich modelliert WENDT Altruismus, vgl. WENDT [1991], S. 104.

Mitglieder für diese Alternative zusammen. Für den Fall von nur zwei Gruppenmitgliedern schreiben sich die persönlichen Interessen von Mitglied 1 für Alternative n nach Berücksichtigung der Konformität somit als

$$PI_1(A_n) = (1-a^{konf}{}_1) \cdot PI^0{}_1(A_n) + a^{konf}{}_1 \cdot (f \cdot \mu(A_n) - a^{nsk}{}_2 \cdot [f^2 \cdot \sigma^2(A_n)] + PI_2(A_n)).$$

Für den Fall mehrerer Mitglieder tritt die Frage auf, *zu welchen* anderen Mitgliedern die Konformitätstendenz besteht. Denkbar ist beispielsweise, daß sich die Konformitätstendenz eines Mitgliedes hauptsächlich auf einen Leiter der Gruppe konzentriert oder allgemein hierarchisch, nach Sympathien oder sonstwie ungleichmäßig verteilt ist.

Da eine solche Struktur für die Instanz kaum antizipierbar ist, und aus Gründen der Komplexitätsreduktion, wird im vorliegenden Modell davon ausgegangen, daß sich die Konformitätstendenz jedes Mitgliedes gleichmäßig auf die anderen Mitglieder verteilt. Mitglied m bezieht somit das Sicherheitsäquivalent jedes *anderen* Mitgliedes mit einem Gewicht von $a^{konf}{}_m/(M-1)$ in seine persönlichen Interessen ein. Für die persönlichen Interessen von Mitglied m für Alternative n nach Berücksichtigung der Konformität ergibt sich damit folgende Bestimmungsgleichung:

$$(*) \quad PI_m(A_n) = (1 - a_m^{konf}) \cdot PI_m^0(A_n) + \frac{a_m^{konf}}{M-1} \cdot \sum_{\substack{l=1 \\ l \neq m}}^{M} f \cdot \mu(A_n) - a_l^{nsk} \cdot f^2 \cdot \sigma^2(A_n) + PI_l(A_n) \quad \forall\, m = 1, \ldots, M$$

Wie bei den eigenständigen persönlichen Interessen wird auch für die Konformität angenommen, daß die Mitglieder über die individuellen Konformitätstendenzen anderer Mitglieder informiert sind. Sie kennen auch die obigen Bestimmungsgleichungen (und beherrschen das Lösen linearer Gleichungssysteme).

Bei der Berechnung der persönlichen Interessen nach Konformität tritt jedoch eine Schwierigkeit auf. Zur Bestimmung der Sicherheitsäquivalente *eines* Mitgliedes ist bei Konformität die Kenntnis der Sicherheitsäquivalente *aller anderen* Mitglieder Voraussetzung: Der konformitätsbeeinflußte Teil der persönlichen Interessen *eines* Mitgliedes ist auch von den Sicherheitsäquivalenten *der anderen* Mitglieder abhängig. Diese enthalten aber wiederum einen konformitätsbeeinflußten Teil, der sich auch auf das Sicherheitsäquivalent des zuerst betrachteten Mitgliedes bezieht.

Da die Mitglieder die Konformitätstendenz der anderen kennen, wissen sie dies und können es bei der Bildung ihrer eigenen Konformität antizipieren. Sonst käme es zu Inkonsistenzen zwischen den Annahmen der Mitglieder über die Präferenzen bzw. Sicherheitsäquivalente und den tatsächlichen Werten.
Die korrekte Berücksichtigung dieser gegenseitigen Abhängigkeiten kann mit Hilfe eines linearen Gleichungssystems erfolgen.

Als Lösung des Gleichungssystems erhält man diejenigen Werte für die konformitätsbeeinflußten persönlichen Interessen einer Alternative, für welche jedes Mitglied die Sicherheitsäquivalente der anderen Mitglieder an dieser Alternative so in die Bildung der eigenen Präferenzen einbezieht, wie sie nach Berücksichtigung der Konformität tatsächlich vorliegen. Nur auf diese Weise sind die Annahmen der Mitglieder über ihre gegenseitigen Sicherheitsäquivalente und somit über die Präferenzwerte konsistent.

Technisch erreicht man dies folgendermaßen: Aus den Bestimmungsgleichungen (*) erhält man folgendes Gleichungssystem, durch das die persönlichen Interessen nach Konformitätseinfluß eindeutig bestimmt sind:

$$PI_m(A_n) - \frac{a_m^{Konf}}{M-1} \cdot \sum_{\substack{l=1 \\ l \neq m}}^{M} PI_l(A_n) = (1 - a_m^{Konf}) \cdot PI_m^0(A_n) + \frac{a_m^{Konf}}{M-1} \cdot \sum_{\substack{l=1 \\ l \neq m}}^{M} f \cdot \mu(A_n) - a_l^{risk} \cdot f^2 \cdot \sigma^2(A_n) \quad \forall m = 1, \ldots, M.$$

Dieses System von linearen Gleichungen läßt sich aufschreiben als Matrix/Vektor-Gleichung: (Die rechte Seite der obigen Gleichung bildet den Vektor auf der rechten Seite des Gleichungssystems. Die linke Seite erhält man durch Multiplikation der Matrix A^{Konf} mit dem Lösungsvektor $(PI_1(A_n),\ldots,PI_M(A_n))^T$.)

(II.6) Einfluß der Konformität auf die persönlichen Interessen

Der Vektor der persönlichen Interessen $(PI_1(A_n),\ldots,PI_M(A_n))$ ist für alle Alternativen n der Lösungsvektor des folgenden Matrix-Vektor-Gleichungssystems:

$$\text{Mit} \quad A^{Konf} := \begin{bmatrix} 1 & -\frac{a_1^{Konf}}{M-1} & \cdots & -\frac{a_1^{Konf}}{M-1} \\ -\frac{a_2^{Konf}}{M-1} & 1 & \cdots & -\frac{a_2^{Konf}}{M-1} \\ \vdots & & & \vdots \\ -\frac{a_M^{Konf}}{M-1} & \cdots & -\frac{a_M^{Konf}}{M-1} & 1 \end{bmatrix} \quad \text{gilt}$$

$$A^{Konf} \cdot \begin{pmatrix} PI_1(A_n) \\ \vdots \\ PI_M(A_n) \end{pmatrix} = \begin{pmatrix} (1-a_1^{Konf}) \cdot PI_1^0(A_n) + \frac{a_1^{Konf}}{M-1} \cdot \sum_{\substack{l=1 \\ l\neq 1}}^{M} f\cdot\mu(A_n) - a_l^{risk} \cdot f^2 \cdot \sigma^2(A_n) \\ \vdots \\ (1-a_M^{Konf}) \cdot PI_M^0(A_n) + \frac{a_M^{Konf}}{M-1} \cdot \sum_{\substack{l=1 \\ l\neq M}}^{M} f\cdot\mu(A_n) - a_l^{risk} \cdot f^2 \cdot \sigma^2(A_n) \end{pmatrix}$$

Beispiel II.1: *Konformitätstendenz bei drei Mitgliedern*

Die drei risikoneutralen Gruppenmitglieder m=1, 2, 3 haben für den Erwartungswert der Alternative A_n die identische Schatzung von $\mu(A_n) = 1000$. Ihnen wird der einheitliche Prämiensatz von f = 0.01 = 1% gezahlt, die erwarteten Teilnutzen ihrer Belohnung betragen also 10.

Die Mitglieder verfügen über eine einheitliche Konformitätstendenz von $a^{konf}_1 = a^{konf}_2 = a^{konf}_3 = 0.4$, und sie haben an der Alternative persönliche Interessen von

Mitglied 1: $PI^0_1(A_n) = -10$

Mitglied 2: $PI^0_2(A_n) = +5$

Mitglied 3: $PI^0_3(A_n) = -5$.

Nach (II.6) ergeben sich die persönlichen Interessen nach Konformitätseinfluß als Lösungen des folgenden linearen Gleichungssystems:

$$\begin{bmatrix} 1 & -0.2 & -0.2 \\ -0.2 & 1 & -0.2 \\ -0.2 & -0.2 & 1 \end{bmatrix} \cdot \begin{pmatrix} PI_1(A_n) \\ PI_2(A_n) \\ PI_3(A_n) \end{pmatrix} = \begin{pmatrix} -2 \\ 7 \\ 1 \end{pmatrix}$$

Als Lösungen erhält man $PI_1(A_n) = 0$, $PI_2(A_n) = 7.5$, $PI_3(A_n) = 2.5$, wovon man sich leicht durch Einsetzen in das Gleichungssystem überzeugt.

Die resultierenden Sicherheitsäquivalente erfüllen die erfüllen die Bestimmungsgleichungen (*):

$$0 = 0.6 \cdot (-10) + (0.4/2) \cdot (10 + 7.5) + (0.4/2) \cdot (10 + 2.5)$$
$$7.5 = 0.6 \cdot (\ 5) + (0.4/2) \cdot (10 + 0\ ) + (0.4/2) \cdot (10 + 2.5)$$
$$2.5 = 0.6 \cdot (-5) + (0.4/2) \cdot (10 + 0\ ) + (0.4/2) \cdot (10 + 7.5)\ .$$

Zusammenfassend schreibt sich die Präferenzfunktion von Mitglied m als

$$\Phi^*_m[A_n] = U_m\,(\,f \cdot \mu(A_n) - a^{risk}_m \cdot [f^2 \cdot \sigma^2(A_n)] + PI_m(A_n)\,)\ .$$

(II.7) Rationalität und Präferenzfunktionen der Gruppenmitglieder

Die Rationalität von Mitglied m besteht in der Maximierung seiner Präferenzfunktion gemäß dem ökonomischen Verhaltensmodell. Die Präferenz für Alternative n bewertet Mitglied m nach der Erwartungsnutzen-Theorie auf Basis von Erwartungswert $\mu(A_n)$ und Varianz $\sigma^2(A_n)$ der Gewinnverteilung sowie seinen konformitätsbeeinflußten persönlichen Interessen $PI_m(A_n)$, welche sich gemäß (II.6) ergeben. Seine eigentliche Präferenzfunktion ist

$$\Phi^*_m[A_n] \ := \ U_m\,(f \cdot \mu(A_n) - a^{risk}_m \cdot [f^2 \cdot \sigma^2(A_n)] + PI_m(A_n))\ ,$$

wobei für risikoneutrale Mitglieder ($a^{risk}=0$) U_m die identische Abbildung $U_m(x) = x$ ist, während für risikoaverse Mitglieder ($a^{risk}>0$) U_m die exponentielle Nutzenfunktion $U_m(x) = -\exp(-2a^{risk} \cdot x\ )$ gilt.

Da die Mitglieder jedoch die Werte $\mu(A_n)$ und $\sigma^2(A_n)$ nicht kennen, maximieren sie ersatzweise die Präferenzfunktion mit ihren entsprechenden Schätzwerten

$$\Phi_m[A_n] \ := \ U_m\,(f \cdot \mu_m(A_n) - a^{risk}_m \cdot [f^2 \cdot \sigma^2_m(A_n)] + PI_m(A_n)\,)$$

bei identischer Definition von U_m und sind gleichzeitig bemüht, die Prognosequalität der Schätzwerte in der Gruppe zu verbessern. In den Ausführungen von Kap. II, B.5. und insbesondere in (II.6) sind die objektiven Werte für $\mu(A_n)$ und $\sigma^2(A_n)$ durch ihre entsprechenden subjektiven Pendents $\mu_m(A_n)$ und $\sigma^2_m(A_n)$ zu ersetzen.

Die unterschiedlichen Zielsetzungen von Instanz und Gruppenmitgliedern werden in folgender Abbildung zusammengefaßt:

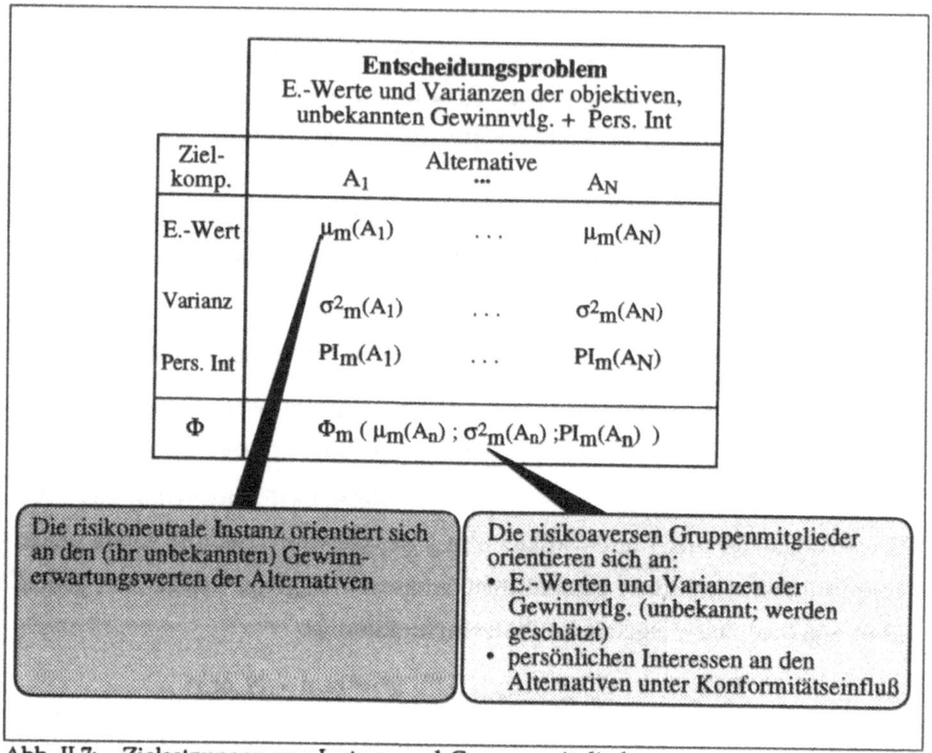

Abb. II.7: Zielsetzungen von Instanz und Gruppenmitgliedern

C. Schätzen der Gewinnverteilung durch die Gruppenmitglieder

Ziel des Abschnittes
Beschreibung des Schätzvorganges der Gruppenmitglieder zur individuellen Erforschung der Alternativen unter Berücksichtigung individuell unterschiedlicher Qualifikationen der Mitglieder für die Schätzung der Gewinnverteilungen.

Damit die Gruppenmitglieder über ihre persönlichen Interessen hinaus die Alternativen bewerten können, werden sie versuchen, sich zu Beginn des Entscheidungsprozesses ein subjektives Urteil über die objektiven Gewinnverteilungen der Alternativen zu bilden. Dies ist nötig, damit sie rational in Richtung auf die Maximierung ihrer Präferenzfunktionen handeln können.
Jedes Mitglied muß sich also ein subjektives Urteil über Erwartungswert und Varianz der Gewinnverteilung jeder Alternative bilden, wie in folgender Abbildung skizziert:

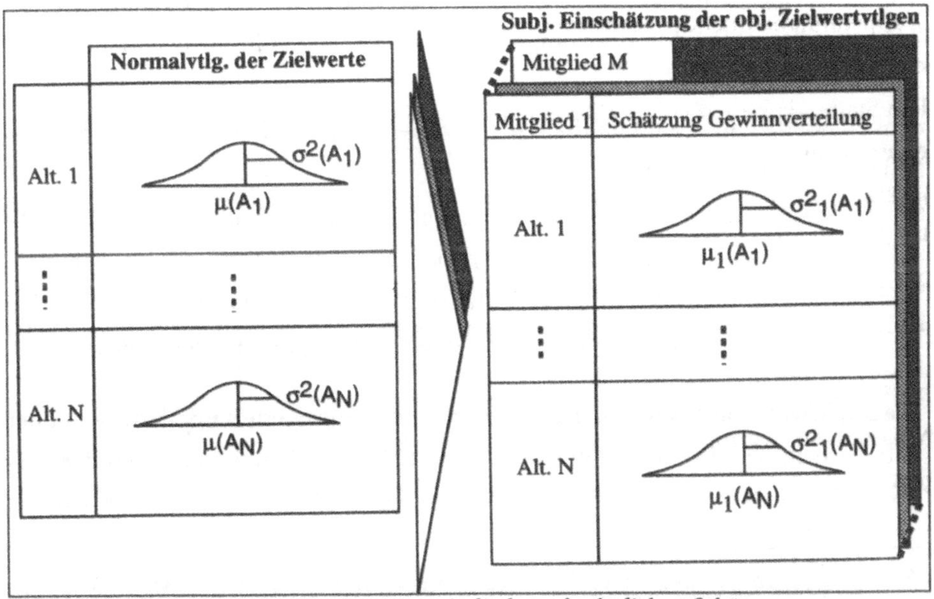

Abb. II.8: Schema der für die Gruppenmitglieder erforderlichen Schätzungen

Neben der unterschiedlichen Zielsetzung der Mitglieder untereinander und mit der Instanz (*Zielkonflikt*) kann es durch unterschiedliche subjektive Einschätzung der Parameter zu abweichenden Meinungen kommen (*Prognosekonflikt*).[189]

Instanz und Gruppenmitglieder werden beim Schätzen Fehler machen, d.h. die Parameter mit individuell unterschiedlicher "Güte" oder "Verläßlichkeit" einschätzen. Die Prognosequalität eines Entscheidungsträgers wird wesentlich von seiner Information und Erfahrung abhängen. Außerdem ist die individuelle Fähigkeit zur Einschätzung zufälliger Größen von Bedeutung, zusammenfassend also die Qualifikation des Individuums für die Schätzung eines spezifischen Parameters. Verschiedene Mitglieder werden unterschiedliche Qualifikationen für die Schätzung der Gewinnverteilungen haben.

Diese Schätzungen der Mitglieder sind allerdings formal keine Schätzungen im früher erläuterten Sinne der mathematischen Statistik, weil keine Beobachtungen über die Realisationen vorliegen. Es handelt sich vielmehr um die Bildung subjektiver Wahrscheinlichkeitsurteile.

Die Güte einer Schätzung läßt sich an Hand des Fehlers beurteilen, den das Gruppenmitglied bei der Schätzung macht. Obwohl einige Mitglieder qualifizierter schätzen als andere, wird dieser Fehler jedoch nichtsdestoweniger zufällig sein in dem Sinne, daß auch ein qualifiziertes Gruppenmitglied bisweilen große Schätzfehler begeht und umgekehrt.
Schätz- und Meßfehler setzen sich nach einer häufig artikulierten Vorstellung in der Realität aus vielen kleinen, additiven, unabhängigen Störeinflüssen zusammen. Der zentrale Grenzwertsatz[190] unterstützt so die häufig gemachte Annahme, daß sich diese Schätzfehler durch eine Normalverteilung approximieren lassen.

Die Schätzfehler aller Mitglieder für Gewinnerwartungswerte und Varianzen aller Alternativen werden außerdem als stochastisch unabhängig voneinander angenommen. Insgesamt muß jedes der M Mitglieder Erwartungswert und Varianz

---

189 Diese Unterscheidung trifft beispielsweise auch KÖHLER, der zwischen *Konflikten auf Grund unterschiedlicher Werturteile* (im wesentlichen Zielkonflikt) und *auf Grund objektiv unvollkommener Informationen* (im wesentlichen Prognosekonflikt) differenziert, vgl. KÖHLER [1976], S.150–154.

190 Vgl. z.B. BILLINGSLEY [1968], S.42.

für jede der N Alternativen schätzen, so daß die Schätzfehler in der Gruppe Realisierungen $M \cdot N \cdot 2$ stochastisch unabhängiger Normalverteilungen sind.

Im abstrakten Modell kann vom Beobachtungsstandpunkt der Instanz nicht von vornherein klar sein, ob die auftretenden Fehler zu Unter- oder Überschätzungen der Parameter führen werden. Die Schätzfehler der Gruppenmitglieder sind weder durch die Instanz noch durch ein abstraktes Modell antizipierbar.
Aus diesem Grund wird bei der Modellierung davon ausgegangen, daß die Schätzfehler aller Gruppenmitglieder für Gewinnerwartungen und Varianzen aller Alternativen gemäß einer Normalverteilung mit Erwartungswert 0 verteilt ist. Diese Annahme führt zu einer eher optimistischen Einschätzung der Prognosequalität in der Gruppe insgesamt, da keine systematischen, sondern nur zufällige Abweichungen vom tatsächlichen Wert modelliert werden.[191]

Ebenfalls wegen eingeschränkter Beobachtungsmöglichkeit der Instanz von Entscheidungsproblem und Alternativen für ein operationales Metaentscheidungsmodell kann die Qualität der Schätzung aus Sicht der Instanz nur von der Qualifikation der Mitglieder abhängen. Eine alternativenspezifische Qualifikation kann nicht angenommen werden, da für eine solche Einschätzung die Alternativen selbst durch die Instanz erforscht werden müßten.

Um die Zahl der Einflußgrößen nicht zu groß werden zu lassen, wird ebenfalls nicht zwischen der Qualifikation zur Schätzung des Gewinnerwartungswertes und zur Schätzung der Gewinnvarianz unterschieden. Statt dessen verfügt jedes Mitglied m über eine Qualifikation, mit der es sowohl den Gewinnerwartungswert $\mu(A_n)$ als auch die Gewinnvarianz $\sigma^2(A_n)$ für alle Alternativen $n=1,\ldots,N$ schätzt. Die Schätzung von Mitglied m für den Gewinnerwartungswert der Alternative n wird mit $\mu_m(A_n)$ bezeichnet, seine Gewinnvarianzschätzung für n mit $\sigma^2_m(A_n)$.

Da die Schätzfehler als normalverteilt mit Erwartungswert 0 angenommen wer-

---

191 Um einen anderen mittleren Schätzfehler als 0 anzunehmen, der in der Realität durchaus vorkommen mag, müßte die Instanz die Richtung der Verfälschungen antizipieren. Da dies unrealistisch erscheint, müssen Abweichungen vom Fehlerwartungswert 0 aufgefaßt werden als unsystematische Verfälschungen für die Instanz im Sinne von *Kap.II, A.5.*.

den, muß die Qualifikation der Mitglieder in die Varianzen bzw. Standardabweichungen (Streuungen) der Schätzfehlerverteilungen eingehen. Ein Mitglied mit größer Schätzstreuung verfügt über eine kleine Qualifikation und umgekehrt. Die Schätzstreuung von Mitglied m wird als σ_m bezeichnet.[192] σ_m ist also insbesondere unabhängig von der Höhe der zu schätzenden Werte.

Folgende Abbildung verdeutlicht den Zusammenhang zwischen Schätzstreuung bzw. Qualifikation eines Mitgliedes und der Fehlerverteilung seiner Schätzungen:

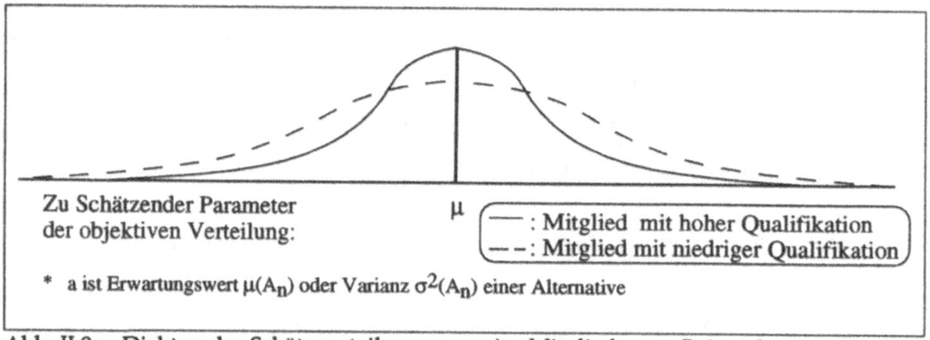

Abb. II.9: Dichten der Schätzverteilungen zweier Mitglieder am Beispiel von $\mu(A_n)$

Neben den Gewinnverteilungen der Alternativen selbst werden also auch die Schätzfehlerverteilungen der Mitglieder für Gewinnerwartungswerte und -varianzen der Alternativen als normalverteilt angenommen.

Als Ergebnis wird festgehalten, wie die Schätzung der Gewinnverteilung durch die Mitglieder mit Hilfe der Schätzqualifikation erfolgt:

---

192 Bei Bedarf laßt sich die Qualifikation eines Mitgliedes mit Schatzstreuung σ_m als $1/\sigma_m$ definieren. Die Quantifizierung der Qualifikation mit Hilfe des "dualen" Begriffes *Schätzstreuung* erscheint jedoch ausreichend.
Die individuelle Schätzstreuung von Mitglied m, σ_m (ohne Angabe einer Alternative) sollte nicht mit $\sigma_m(A_n)$ verwechselt werden, der Schatzung von Mitglied m fur die Gewinnstreuung der Alternative A_n.

(II.8) Schätzen der Gewinnverteilung durch die Gruppenmitglieder

Jedes Mitglied m schätzt Erwartungswert und Varianz der Gewinnverteilung für alle Alternativen mit normalverteiltem Fehler. Alle auftretenden Schätzungen sind stochastisch unabhängig, und der Erwartungswert der Fehlerverteilung beträgt 0. Die Qualifikation von Mitglied m wird angegeben in Form der für alle Erwartungswert- und Varianzschätzungen einheitlichen Schätzstreuung σ_m dieses Mitgliedes. Die Schätzstreuungen der Mitglieder sind also insbesondere unabhängig von der Höhe der geschätzten Werte $\mu(A_n)$ und $\sigma^2(A_n)$.
Die Schätzung $\mu_m(A_n)$ von Mitglied m für den Gewinnerwartungswert von A_n ist also verteilt gemäß $N(\mu(A_n) ; \sigma^2_m)$. Seine Schätzung $\sigma^2_m(A_n)$ der Gewinnvarianz von A_n ist verteilt gemäß $N(\sigma^2(A_n) ; \sigma^2_m)$ ..
Die Zielsetzung "Maximierung der Prognosequalität der Parameterschätzungen" nimmt die Form "Minimierung der Schätzstreuung" an.
Die Instanz verfügt ebenso wie jedes Mitglied über eine Qualifikation. Bei Bedarf schätzt sie $\mu(A_n)$ und $\sigma^2(A_n)$ mit der Schätzstreuung σ_{Inst} und normalverteiltem Fehler, d.h. $\mu_{Inst}(A_n) \sim N(\mu(A_n) ; \sigma^2_{Inst})$, $\sigma^2_{Inst}(A_n) \sim N(\sigma^2(A_n) ; \sigma^2_{Inst})$.
Die Schätzvarianz der Instanz ist ihr selbst bekannt und situativer Parameter.

D. Interaktion zwischen den Gruppenmitgliedern

Ziel des Abschnittes
Analyse von Auswirkungen des Interaktionsprozesses auf die Parameter des Entscheidungsproblems. Darstellung strategischer Überlegungen der Gruppenmitglieder und quantitative Umsetzung im Modell.

Nachdem alle Mitglieder im ersten Schritt die Gewinnverteilungen je Alternative geschätzt haben, hat sich bei jedem eine vorläufige Präferenzordnung der Alternativen entsprechend den kardinalen Werten der Präferenzfunktionen ergeben. In die Bildung dieser Präferenzwerte sind folgende Teilziele eingegangen: Das Sicherheitsäquivalent der Belohnungen, beeinflußt durch Prämiensatz, Schätzungen und individuelle Risikoaversionskoeffizienten, sowie die persönlichen Interessen an den Alternativen nach Berücksichtigung der Konformität.

Obwohl die Mitglieder um die prinzipielle Ungenauigkeit ihrer Schätzungen in Form der Fehlerverteilungen wissen, sind ihre eigenen Schätzungen bis zur Interaktion ihre beste Einschätzung der Situation. Sie können die Kenntnis ihrer eigenen Qualifikation nicht zur Korrektur ihrer Schätzungen verwenden.
Nach den Annahmen der (subjektiven) Erwartungsnutzen-Theorie orientieren sie sich vollständig an ihren Einschätzungen der Gewinnverteilung. Ihre eigene Qualifikation beeinflußt ihr Sicherheitsäquivalent bei gegebenen Schätzungen nicht.[193]

Durch eine Interaktion zwischen den Mitgliedern könnten im Prinzip alle präferenzrelevanten Faktoren verändert werden. In diesem Abschnitt erfolgen Diskussion und Modellierung dieses Interaktionsprozesses und seiner Auswirkungen auf

193 Nach der (subjektiven) Erwartungsnutzentheorie wurde dies auch fur den Fall unterschiedlicher Qualifikationen eines Mitgliedes fur verschiedenen Alternativen gelten. Ambiguität besteht in der Aversion gegenuber der Unsicherheit durch fehlendes Wissen um existierende Informationen, wie im Zusammenhang mit dem ELLSBERG-Problem erwähnt (*siehe Kap. I.D.3.*). Die Berücksichtigung von Ambiguität ist nicht mit der Erwartungsnutzentheorie vereinbar. Würde ein Mitglied eine geringere Qualifikation für eine Alternative negativ in seiner Präferenz berucksichtigen, so wäre dies eine Berucksichtigung der Ambiguität.

die Modellparameter. Dazu werden zunächst Interaktionsinhalt und beeinflußte Parameter diskutiert. Dann erfolgt die Modellierung des Interaktionsverlaufes unter Einbeziehung wesentlicher strategischer Überlegungen der Mitglieder und ihre Umsetzung im Modell.

1. Inhalt der Interaktion

Jedes Mitglied wird sich entsprechend seiner Zielsetzung in der Interaktion rational verhalten, also andere Mitglieder so zu beeinflussen versuchen, daß in der Abstimmung eine Alternative gewählt wird, für die das Mitglied eine möglichst hohe Präferenz hat. Außerdem möchte das Mitglied die Prognosequalität seiner Gewinnschätzungen erhöhen.

Eine Modellierung von prozeßorganisatorischer und verhaltensnormenspezifischer Interaktion, wie von KAUS beschrieben, und ihres systematischen Einflusses auf die erwartete Entscheidungsqualität erweist sich schon deshalb als schwierig, weil Kenntnisse der Mitglieder über Wirkungsweisen dieser Interaktion auf Verhaltensdeterminanten anderer Mitglieder unterstellt werden müßten. Davon kann im allgemeinen Fall nicht ausgegangen werden. Der Kommunikation bzw. Interaktion über Indikatoren kommt nach KAUS wie erwähnt eine besondere Bedeutung zu, weshalb auf die Modellierung des prozeßorganisatorischen Bereiches aus Gründen der analytischen Klarheit verzichtet wird.[194]

Die Formulierung des Entscheidungsproblems in der vorliegenden Arbeit hat im Vergleich zum Grundmodell der Entscheidungstheorie ein höher aggregiertes Niveau. Auf explizite Beschreibung der Umweltzustände, welche die Ergebnisverteilung verursachen, wurde verzichtet. Statt dessen sind neben den Präferenzfunktionen Erwartungswerte und Varianzen der Gewinnverteilung primäre Determinanten, anders als bei der von KAUS gewählten Beobachtungstiefe.
Aggregate im dort erwähnten Sinne sind in der vorliegenden Arbeit z.B. die individuellen Präferenzordnungen oder Teile von diesen. Die Betrachtungen können sich auf die Wirkung der Interaktion auf die Determinanten beschränken,

---

[194] Zum Kommunikationskalkul der Mitglieder nach KAUS siehe *Kap. I, B.2.*.

da sich die Mitglieder ihre Urteile auf Basis der Präferenzfunktionen bilden, in welche gerade die primären Determinanten eingehen. Eine Veränderung der Determinanten, beispielsweise eines Schätzwertes, zieht indirekt die Veränderung eines Aggregates nach sich.[195]

Als Determinanten für den Inhalt der Interaktion kommen somit in Betracht:

- *Individuelle Koeffizienten* für Risiko a^{risk}_{m} und Konformitätstendenz a^{konf}_{m}.
- *Individuelle, eigenständige persönliche Interessen* an den Alternativen $PI^{0}_{m}(A_{n})$.
- *Individuelle Schätzwerte* für Erwartungswerte und Varianzen der Gewinnverteilung je Alternative, $\mu_{m}(A_{n})$ und $\sigma^{2}_{m}(A_{n})$.

Die Koeffizienten a^{konf}_{m} und a^{risk}_{m} sind Ausdruck von empfundenem Konformitätsdruck und Risikoeinstellung der Mitglieder. Langfristig sind diese Parameter, gleichsam im Zuge der Veränderung des Wertesystems eines Individuums, zwar variabel. Während der Dauer des Entscheidungsprozesses können sie jedoch als näherungsweise konstant betrachtet werden, da sich ein solcher Wandel für gewöhnlich langsam vollzieht.[196]

Die eigenständigen persönlichen Interessen $PI^{0}_{m}(A_{n})$ von Mitglied m an Alternative n können zwar durch die Interaktion beeinflußt werden, wenn sich aufgrund neuer Informationen seine Wahrscheinlichkeitsurteile verändern. Versuche zur Beeinflussung ihrer persönlichen Interessen in Form von expliziter Kommunikation werden die Mitglieder jedoch als zielgerichtete Manipulation durchschauen. Wegen der Notwendigkeit zur Modellierung der eigenständigen persönlichen Interessen als vollständig zufällig besteht deshalb kein Anhaltspunkt darüber, auf welche Weise oder in welcher Richtung eine Veränderung stattfinden könnte. Eine unsystematische Variation dieser ohnehin rein zufälligen Störwerte kann jedoch

---

195 Erfolgt Interaktion über ein Aggregat, so muß unter formalen Gesichtspunkten zunächst rückwärts die Wirkung der Interaktion auf unterliegende Determinanten geklärt werden, da sonst die Auswirkung auf die Präferenzfunktion im Formalismus nicht nachvollziehbar wäre.

196 Veränderungen solcher Parameter sollten zwar mit in die Interpretation von Ergebnissen aus den Sozialwissenschaften einbezogen werden, jedoch werden solche Analysen hauptsächlich beim Vergleich von Untersuchungen nötig, die einige Jahre auseinanderliegen, vgl. das Vorgehen von NAGAO/DAVIS [1980], S.479, S.495.

den fraglichen Erwartungswert der Entscheidungsqualität nicht verändern, wenn ihre Verteilung identisch bleibt.[197] Aus diesem Grund werden die persönlichen Interessen im Interaktionsprozeß nicht variiert.

Demgegenüber verändert sich jedoch bei einer Interaktion in der Gruppe die Einschätzung der Gewinnverteilung. Teilt ein Mitglied seine Auffassung über Gewinnmöglichkeiten der Alternativen wahrheitsgemäß mit, formalisiert durch Schätzungen für Erwartungswert und Varianz, und wissen die anderen Mitglieder, daß es sich um ehrliche Einschätzungen handelt, so werden sich die Schätzungen aufeinander zu bewegen, sofern ihnen die Information seiner Aussage noch nicht bekannt war. Diese Überlegungen führen zu folgendem Ergebnis über die im Modell beeinflußbaren Elemente der Entscheidungssituation:

(II.9) Inhalt der Interaktion

Im Verlauf der Interaktion werden die Schätzungen für Erwartungswerte $\mu_m(A_n)$ und Varianzen $\sigma^2_m(A_n)$ beeinflußt. Die anderen Determinanten der Präferenzen a^{nsk}_m und a^{konf}_m sowie persönliche Interessen $PI_m(A_n)$ bleiben unverändert.

2. Ablauf der Interaktion

Bei der Interaktion über das Entscheidungsproblem tauschen die Gruppenmitglieder Informationen über die Bewertung der Alternativen aus.[198] Jedes Mitglied wird dabei Informationen abgeben sowie die von anderen abgegebenen Informationen aufnehmen und interpretieren. Es wird davon ausgegangen, daß Informationen stets an alle Gruppenmitglieder gleichzeitig abgegeben werden, daß sich also keine Untergruppen bilden.[199]

197 Siehe *Kap II, A.5.* .

198 Zu Problemen bei der Informationsverteilung in Gruppen mit unterschiedlich qualifizierten Mitgliedern aus psychologischer Sicht vgl. KELLEY/THIBAUT [1969], S.12-27. Eine Zusammenfassung der entstehenden Tendenzen im Interaktionsprozeß der Gruppe findet sich bei COLLINS/GUETZKOW [1964], S.187.

199 Diese Annahme schränkt die folgenden Überlegungen letztlich nicht ein. Es wird noch deutlich, daß es in dem beschriebenen Modell nicht rational wäre, wenn ein Mitglied seine Informationen nur an einen Teil der anderen Mitglieder richtet, weil so der Wert der Information nicht optimal genutzt wird. Aus deskriptiver Sicht wird diese Annahme problematisiert z.B. von NAHINSKY [1969], S.289, der bereits für den Fall dreier Mitglieder die Beziehungen durch eine Markovkette simuliert.

Die Mitglieder verhalten sich auch während der Interaktion zielrational, d.h. sie wollen falls möglich die Auffassungen der anderen in ihrem Sinne beeinflussen, also beispielsweise die Wahlwahrscheinlichkeit für ihre präferierte Alternative vergrößern. Andererseits versuchen sie, ihre Einschätzung der Gewinnverteilung für die Alternativen zu verbessern, d.h. sie steigern wenn möglich ihre Prognosequalität.

Unter dieser doppelten Zielsetzung werden die Mitglieder bei der Abgabe von Informationen die Interpretation durch andere antizipieren, soweit es ihr Kenntnisstand zuläßt. Auch bei der eigenen Interpretation der Außerungen anderer Mitglieder findet eine solche Antizipation von deren Überlegungen bei der Abgabe ihrer Äußerungen statt. Für diese Interpretation wird jedes Mitglied unter anderem versuchen, die vorher beschriebenen Überlegungen anderer Mitglieder zum eigenen Interpretationsverhalten zu antizipieren, etc..

So ergibt sich gewissermaßen eine rekursive Auffassung der gegenseitigen Antizipation rationaler Erwartungen. Die Möglichkeiten zur Antizipation hängen natürlich vom jeweiligen Informationsstand der Mitglieder ab. Die Überlegungen eines einzelnen Mitgliedes sind schematisch in folgender Abbildung dargestellt:

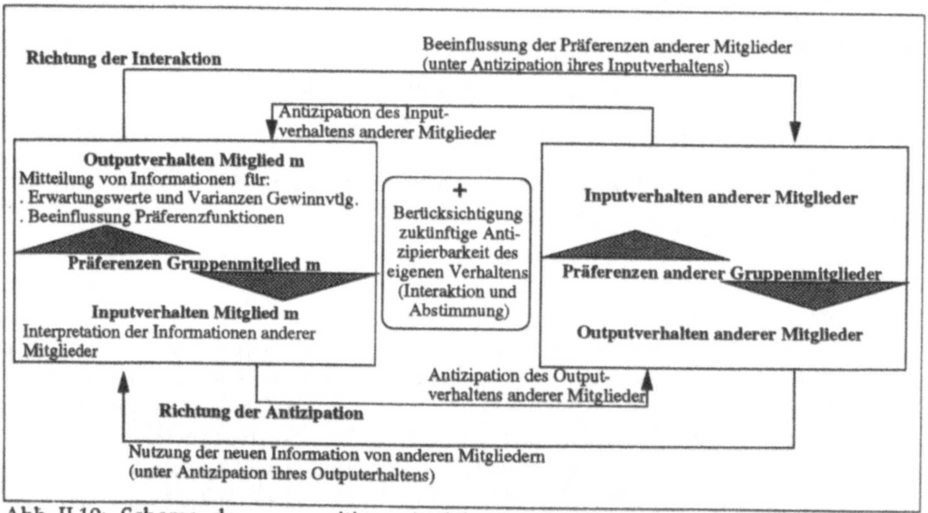

Abb. II.10: Schema der gegenseitigen Antizipationen im Output- und Inputverhalten zwischen Gruppenmitgliedern bei der Interaktion

Es wird deutlich, daß die Beschreibung rationalen Verhaltens unter solchen strategischen Überlegungen im Allgemeinen eine spieltheoretische Betrachtungsweise erfordert. Es wird sich jedoch herausstellen, daß es für die Beschreibung des Interaktionsverhaltens bei der vorliegenden Informationsstruktur der Mitglieder möglich ist, auf die recht aufwendige spieltheoretische Betrachtungsweise zu verzichten. Statt dessen können die Möglichkeiten zu strategischem Verhalten an Hand einfacher Überlegungen erörtert werden. Auf eine spieltheoretische Beschreibung muß dann allerdings bei der Beschreibung des Abstimmungsverhaltens zurückgegriffen werden.

a. Outputverhalten: Strategische Überlegungen der Gruppenmitglieder

Für den Informationsstand der Mitglieder wird davon ausgegangen, daß sich zwar alle Mitglieder kennen (zumindest ihre jeweiligen Parameterausprägungen), aber vor Beginn der Interaktion keine Informationen über die spezifischen Einschätzungen der anderen in bezug auf das Entscheidungsproblem haben:.

(II.10) Wissensstand der Gruppenmitglieder in der Interaktion

Abgesehen von den Schätzungen für Erwartungswerte und Varianzen der Gewinnverteilung verfügen die Mitglieder über vollständige Information. Insbesondere kennt jedes Mitglied die Qualifikationen in Form der Schätzstreuungen σ_m, die Risikoneigungen $a^{risk}{}_m$, den einheitlichen Prämiensatz f, $a^{konf}{}_m$ und persönliche Interessen nach Konformitätseinfluß $PI_m(A_n)$ der Gruppe. Vor der Interaktion herrscht dagegen vollständige Unkenntnis über die Schätzungen der Erwartungswerte $\mu_m(A_n)$, der Varianzen $\sigma^2{}_m(A_n)$ anderer Mitglieder,[200] sowie alle Aggregate aus diesen Größen wie ordinale oder kardinale Präferenzen, die Rückschlüsse auf diese Werte zulassen würden. Dieser Wissensstand ist den Mitgliedern bekannt, und sie wissen um diese Informationen etc., d.h. der Wissensstand ist *common knowledge* i.S.d. Spieltheorie (siehe *Kap.I, D.5.*).

200 Hätten die Mitglieder Informationen über die Schätzwerte der anderen, so wäre es nicht rational, diese Informationen bei der eigenen Schätzung nicht zu benutzen. Nach einer Interaktion werden sie zu identischen Schätzwerten kommen, vgl. AUMANN [1976], S.1236 (*rational players can't agree to disagree*). FUDENBERG/TIROLE [1991], S.548-550 diskutieren dieses Ergebnis und weisen darauf hin, daß die AUMANNs Annahme identischer a priori Verteilungen nicht notwendig ist (S.549).

Bei der Interaktion tritt aus Sicht der Mitglieder folgendes Problem auf: Gibt ein Mitglied seine Schätzwerte für zwei Alternativen wahrheitsgemäß bekannt, so kennen die anderen Mitglieder bei der Abstimmung sowohl seine geschätzten Belohnungsäquivalente als auch seine persönlichen Interessen an diesen Alternativen.

Hat ein Mitglied z.B. aus persönlichem Interesse eine hohe Präferenz für eine Alternative mit einem kleinen Gewinnerwartungswert, dann wird es unter der vorgegebenen Instanzzielsetzung nicht gleichzeitig den kleinen Gewinnerwartungswert in der Interaktion äußern können, und in der Abstimmung für die Alternative stimmen. Die anderen Mitglieder würden ihm den -zutreffenden- Vorwurf machen, nicht entsprechend der vorgegebenen Instanzzielsetzung, sondern gemäß seiner persönlichen Interessen abzustimmen.[201]

In einer offenen Abstimmung wären die Mitglieder aus diesen strategischen Erwägungen heraus gezwungen, die eigenen Schätzwerte entweder bewußt verfälscht oder gar nicht mitzuteilen, um ihre Interessen für die Abstimmung zu wahren. Ein auf diese Weise beeinflußter Interaktionsprozeß würde die Prognosequalität der Gruppe senken, oder jedenfalls nicht in dem möglichen Maße steigern.

Bei einer geheimen Abstimmung treten diese Probleme nicht auf: Strategische Überlegungen im Interaktionsprozeß existieren zwar weiterhin, die Mitglieder *können* jedoch auch dann gemäß ihrer vollständigen Präferenzen einschließlich der persönlichen Interessen abstimmen, wenn sie ihre Schätzungen im Interaktionsprozeß wahrheitsgemäß äußern.

Aus diesem Grunde sollte die Instanz zur Unterstützung einer effektiven Interaktion eine geheime Abstimmung zulassen.

Strategisches Verhalten bei der Interaktion für ein Mitglied wird dadurch erschwert, daß es keine Informationen über die Schätzwerte der anderen Mitglieder hat. Trägt ein Mitglied im Rahmen der Interaktion seine Einschätzung für einen Schätzwert vor, so hat es die Möglichkeit, einen eigenen Schätzwert unter Verfol-

---

201 In Abbildung II.10 sind diese Überlegungen enthalten als "*Berücksichtigung der zukünftigen Antizipierbarkeit des eigenen Abstimmungsverhaltens*".

gung seiner persönlichen Interessen abweichend um ein $\varepsilon \in \mathbb{R}$ mitzuteilen, formal also z.B. $\mu_m(A_n) + \varepsilon_1$ bzw. $\sigma^2_m(A_n) - \varepsilon_2$.
Allerdings wären die Auswirkungen eines solchen Verhaltens und somit die Wahl des richtigen ε auch für das Mitglied selbst kaum abzuschätzen. Da es die Schätzwerte anderer Mitglieder nicht kennt, muß ihm unklar sein, ob die Verfälschung seiner Schätzwerte zu Korrekturen nach oben oder unten bei den Schätzungen anderer führen würde, selbst wenn diese seine Mitteilung als wahr ansähen.

Das Mitglied könnte im eigenen Interesse dazu tendieren, bei großen positiven Werten für persönliche Interessen ein positives ε zu wählen und umgekehrt. Startpunkt strategischer Überlegungen ist jedoch immer die eigene Schätzung, da diese nach Definition sein bester Anhaltspunkt für den tatsächlichen Wert ist.

Die strategischen Überlegungen der Mitgliedern in dieser vollen Komplexität, d.h. mit der Möglichkeit zur verfälschten Mitteilung von Schätzungen, führen zu einem sehr komplexen Spiel:
Bereits für die Äußerung eines Schätzwertes hätte jedes Mitglied eine kontinuierliche Anzahl von Strategien, charakterisiert durch den erwähnten Parameter $\varepsilon \in \mathbb{R}$. Klassischerweise geht die Spieltheorie jedoch nur von endlicher Anzahl von Strategien aus. Zur Ermittlung der Auszahlungsfunktion müßten die Mitglieder außerdem bereits vor der Interaktion das ebenfalls strategisch beeinflußte Abstimmungsverhalten der anderen Mitglieder antizipieren, deren Schätzungen sie jedoch zu diesem Zeitpunkt noch nicht kennen.
Um das strategische Verhalten in der Interaktion operational zu modellieren, muß die Komplexität des Problems reduziert werden.

Dazu dienen folgende Uberlegungen:
In realen Gruppeninteraktionen wird nur selten ein Schätzwert einfach mitgeteilt, sondern dieser muß bei einer inhaltlichen Diskussion zumindest subjektiv glaubhaft vertreten werden. Bei Wahl eines betragsmäßig zu großen ε würde das Mitglied also seine Glaubwürdigkeit aufs Spiel setzen. Das Gruppenmitglied muß befürchten, daß bewußte Verfälschungen aufgedeckt und durch Gruppe und Instanz negativ sanktioniert werden. Rationalerweise wird es diesen Vorgang antizipieren. Nach diesen Erwägungen hätte die bewußte Verfälschung von

Schätzwerten aus strategischen Gründen im Mittel demnach keine dominierende Bedeutung.

Es bietet sich deshalb an, die bewußte Verfälschung von Schätzwerten bei den strategischen Überlegungen auszuschließen, um die erwünschte Komplexitätsreduktion zu erreichen. Die strategischen Überlegungen der Mitglieder beschränken sich dann auf die Frage, ob eine Schätzung wahrheitsgemäß mitgeteilt werden sollte, oder ob das Mitglied auf die Mitteilung dieses Schätzwertes ganz verzichtet. Auch KAUS sowie STASSER in seinem bereits erwähnten DISCUSS-Modell unterstellen, daß strategisches Verhalten auf Selektivität beruht, aber bewußtes Lügen nicht betrachtet wird, d.h. i.S.d. Spieltheorie kein erlaubter Zug ist.[202]

Im folgenden wird aus den genannten Gründen davon ausgegangen, daß jedes Mitglied einen Schätzwert nur wahrheitsgemäß oder gar nicht mitteilt. Bewußte Verfälschungen bei der Mitteilung von Schätzwerten wird ausgeschlossen.

Auf Basis dieser Annahme muß für jedes Mitglied nur noch ermittelt werden, für welche Alternative es seine Schätzungen in der Interaktion wahrheitsgemäß mitteilt, und bei welchen es aus strategischen Überlegungen auf die Bekanntgabe verzichtet.

Die Kosten-Nutzen Abwägung eines Mitgliedes für die Bekanntgabe der Schätzung für Gewinnerwartungswert oder -varianz einer Alternative stellt sich auf Basis seines Informationsstandes über das Wissen anderer für das Mitglied so dar:

- Weil das Mitglied keinen Anhaltspunkt über die Schätzwerte der anderen hat, ist ihm nicht einmal der Tendenz nach klar, in welche Richtung seine eigene Schätzung die der anderen beeinflußt, denn es hat keine Informationen darüber, ob sein eigener Wert vergleichsweise (zu) hoch oder (zu) niedrig ist. Die Auswirkungen seines strategischen Interaktionsverhaltens zur Beeinflussung der anderen Mitglieder sind deshalb von ihm nicht abschätzbar.

---

202 Bei KAUS halten sich die Mitglieder annahmegemäß an vorgegebene Verhaltensnormen der Instanz, vgl. KAUS [1985], S.113. Vgl. außerdem STASSER [1988], S.404: Die Individuen geben bei strategischem Verhalten (*advocacy*) nur Informationen, die ihre Präferenz unterstützen, aber keine falschen Informationen.

- Andererseits steigt durch Bekanntgabe seiner eigenen Schätzung die Qualität der Schätzungen anderer, also die Prognosequalität der Gruppe. *Ceteris paribus* führt eine Steigerung der Prognosequalität zur Erhöhung des in der Entscheidung realisierbaren Präferenzwertes für das Mitglied. Bei einer ungünstigen Struktur der persönlichen Interessen kann dieser Effekt zwar negativ für das Mitglied überkompensiert werden, aber die Beurteilung dieses Zusammenhanges entzieht sich wie geschildert seiner Kenntnis.

Auf der Basis des Informationsstandes eines Mitgliedes ist es also rational, eine beliebige Schätzung in der Aktion mitzuteilen.
Aus der Annahme, daß jedes Mitglied seine Schätzungen nur wahrheitsgemäß oder überhaupt nicht bekanntgibt, folgt also bereits die wahrheitsgemäße Mitteilung *aller* seiner Erwartungswert- und Varianzschätzungen.

Für das Outputverhalten der Mitglieder im Interaktionsprozeß gilt also:

(II.11)	**Outputverhalten der Mitglieder im Interaktionsprozeß**
Bei der vorliegenden Informationsstruktur und geheimer Abstimmung äußert jedes Mitglied *alle* seine eigenen Schätzwerte wahrheitsgemäß. Die Mitglieder wissen um dieses Outputverhalten in Form von *common knowledge*	

b. Inputverhalten: Optimale Interpretation der Mitgliederschätzungen

Im Interaktionsprozeß stellt sich für die Mitglieder die Frage, wie sie die Schätzungen der anderen Mitglieder, welche diese wahrheitsgemäß bekanntgeben, auf optimale Art nutzen können.
Da die Mitglieder die tatsächlichen Werte der Gewinnerwartungen und -varianzen nicht kennen, wissen sie nicht, auf welche Weise die Schätzwerte *im Einzelfall* optimal genutzt werden können. Es liegt die gleiche Situation vor wie bei der statistischen Schätztheorie:[203] Jedes Mitglied kann nur versuchen, die eigenen Schätzungen so mit den bekanntgegebenen zu kombinieren, daß in einem noch genauer zu bestimmenden Sinne *die Verteilung* der Schätzfehler minimiert wird.

203 Siehe *Kap. I, E.2.* zu Grundbegriffen der statistischen Schätztheorie.

Betrachtet man die Situation aus dem Blickwinkel der statistischen Schätztheorie, so läßt sich jede Mitgliederschätzung für Gewinnerwartungswert oder -varianz einer Alternative interpretieren wie eine zufallsbeeinflußte Beobachtung des tatsächlichen Wertes. In diesem Sinne liegen für jede Gewinnerwartung und jede Gewinnvarianz M zufallsbeeinflußte Beobachtungen vor, eine von jedem Mitglied. Aus Sicht der statistischen Schätztheorie besteht die Aufgabe, diese Schätzungen optimal auszuwerten, darin, eine Schätzfunktion zu suchen, welche die Mitgliederschätzungen als Beobachtungen in einem optimalen Sinne kombiniert.

Als Gütekriterium bietet es sich an, ebenso wie in der statistischen Schätztheorie die Varianz der Fehlerverteilung möglicher Schätzfunktionen zu deren Beurteilung heranzuziehen. Ebenso wie dort üblich sollten nur erwartungstreue Schätzfunktionen in Betracht gezogen werden, d.h. solche mit einem mittleren Fehler von 0. Gesucht ist also eine erwartungstreue Schätzfunktion, deren Fehlerverteilung eine möglichst kleine Varianz hat, und die auf den Mitgliederschätzungen als Beobachtungen basiert.

Zunächst soll der Fall betrachtet werden, daß nur zwei Beobachtungen in Form von Mitgliederschätzungen vorliegen. Der allgemeine Fall mit M Schätzungen läßt sich hieraus ableiten.

Angenommen, die Mitgliederschätzungen beziehen sich auf einen den Mitgliedern unbekannten Wert $a \in \mathbb{R}$, wobei a entweder für den Gewinnerwartungswert $\mu(A_n)$ oder die Gewinnvarianz $\sigma^2(A_n)$ einer Alternative steht.
Die beiden Beoachtungen der Mitglieder können aufgefaßt werden als Realisationen zweier stochastisch unabhängiger, normalverteilter, reeller Zufallsvariablen X und Y mit $X \sim N(a,\sigma^2)$, $Y \sim N(a,\tau^2)$ (*siehe Kap. II, C.*).

X bezeichnet die Schätzung des ersten Mitgliedes, Y die des zweiten. Das erste Mitglied verfügt also über eine Schätzstreuung von σ, das zweite Mitglied über eine von τ.
Die im statistischen Sinne optimale Kombination dieser beiden Schätzungen, d.h. die statistisch optimale Schätzfunktion, ist diejenige Konvexkombination der beiden Schätzungen, welche jede der Mitgliederschätzungen mit der Schätzvarianz

der *jeweils anderen* Mitgliederschätzung gewichtet. Diese Schätzfunktion ist erwartungstreu, und sie minimiert die Varianz der Fehlerverteilung für alle Werte von a:[204]

(II.12) Optimale Schätzkombination bei zwei Mitgliedern

Sind X und Y die Schätzungen zweier Mitglieder 1 und 2 für den unbekannten Wert $a \in \mathbb{R}$ bei einer Schätzstreuung von σ für Mitglied 1 und τ für Mitglied 2. Dann ist folgende Schätzfunktion statistisch optimal für die neue Schätzung beider Mitglieder für den Parameter a mit folgender Verteilung:

$$\frac{\tau^2 \cdot X + \sigma^2 \cdot Y}{\tau^2 + \sigma^2} \sim N\left(a, \frac{\tau^2 \cdot \sigma^2}{\tau^2 + \sigma^2}\right)$$

Die Benutzung der statistisch optimalen Schätzfunktion ist für die Mitglieder rational, wenn ihre Verlustfunktion zur Beurteilung der Aversion gegenüber Schätzfehlern quadratisch oder zumindest konvex ist. Von solchen Verlustfunktionen geht man für gewöhnlich in der mathematischen Statistik aus. Dann läßt sich die (Teil-) Zielsetzung *Verbesserung der Prognosequalität* mit Hilfe einer Verlustfunktion dieser Gestalt quantifizieren. Davon wird im folgenden ausgegangen.

Die resultierende, statistisch optimale Schätzfunktion ist plausibel: Sie ist linear in den Schätzvarianzen, wobei jede Schätzung mit der Schätzvarianz *des anderen Mitgliedes* gewichtet wird. Je kleiner die Schätzvarianz eines Mitgliedes im Vergleich zu der des anderen Mitgliedes ist, um so stärker wird seine Schätzung gewichtet, und um so weniger Einfluß hat die Schätzung des anderen Mitgliedes.

---

204 Diese Schatzfunktion hat unter allen erwartungstreuen (*unbiased*) Schatzfunktionen die gleichmäßig kleinste Varianz (*uniformly minimum variance*) der Fehlerfunktion. Der Terminus "*gleichmäßig*" bedeutet, daß die Varianz des Schatzfehlers fur alle möglichen, festen, unbekannten Ausprägungen von a minimiert wird. Die Schatzfunktion hängt also nicht von a ab, vgl. LEHMANN [1983], S.88 und S.77, dort unter der Bezeichnung *UMVU(uniformly minimum variance unbiased)-estimator*.
Diese Schatzfunktion minimiert neben der Varianz, d.h. bei Gauß-Verlustfunktion, das Risiko für alle konvexen Verlustfunktionen gleichmäßig, da sie nur von der bei LEHMANN angegebenen, vollstandigen, suffizienten Statistik T´ abhängt, vgl. LEHMANN [1983], S.88 in Verbindung mit WITTING [1985], S.354 (Satz von Lehmann-Scheffé). Die Schatzfunktion ist also sogar in einem noch allgemeineren Sinne optimal.

Schätzt z.B. Mitglied 1 mit einer Varianz von $\sigma_1^2 = 50$ und Mitglied 2 mit einer Varianz von $\sigma_2^2 = 150$, so beträgt das Gewicht von Mitglied 1 100/(50+100)=0.75, während die Schätzung von Mitglied 2 das Gewicht 50/(50+100)=0.25 erhält.

Für den Fall von M Schätzungen können die Gewichtungsfaktoren der im beschriebenen Sinne optimalen Schätzfunktion sukzessiv errechnet werden, da bei Kombination von beliebig endlich vielen Schätzungen die Reihenfolge keine Bedeutung hat. Durch sukzessive Anwendung der obigen Gewichtung auf M Mitgliederschätzungen $X_1,\ldots,X_M$ mit Schätzstreuungen $\sigma_1,\ldots,\sigma_M$ ergibt sich folgende gleichmäßig beste Schätzfunktion:[205]

(II.13) Optimale Schätzkombination bei M Mitgliedern

Sind $X_1,\ldots,X_M$ die Schätzungen von M Mitgliedern 1,...,M für den unbekannten Wert $a \in \mathbb{R}$ bei Schätzstreuungen von $\sigma_1,\ldots,\sigma_M$ für die Mitglieder. Dann ist folgende Schätzfunktion statistisch optimal für die neue Schätzung aller Mitglieder für den Parameter a mit folgender Verteilung:

$$\frac{\sum_{m=1}^{M}\left(\prod_{\substack{i=1\\ i\neq m}}^{M}\sigma_i^2\cdot X_m\right)}{\sum_{m=1}^{M}\prod_{\substack{i=1\\ i\neq m}}^{M}\sigma_i^2} \sim N\left(a\,;\ \frac{\sum_{m=1}^{M}\left(\prod_{\substack{i=1\\ i\neq m}}^{M}\sigma_i^4\cdot\sigma_m^2\right)}{\left(\sum_{m=1}^{M}\prod_{\substack{i=1\\ i\neq m}}^{M}\sigma_i^2\right)^2}\right)$$

<u>Beweisskizze:</u> Für drei Mitglieder erhält man mit $\beta^2 := (\tau^2\sigma^2/\tau^2+\sigma^2)$ als Gewichtungsfaktor der dritten Schätzung mit Schätzstreuung ξ nach dem gleichen Muster:

$$\beta^2/(\beta^2+\xi^2) = (\tau^2\sigma^2/\tau^2+\sigma^2)\ /\ [(\tau^2\sigma^2/\tau^2+\sigma^2) + \xi^2]$$
$$= \tau^2\sigma^2/(\tau^2\sigma^2+\tau^2\xi^2+\xi^2\sigma^2)$$

usw. für die anderen zwei Mitglieder. Nach dem gleichen Mechanismus erhält man die Gewicht für vier Mitglieder usw., formal durch vollständige Induktion. ∎

---

205 Werden die Schätzungen im Zeitverlauf bekanntgegeben, muß natürlich gewährleistet sein, daß jedes Mitglied seine ursprüngliche Schätzung äußert, da sonst die Annahme der stochastischen Unabhängigkeit nicht mehr zutrifft.
Dabei werden nur die obige Gleichung sukzessiv und folgende elementare Gleichungen für Multiplikation von Normalverteilungen mit Konstanten und Faltung von Normalverteilungen angewendet, vgl. z.B. HINDERER [1972], S.198:
Für $a, b, \sigma, \tau, \lambda \in \mathbb{R}$ und $X_1 \sim N(a,\sigma^2)$, $X_2 \sim N(b,\tau^2)$, X_1 und X_2 stochastisch unabhängig, gilt $\lambda X_1 \sim N(\lambda a, \lambda^2\sigma^2)$ sowie $X_1+X_2 \sim N(a+b,\sigma^2+\tau^2)$.

Wie im Fall mit zwei Mitgliedern ist der Gewichtungsfaktor für eine Schätzung von der Schätzvarianz eines Mitgliedes im Vergleich zu den Schätzvarianzen der anderen Mitglieder abhängig. Die Gewichte für die Schätzungen stehen im verhältnis der Produkte aller Varianzen der *jeweils anderen* Schätzungen.

Die Schätzfunktion ist durch folgende Eigenschaft charakterisiert: In Verallgemeinerung des Falles mit zwei Mitgliedern werden die Schätzungen im Verhältnis ihrer (paarweise) entgegengesetzten Varianzen gewichtet.
Verfügen beispielsweise zwei Mitglieder aus einer größeren Gruppe über die Schätzvarianzen 50 und 150, so werden ihre Gewichte im Verhältnis 1 zu 3 stehen, analog zur Gruppengröße von zwei. Die absolute Höhe der Gewichtungsfaktoren hängt natürlich ebenfalls von den Schätzvarianzen der übrigen Mitglieder ab.
Die Relationen der Gewichte sind jedoch durch diese Eigenschaft bereits vollständig determiniert, so daß für die Festlegung nur noch die Normierung so vorzunehmen ist, daß sich die Gewichte zu 1 summieren (*siehe auch Beispiel II.2*).

Durch diese Wahl der Gewichtungsfaktoren werden also für alle Gruppengrößen Schätzungen mit guter Qualität in Form von kleiner Schätzvarianz stark, solche mit niedriger Qualität und großer Varianz schwach gewichtet.[206]

---

[206] COLLINS/GUETZKOW kommen zu dem Ergebnis, daß an ein akzeptiertes Mitglied mit abweichender Meinung eine große Zahl von Kommunikationen gerichtet wird, vgl. COLLINS/GUETZKOW [1964], S.187. Diese Aussage ist analog zu verstehen zu dem großen Einfluß, den ein hoch qualifiziertes Mitglied (hohes Gewicht) mit stark abweichender Schatzgröße hat, wenn man unterstellt, daß Akzeptanz und Qualifikation in einer Gruppe gleichgerichtete Größen sind.

(II.14)	**Inputverhalten der Mitglieder im Interaktionprozeß**

Rationales Inputverhalten der Mitglieder im Interaktionsprozeß besteht darin, die Qualität ihrer eigenen Parameterschätzungen für Erwartungswerte und Varianzen der Gewinnverteilung zu maximieren, d.h. die Varianzen dieser Schätzungen zu minimieren.
Dies geschieht auf (statistisch) optimale Art durch Berücksichtigung der von anderen Gruppenmitgliedern geäußerten Schätzungen durch Gewichtung entsprechend ihrer Schätzvarianz. Die Gewichte für den einfachen Fall und die Varianz des kombinierten Schätzers ergeben sich wie in (II.12). Sukzessive erhält man daraus (II.13) für M Schätzwerte.
Alle Gruppenmitglieder kommen so am Ende der Interaktion zu identischen Schätzwerten, da alle Informationen ausgetauscht und wegen gegenseitiger Kenntnis der Qualifikationen identisch ausgewertet wurden.

Um den Ablauf des Interaktionsprozesses zu verdeutlichen, wird die Interpretation der Mitgliederschätzungen nun an Hand eines Beispieles dargestellt.

Beispiel II.2: *Interaktionsprozeß mit vier Alternativen und drei Mitgliedern*

Drei Mitglieder schätzen je vier Erwartungswerte $\mu_m(A_n)$, n=1,2,3,4 entsprechend folgender Tabelle. In einer Spalte sind die Schatzvarianzen der Mitglieder angegeben. Mitglied 3 verfugt mit einer Schatzvarianz von $50 \cdot 10^3$ uber die großte, Mitglied 2 mit einer Schatzvarianz von $300 \cdot 10^3$ uber die kleinste Qualifikation:

	A_1	A_2	A_3	A_4	Schatz-varianz σ^2_m	Gewicht Mitglied (siehe II.13) (300·50+150·50+150·300=67500)
Mitglied 1	1400	1250	700	850	$150 \cdot 10^3$	(300·50)/67500) = 0.22
Mitglied 2	200	1400	400	400	$300 \cdot 10^3$	(150·50)/67500 = 0.11
Mitglied 3	1300	850	150	400	$50 \cdot 10^3$	(150·300)/67500 = 0.66
$\mu(A_n)$ neu	1200	1000	300	500	$33.3 \cdot 10^3$	

Abb. II.11: Vor- und Nachinteraktionsschatzungen, Schatzvarianzen und Gewichte

Die Gewicht stehen wie erlautert im Verhaltnis ihrer paarweise entgegengesetzten Varianzen. Durch optimale Verwendung aller Schatzwerte gemaß (II.13) ist sichergestellt, daß die gemeinsame Schatzstreuung nach der Interaktion kleiner ist als die beste individuelle Schätzstreuung. Jedes Mitglied steuert eine Schätzung mit positivem Informationswert bei.

Aus den Überlegungen ergibt sich folgender Ablauf der rationalen Interaktion:

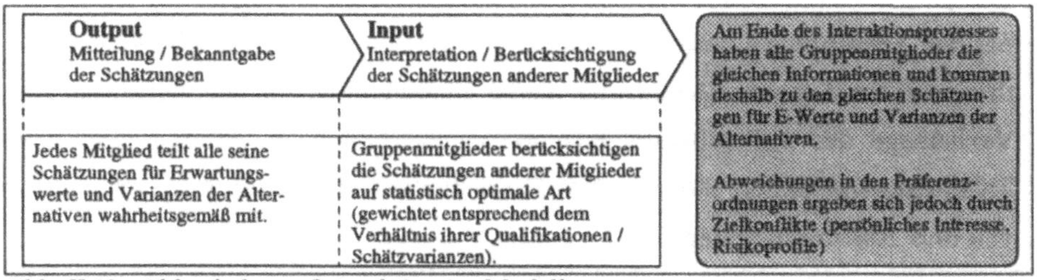

Abb. II.12: Ablaufschema Interaktion im Modell

Zusammenfassend wird der Interaktionsprozeß folgendermaßen modelliert:

(II.15)	**Modellierung des Interaktionsprozesses**

Die Systemparameter werden in der Interaktion folgendermaßen beeinflußt:

- Die Gruppenmitglieder bilden eine statistisch optimale Kombination aus ihren Parameterschätzungen für Gewinnerwartung und -varianz der Alternativen. Die Gewichte der einheitlichen Parameterschätzung nach der Interaktion werden dabei gemäß (II.13) gewählt. Der Einfachheit halber werden für die Nachinteraktionsschätzungen die alten Bezeichnung $\mu_m(A_n)$, $\sigma^2_m(A_n)$ beibehalten.
- Andere Systemparameter bleiben bei der Interaktion unverändert.

E. Abstimmung in der Gruppe

Ziel des Abschnittes
Analyse individueller Überlegungen der Mitglieder zu strategischem Verhalten bei der Abstimmung unter Berücksichtigung spiel- und wahrscheinlichkeitstheoretischer Aspekte. Umsetzung dieser Überlegungen in ein Verfahren zur Vorhersage des individuellen Abstimmungsverhaltens in Abhängigkeit von Entscheidungssituation, individuellen Zielsetzungen, Beurteilung der Alternativen und Abstimmungsregel.

Die Diskussion um logische Eigenschaften soll in der vorliegenden Arbeit nicht erneut aufgenommen werden. Statt dessen werden nur die Auswirkungen und Implikationen ausgewählter Entscheidungsregeln auf die erwartete Entscheidungsqualität betrachtet.
Die Betrachtungen beschränken sich auf Möglichkeiten zur Modellierung des strategischen Abstimmungsverhaltens.

Zunächst wird die Abstimmung in der Gruppe aus Sicht der klassichen Spieltheorie betrachtet. Dann werden vereinfachende bayesianische bzw. wahrscheinlichkeitsorientierte Überlegungen angestellt.
Auf dieser Basis wird die Gleichgewichtsauswahltheorie von HARSANYI und SELTEN vorgestellt und kritisiert. Diese Theorie benötigt eine bestimmte Art von a priori-Verteilungen, mit der jedes Mitglied die Wahrscheinlichkeit bewertet, daß ein anderes Mitglied eine bestimmte Abstimmstrategie wählt. Die Bestimmung solcher a priori-Verteilungen wird im letzten Teil des Abschnittes erörtert.

Dieser Abschnitt ist folgendermaßen aufgebaut:

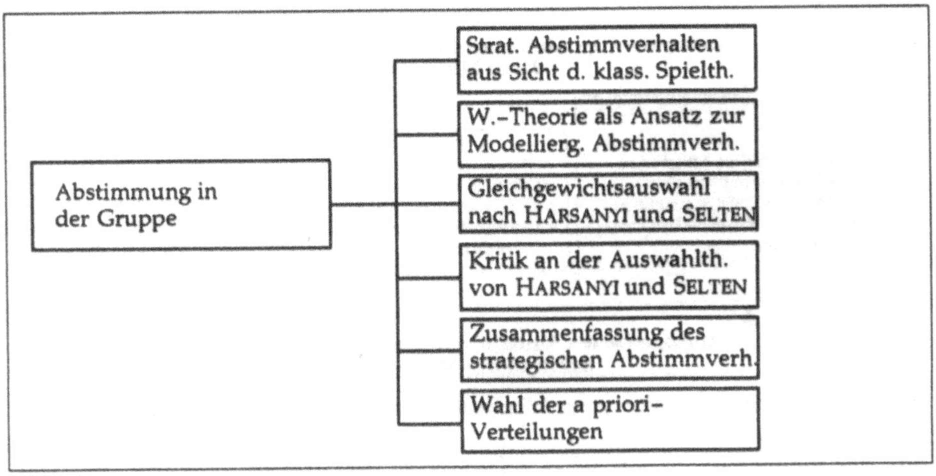

Aus Gründen besserer Übersichtlichkeit beschränkt sich die Untersuchung auf die in Kapitel I erläuterten Abstimmungsregeln :

Es werden drei Abstimmungsregeln zur Wahl einer Alternative betrachtet: Das Single Vote-Kriterium, das Borda-Kriterium und die Hare-Regel.
Die Vorgabe einer Abstimmungsregel ist Steuerungsvariable der Instanz. Aufgrund der Überlegungen zur Interaktion gibt die Instanz die geheime Durchführung der Abstimmung vor (siehe Kap. II, D.2).

Vergleichbar mit den Überlegungen der Gruppenmitglieder zu strategischem Verhalten in der Interaktion tritt auch bei der Abstimmung das Phänomen auf, daß jedes Mitglied das Abstimmungsverhalten anderer Mitglieder antizipieren muß, um optimal im eigenen Interesse abzustimmen. Dabei muß das Mitglied wiederum die Antizipation des eigenen Verhaltens durch die anderen Mitglieder einschätzen und miteinbeziehen.

Der Wirkungskreis dieser gegenseitigen Antizipationskette ist in der folgenden Abbildung dargestellt:

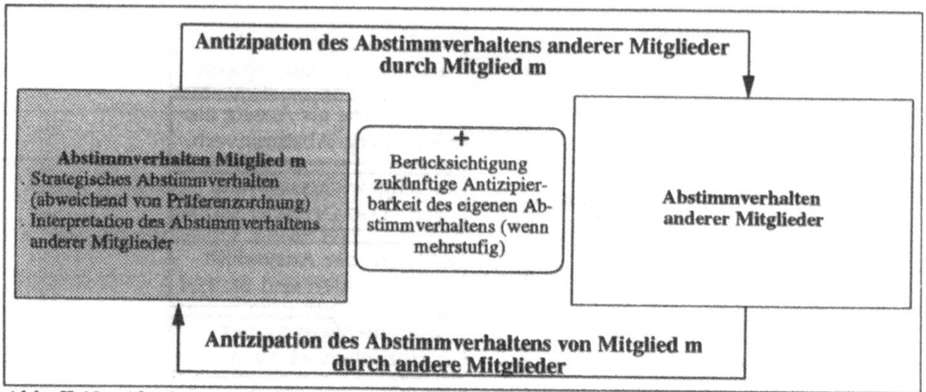

Abb. II.13: Abstimmverhalten eines Mitgliedes: Schema gegenseitiger Antizipationen

Für das Simulationsmodell ist es erforderlich, das Abstimmverhalten der Mitglieder explizit zu formulieren. Dazu wird die Abstimmung zunächst aufgefaßt als Spiel i.S.d. Spieltheorie.

Es wird sich herausstellen, das optimales Abstimmverhalten in der gegebenen Situation auch durch herkömmliche Ansätze der Spieltheorie nicht befriedigend für das deskriptive Modell beschrieben werden kann. Mit Hilfe neuerer spieltheoretischer Überlegungen und solcher wahrscheinlichkeitstheoretischer Natur kann allerdings ein Lösungsansatz aufgezeigt werden.

1. Strategisches Abstimmverhalten aus Sicht der klassischen Spieltheorie

Die Abstimmungssituation in der Gruppe läßt sich auffassen als Spiel der M Mitglieder, die jeweils versuchen, ihre Präferenzfunktionen zu maximieren. Das Spiel ist allerdings kein Konstantsummenspiel, da sich in Abhängigkeit von der gewählten Alternative z.B. die erwartete Belohnung für alle Mitglieder in die gleiche Richtung verändert.[207]

Die möglichen reinen Strategien sind abhängig von der Abstimmungsregel. Für das Single Vote-Kriterium ist die individuelle Strategienmenge S_m gegeben durch $S_m = \{ \{1\},...,\{N\} \}$. Für Borda-Kriterium und Hare-Regel besteht S_m demgegenüber

---

[207] Zum Spielbegriff *siehe Kap. I, D.5.*. Zur spieltheoretischen Modellierung von Gruppenabstimmungen siehe auch WINKELS [1976], PATTANAIK [1978], PELEG [1984].Die folgende Modellierung der Abstimmung als Spiel orientiert sich am Vorliegen kardinaler Präferenzen. Für eine allgemeinere, aber für den vorliegenden Fall identische Modellierung einer Abstimmung als Spiel vgl. PATTANAIK [1978], S. 6f.

aus allen Permutationen der Zahlen 1,...,N.[208]
Wie bereits ausgeführt wird aus Gründen der Komplexitätsreduktion in den folgenden Betrachtungen stets von einer gleichzeitigen, geheimen Stimmabgabe der Gruppenmitglieder ausgegangen.[209]

In der Abstimmsituation möchten die Gruppenmitglieder eigentlich die Präferenzfunktionen mit den echten Auszahlungswerten maximieren, die neben den persönlichen Interessen vom *tatsächlichen*, ihnen unbekannten Gewinnerwartungswert und der wirklichen, unbekannten Gewinnvarianz der Alternative ausgeht. Allerdings haben sich die Mitglieder durch eigene Schätzung und Interaktion eine Meinung über die zugrunde liegenden Parameter gebildet, deren Prognosequalität bei der Abstimmung nicht mehr steigerbar ist. Deshalb entfällt bei der Abstimmung die Zielsetzung "Verbesserung der Prognosequalität", und die Mitglieder wollen im Laufe der Abstimmung ihre geschätzte Präferenzfunktion Φ_m maximieren, welche unter anderem ihr bestes subjektives Wahrscheinlichkeitsurteil über das Belohnungsäquivalent enthält. Daß die geschätzten Werte für Gewinnerwartungswert und -varianz von den tatsächlichen Werten abweichen, ist nicht maßgeblich für das Verhalten der Mitglieder bei der Abstimmung.

Die Auszahlungsfunktion u_m können mit den subjektiven Präferenzfunktionen Φ_m identifiziert werden. Im Abstimmungsspiel versucht jeder Spieler, seinen eigenen Nutzen zu maximieren, unabhängig davon, ob er andere unterstützt oder schädigt. Die Konformitätstendenz ist bereits in den Präferenzen enthalten, und muß bei den strategischen Uberlegungen nicht mehr gesondert berücksichtigt werden. Das Konformitätsziel geht ebenso wie die anderen Ziele nur über die Präferenz-

---

[208] Wir betrachten als einzig mögliche Spielzuge der Mitglieder ihr Abstimmverhalten, so daß die genannten Strategiemengen entstehen. Verhandlungen vor der Abstimmung mit dem Ziel der Koalitionsbildung und entsprechenden Ausgleichszahlungen o.ä. sind durch die Instanz untersagt, und die Mitglieder halten sich an dieses Verbot. Auf diese Weise reduziert sich die Betrachtung auf ein sogenanntes unkooperatives Spiel. Im Prinzip können kooperative Spiele immer modelliert werden mit Hilfe solcher Verhandlungen als Züge (und Überfuhrung in sogenannte *bargaining games*), vgl. HARSANYI/SELTEN [1988], S.1.

[209] Aufgrund der Voraussetzung der gleichzeitigen Abstimmung ist es ausreichend, die Analyse auf ein statisches bzw. einstufiges spieltheoretisches Modell zu beschranken. Zu dynamischen/mehrstufigen Modellen siehe z.B. FUDENBERG/TIROLE [1991], S.65-76 bei vollstandiger, S.319-335 bei unvollständiger Information.

funktion in die strategischen Überlegungen der Mitglieder ein.

Nun läßt sich die Abstimmung in der Gruppe auf ihre Nash-Gleichgewichte hin analysieren, obwohl dies recht aufwendig ist.
Bereits bei Abstimmung nach dem Single Vote-Kriterium hat jedes der M Mitglieder N reine Strategien zur Auswahl. Die Menge der reinen Strategien umfaßt also N^M Elemente, und jede der M individuellen Auszahlungsfunktionen ist demnach eine Abbildung u_m: $\{1,...,N\}\text{x}...\text{x}\{1,...,N\} \rightarrow \mathbb{R}$.
Bei einer gemischten Strategie randomisiert ein Mitglied zwischen der Stimmabgabe für eine Alternative, stimmt also beispielsweise in Abhängigkeit eines Zufallsexperimentes (Münzwurf, Würfeln, o.ä).

Bei einer Abstimmungsregel, für welche die gesamte Präferenzstruktur der Mitglieder benötigt wird, wie bei Borda-Kriterium und Hare-Regel enthält die Strategiemenge $N!^M$ reine Strategien, und die Auszahlungsfunktionen sind Abbildungen u_m: $\{1,...,N!\}\text{x}...\text{x}\{1,...,N!\} \rightarrow \mathbb{R}$.
Eine Gleichgewichtsanalyse wäre nur bedingt aussagekräftig, da i.A. mit dem Auftreten einer Reihe von Gleichgewichtspunkten in reinen Strategien zu rechnen ist. Für das Simulationsmodell wäre somit durch bloße Berechnung der Nash-Gleichgewichte nicht viel gewonnen. Dies illustriert das folgende Beispiel.

Beispiel II.3: *Single Vote-Abstimmung bei M=3 Mitgliedern und N=3 Alternativen*

In einer Abstimmung gilt die Alternative mit den meisten Stimmen als gewählt nach dem Single Vote-Kriterium. Bei Gleichstand der Stimmen wird eine rein zufällige Auswahl getroffen, d.h. mit einer Wahlwahrscheinlichkeit von jeweils 1/3 randomisiert. Die Nutzenwerte der Alternativen A,B,C sind gegeben durch nebenstehende Tabelle. Die Rangfolgen der Präferenzen sind mit Randomisierungsnutzen

	A	B	C
1	x_a	x_b	x_c
2	y_a	y_b	y_c
3	z_a	z_b	z_c

Abb. II.14: Auszahlungsfunktionen

$x := (x_a+x_b+x_c)/3$

$y := (y_a+y_b+y_c)/3$

$z := (z_a+z_b+z_c)/3$

in nebenstehender Tabelle aufgeführt.

x_a	>	x_b	>	x	>	x_c
y_b	>	y_c	>	y	>	y_a
z_c	>	z_a	>	z	>	z_b

Abb. II.15: Rangfolge Auszahlungen

Die folgende Tabelle enthält alle Strategiekombinationen mit den Auszahlungen für die Mitglieder.

Individuelle Strategien, die beste Antworten fur das einzelne Mitglied darstellen, kennzeichnet ein "*". Ein Nash-Gleichgewicht liegt vor bei einer Strategiekombination, die fur alle Mitglieder eine beste Antwort ist (*siehe Kap. I, D.5.*).

Strategie von			**Wahl**	**Auszahlung für**			
1	2	3		1	2	3	
A	A	A	**A**	x_a *	y_a *	z_a *	**N**
...	...	B	**A**	x_a *	y_a	z_a *	
...	...	C	**A**	x_a *	y_a	z_a *	
...	B	A	**A**	x_a *	y_a *	z_a *	**N**
...	...	B	**B**	x_b *	y_b *	z_b	
...	...	C	**?**	x	y	z	
...	C	A	**A**	x_a *	y_a *	z_a	
...	...	B	**?**	x	y	z	
...	...	C	**C**	x_c *	y_c *	z_c *	**N**
B	A	A	**A**	x_a *	y_a	z_a *	
...	...	B	**B**	x_b	y_b *	z_b	
...	...	C	**?**	x	y	z	
...	B	A	**B**	x_b	y_b *	z_b *	
...	...	B	**B**	x_b *	y_b *	z_b *	**N**
...	...	C	**B**	x_b *	y_b *	z_b *	**N**
...	C	A	**?**	x	y	z	
...	...	B	**B**	x_b *	y_b *	z_b	
...	...	C	**C**	x_c *	y_c	z_c *	
C	A	A	**A**	x_a *	y_a	z_a	
...	...	B	**?**	x	y	z	
...	...	C	**C**	x_c	y_c *	z_c *	
...	B	A	**?**	x	y	z	
...	...	B	**B**	x_b *	y_b *	z_b	
...	...	C	**C**	x_c	y_c *	z_c *	
...	C	A	**C**	x_c	y_c *	z_c *	
...	...	B	**C**	x_c	y_c	z_c *	
...	...	C	**C**	x_c *	y_c *	z_c *	**N**

Abb. II.16: Strategiekomb., Auszahlungen, Nash-Gleichgew., beste Antworten

Man erkennt, daß das Nash-Kriterium fur eine Beschreibung des Abstimmverhaltens nicht ausreicht: Es gibt sechs mögliche Nash-Gleichgewichte auf Basis reiner Strategien. Dazu gehören auch Strategiekombinationen, bei denen die Mitglieder ihre schlechtesten Alternativen wahlen. Selbst, wenn man diese Gleichgewichtspunkte streicht, bleiben noch alle möglichen Wahlausgange offen. Interessanterweise ist die Kombination, bei der jedes Mitglied seine praferierte Alternative wählt, kein Nash-Gleichgewicht, da annahmegemaß die Durchschnittswerte bei Randomisierung unter der Zweitpraferenz liegen.

Allein mit klassischen spieltheoretischen Überlegungen läßt sich strategisches Verhalten bei der Abstimmung demnach nicht zufriedenstellend abbilden.

2. Wahrscheinlichkeitstheorie als Ansatz zur Modellierung des Abstimmverhaltens

In der Entscheidungstheorie unter gewöhnlicher Unsicherheit hat der Entscheider lediglich Unsicherheit über Realisationen zufälliger Ereignisse. Die besondere Schwierigkeit bei der *spieltheoretischen* Sichtweise liegt darin, daß der rationale Entscheider auch noch die Reaktionen anderer rationaler Entscheidungsträger auf sein Verhalten explizit in seine Überlegungen einbeziehen muß. In einem Spiel sind die Erwartungen bzgl. der Aktionen der Gegner nicht exogen, sondern werden vom Verhalten des einzelnen Spielers beeinflußt.[210]
Der Entscheider unter gewöhnlicher Unsicherheit muß Reaktionen auf sein eigenes Verhalten nicht antizipieren. Er hat keinen rational handelnden Gegner, sondern nur eine verursachende Realität "Natur", die sich ihm gegenüber neutral verhält.

Bei einer Gruppe mit vielen Mitgliedern wird das einzelne Mitglied wissen, daß seine Anstrengungen die Gesamtentscheidung nur unwesentlich beeinflussen können, und daß das Ergebnis für ihn deshalb fast unabhängig von seinem eigenen Einsatz ist.[211] Aus diesem und anderen Gründen kommt es in Gruppen mit wachsender Mitgliederzahl zunehmend zum Phänomen des *social loafing* (etwa: soziales Herumbummeln), welches in der psychologischen Kleingruppenforschung

---

210 Vgl. z.B. FUDENBERG/TIROLE [1991], S.8.

211 Vgl. z.B. OLSON [1965], S.53.

Beachtung gefunden hat.[212]

OLSON hat gezeigt, daß letztlich aus diesem Grund Gruppen mit zunehmender Mitgliederzahl c.p. immer weniger in der Lage sind, ihre Versorgung mit öffentlichen (kollektiven) Gütern sicherzustellen.
Betrachtet man die Anbieter eines Marktes als Gruppe, so besteht die Abgrenzung zwischen einem Oligopol (wenige Anbieter) und der atomistischen Konkurrenz (viele Anbieter) gerade darin, daß im Oligopol das Verhalten der einzelnen Unternehmung spürbare Effekte auf die anderen Anbieter hat. Deswegen muß dieses Unternehmen auch die Reaktion auf sein Verhalten antizipieren, um sich optimal zu verhalten. Bei atomistischer Konkurrenz hat demgegenüber das Verhalten einer einzelnen Unternehmung keine spürbaren Auswirkungen auf die anderen. Eine Reaktion der anderen kann in den Überlegungen zur optimalen Verhaltensweise unberücksichtigt bleiben.[213]
Diese Unterscheidung der Marktformen besteht also abgeleitet von der Anzahl der Anbieter darin, ob Rückwirkungen des eigenen Verhaltens auftreten und antizipiert werden müssen oder nicht.

Entsprechend kommt KANTZENBACH in seiner Analyse des Zusammenhanges zwischen Wettbewerb und Marktform zu dem Ergebnis, die potentielle Wettbewerbsintensität steige bei abnehmender Wettbewerberzahl:[214]
Obwohl im ersten Eindruck die Situation des Polypolisten komplizierter zu sein scheint, da er das Verhalten einer höheren Zahl von Wettbewerbern berücksichtigen muß als der Oligopolist, gestaltet sich die Analyse einfacher. Wegen der Annahme, jeder Polypolist trage nur einen verschwindend geringen Anteil zum Gesamtangebot des Marktes bei, muß dieser gemäß Konstruktion der atomistischen Konkurrenz zwar das Verhalten seiner Umgebung -der Wettbewerber- in Betracht ziehen. Die Reaktion dieser Umgebung auf sein Verhalten ist aber nicht von Bedeutung.

---

212 Vgl. LATANÉ/WILLIAMS/HARKINS [1979], S.829f. Auch dort werden OLSONs Untersuchungen erwahnt.

213 Vgl. OLSON [1965], S.45 und S.49.

214 Vgl. KANTZENBACH [1966], S.88f

Im Gegensatz dazu besteht im Oligopol die Notwendigkeit, solche Rück- oder Wechselwirkungen auf das eigene Verhalten mit zu berücksichtigen.
In der Oligopolsituation muß demnach ein spieltheoretischer Ansatz für die Analyse gewählt werden, während bei atomistischer Konkurrenz ein einfacheres Entscheidungsproblem, evtl. bei Unsicherheit, vorliegt.[215]

Verallgemeinert man dieses Ergebnis von der Marktsituation zurück auf die Situation einer Entscheidungsgruppe, so wird folgendes deutlich: Der Erklärungsanteil der Entscheidungstheorie unter gewöhnlicher Unsicherheit steigt gegenüber dem spieltheoretischen Anteil c.p. in folgenden Situationen:

- Die *Zahl* der Spieler steigt und die Bedeutung des einzelnen Spielers sinkt
- Die *Zielsetzungen* der Spieler werden homogener untereinander
- Die *Transparenz* der Betrachtung allgemein sinkt.

Ein wahrscheinlichkeitstheoretisch orientierter Ansatz wäre im Vergleich zum spieltheoretischen vergleichsweise einfach: Die Strategien der anderen Mitglieder werden vereinfachend nicht aufgefaßt als beeinflußbar durch eigenes Verhalten, sondern als exogen.
Das einzelne Mitglied bildet sich dann ein a priori-Wahrscheinlichkeitsurteil als Hypothese über die Strategien der anderen Mitglieder. Auf dieser Basis optimiert es -bedingt unter der Verteilung über die Strategiewahl der anderen- sein eigenes Abstimmverhalten. Das Mitglied stimmt also so ab, daß seine erwartete Präferenz maximal wird. Bei einer endlichen Zahl von Abstimmstrategien wie für die drei zu untersuchenden Abstimmregeln je Mitglied kann dieses Optimum durch Vollenumeration im Prinzip stets gefunden werden.

Problematisch dabei ist jedoch, daß es sich bei dieser Lösung nicht notwendig um ein Nash-Gleichgewicht handelt. Offenbar widerspricht demnach die alleinige Optimierung unter der Annahme einer a priori-Verteilung der durch die Nash-Bedingung vorgegebenen spieltheoretischen Rationalität in einer noch genauer zu klärenden Weise.

---

215 Diese Beziehung hat auch OLSON erkannt, vgl. OLSON [1965], S.43.

Die folgende Abbildung stellt klassische spieltheoretische und bayesianisch/wahrscheinlichkeitstheoretische Sichtweise strategischen Abstimmverhaltens gegenüber:

Spieltheoretische Auffassung	Wahrscheinlichkeits-/Entscheidungs-theoretische Auffassung
• Unvollständige Information bzgl. Umwelt: *Realisation zufällig*	• Unvollständige Information bzgl. Umwelt. *Realisation zufällig*
• Unvollständige Informationen bzgl. Verhalten der Gegner: *Realisation basiert auf Rationalität der Gegner*	• Unvollständige Informationen bzgl. Verhalten der Gegner: *Realisation zufällig*
• Rückwirkung des eigenen Verhaltens auf Verhalten der Gegner bewirkt Notwendigkeit zur Antizipation des gegnerischen Verhaltens	• Eigenes Verhalten hat keine Rückwirkungen auf gegnerisches Verhalten
• Situationen: – Wenige Spieler – Allgemein hohe Transparenz	• Situationen: – Ein Spieler oder sehr viele Spieler – Allgemein niedrige Transparenz

Abb. II.17: Gegenüberstellung von klassisch spieltheoretischer und wahrscheinlichkeitstheoretischer Auffassung strategischen Abstimmverhaltens

3. Gleichgewichtsauswahl nach HARSANYI und SELTEN

Die Idee von HARSANYI und SELTEN besteht in der Erweiterung des geschilderten, erfolgreichen, wahrscheinlichkeitstheoretischen bzw. bayesianischen Ansatzes auf Spielsituationen.[216]

Die Startpunkte für diese Erweiterung bilden die beiden Konzepte der Optimierung unter der Annahme einer a priori–Verteilung einerseits und des Nash-Gleichgewichtes andererseits. Die Gleichgewichtsauswahltheorie verbindet diese beiden Ansätze auf konsistente Art zur einer Vorhersage der von den Spielern realisierten Strategiekombination.

Die Gleichgewichtsauswahl von HARSANYI und SELTEN basiert darauf, daß in den subjektiven Wahrscheinlichkeitsurteilen über die Strategie der anderen Spieler durch gegenseitige Antizipation rationaler Erwartungen i.A. eine Inkonsistenz besteht. Diese Inkonsistenz führt solange zu einer Veränderung der a priori–

[216] Vgl. HARSANYI/SELTEN [1988], S.131.

Urteile entsprechend der Bayes-Regel, bis die Erwartungen der Spieler im Gleichgewicht sind und sich somit nicht mehr gegenseitig destabilisieren.[217]

Im folgenden wird oft von einer existierenden a priori-Verteilung der Mitglieder ausgegangen, ohne daß diese jedoch konkret angegeben wird. Die Diskussion möglicher a priori-Verteilungen für das Abstimmungsverhalten in der Gruppe erfolgt in einem späteren Teilabschnitt. Es wird sich dann zeigen, daß rationalerweise nur bestimmte Klassen von a priori-Verteilungen auftreten können. Es ist wichtig, sich klarzumachen, daß die ursprüngliche a priori-Verteilungen noch keine strategischen Überlegungen beinhalten, sondern den Ausgangspunkt für diese Überlegungen darstellen.

Eine a priori-Verteilung eines Mitgliedes über die Wahrscheinlichkeiten der von den anderen Mitgliedern gespielten Strategien ist eine vorläufige Hypothese, die im Rahmen der strategischen Überlegungen revidiert und an die Spielrationalität angepaßt wird. Anschaulich ist dies vergleichbar mit der Funktion des Startpunktes in einem iterativen Algorithmus zur Suche eines lokalen Optimums.

Eine erste Beobachtung auf dem Weg, die beiden angesprochenen Konzepte in Einklang zu bringen, ist folgende: Sind die a priori-Verteilungen der Mitglieder so beschaffen, daß die entstehende Strategiekombination bereits ein Nash-Gleichgewicht ist, so sind die beiden Konzepte ohne weitere Überlegungen miteinander vereinbar. In diesem Fall wird die entstehende Strategiekombination ausgewählt, und bei diesem Verhalten auf Basis der eigenen a priori-Verteilung handelt jedes Mitglied gleichzeitig rational i.S.d. Spieltheorie.

Diese Situation wir besonders in großen Gruppen bei der Abstimmung häufig gegeben sein: Jede Kombination von Abstimmungsverhalten der Mitglieder, für welche keines der Mitglieder das Abstimmungsergebnis *allein verändern* kann, ist bereits ein Nash-Gleichgewicht.

Das Abstimmungsergebnis *allein verändern* kann ein Mitglied nur dann, wenn durch ein geeignetes anderes Abstimmungsverhalten dieses Mitgliedes

---

217 Vgl. BINMORE [1993], S.328.

- eine andere Alternative ausgewählt wird
- eine Pattsituation herbeigeführt wird
- eine bestehende Pattsituation verändert oder aufgehoben wird.

Kann nämlich ein Mitglied bei gegebenem Abstimmungsverhalten der anderen Mitglieder das Abstimmungsergebnis nicht allein verändern, so kann es in dieser Situation seine Auszahlung nicht selbst beeinflussen. In diesem Fall ist jedes mögliche Abstimmungsverhalten für das Mitglied trivialerweise eine beste Antwort auf das Verhalten der anderen Mitglieder. Formal ist dann in den Bestimmungsgleichungen von bester Antwort und Nash-Gleichgewicht stets das Gleichheitszeichen erfüllt (*siehe Kap. I, D.5.*).

Strategische Überlegungen, die über den bayesianisch/wahrscheinlichkeitstheoretischen Kalkül hinausgehen, sind demnach nur bei "knappen" Abstimmungen wesentlich. Nimmt die Gruppengröße zu oder die Alternativenzahl ab, so verteilen sich z.B. beim Single Vote-Kriterium mehr Erststimmen auf weniger Alternativen. Der Anteil an "knappen" Abstimmungen wird dann tendenziell abnehmen. Genauso wird der Anteil solcher Abstimmungen dann klein sein, wenn die Ziele der Mitglieder nicht zu verschieden sind und sich die Alternativen hinsichtlich ihrer Gewinnerwartungen deutlicher unterscheiden.
Bei einer großen Zahl von Gruppenentscheidungsproblemen wird es also ausreichen, Überlegungen auf Basis des bayesianischen Kalküls anzustellen.

Da die vorliegende Untersuchung auf die *erwartete* Entscheidungsqualität abstellt, also eine Durchschnittsgröße, ist damit zu rechnen, daß der Übergang von der bayesianisch/wahrscheinlichkeitstheoretischen Betrachtungsweise zur spieltheoretischen Auffassung nur begrenzte Auswirkungen hat. Trotzdem soll das strategische Abstimmungsverhalten auch unter dem spieltheoretischen Blickwinkel untersucht werden.

HARSANYI und SELTEN nennen die geschilderte Strategie der Optimierung des eigenen Verhaltens unter einer a priori-Verteilung über die Strategien der anderen Mitglieder bzw. Spieler den naiv bayesianischen Ansatz (*naive bayesian approach*). Die durch den naiv bayesianischen Ansatz vorhergesagte Strategiekombination ist

wie bereits angedeutet i.A. kein Gleichgewichtspunkt des Spieles:
Obwohl jede individuelle Strategie bei diesem Ansatz die beste Antwort auf diejenige Kombination gemischter Strategie der anderen ist, welche der a priori-Verteilung entspricht, sind die naiv bayesianischen Strategien i.A. keine besten Antworten *aufeinander*. Deshalb ist die Annahme, die Mitglieder würden bei Vorliegen einer entsprechenden a priori Verteilung naiv bayesianisch abstimmen, nicht konsistent mit Rationalität in einer Spielsituation.[218]

Trotzdem verwenden HARSANYI und SELTEN den naiv bayesianischen Ansatz als Ausgangspunkt für ihre Betrachtungen. Sie versuchen, diesen Ansatz in Einklang mit der klassischen Spieltheorie und dem Konzept des Nash-Gleichgewichtes zu bringen.
Anschaulich gesprochen geschieht dies, indem dasjenige Nash-Gleichgewicht des Spieles ausgewählt wird, welches in einem noch zu detaillierenden Sinne "am besten" mit den a priori-Verteilungen vereinbar ist. Anders ausgedrückt wählt die Theorie von HARSANYI und SELTEN dasjenige Nash-Gleichgewicht aus, welches auf eine bestimmte Art "die kleinste Entfernung" zu derjenigen Strategiekombination hat, bei der sich alle Mitglieder naiv bayesianisch Verhalten.

Aus technischer Sicht ist hierfür ein Prozeß nötig, der die Veränderung der a priori-Verteilungen modelliert, die sich ergibt, wenn die Mitglieder erkennen, daß ihre ursprünglichen a priori-Wahrscheinlichkeiten nicht zu einem stabilen Ergebnis führen, d.h. zu einem Nash-Gleichgewicht.
HARSANYI und SELTEN bilden diesen Prozeß in ihrer Spurprozedur (*tracing procedure*) nach. Im folgenden wird zunächst dieser Anpassungsprozeß der Mitgliedererwartungen anschaulich dargestellt. Dann erfolgt ein kurze Erläuterung der technischen Umsetzung in der Spurprozedur.

Der Grund dafür, daß naiv bayesianisches Verhalten nicht immer rational ist, liegt darin, daß über die a priori-Verteilung hinausgehendes Wissen der Mitglieder nicht genutzt wird. Nicht berücksichtigt wird das Wissen, daß die anderen Gruppenmitglieder ebenfalls rationale Spieler sind.

---

218 Vgl. HARSANYI/SELTEN [1988], S.139f zu diesem Absatz.

Die Antizipation bei naiv bayesianischem Verhalten ist nur die erste Stufe des unendlichstufigen Prozesses der gegenseitigen Antizipation von Erwartungen durch die Mitglieder, welcher in Abbildung II.13 dargestellt ist. Mit dem Übergang zur bayesianischen bzw. wahrscheinlichkeitstheoretischen Betrachtung wurde gerade die Fähigkeit eines Mitgliedes ausgeblendet, auch die Antizipation des eigenen Verhaltens durch andere vorauszusehen.
In einem nächsten Schritt wird das einzelne Mitglied auf Basis seiner Überlegungen versuchen, das *naiv bayesianische* Abstimmverhalten der anderen zu antizipieren. So verändert sich seine a priori-Verteilung von der ursprünglichen zu einer Art "a priori-Verteilung zweiter Ordnung". Allerdings muß auch ein Verhalten gemäß der neuen a priori-Verteilung nicht zu einem Nash-Gleichgewicht führen.

Es stellt sich die Frage, ob und wann diese gegenseitige Antizipation zu einem Ende kommt. Dies ist gerade in einem Nash-Gleichgewicht der Fall: Erreichen die a priori-Verteilungen im Zuge ihrer Anpassung durch weitergehende Antizipation ein Stadium, in welchem auch bei weitergehender Antizipation kein Mitglied seine Auszahlung durch eine Veränderung des eigenen Abstimmverhaltens erhöhen kann, so führt auch eine noch weitergehende Antizipation nicht mehr zu Veränderungen des Verhaltens.
Die geschilderte Situation tritt eben dann auf, wenn für jedes Mitglied die naiv bayesianische Strategie für die veränderte a priori-Verteilung eine beste Antwort auf die naiv bayesianischen Strategien der anderen Mitglieder ist. In diesem Fall sind die naiv bayesianischen Strategien auch beste Antworten *aufeinander*, d.h. der Prozeß gegenseitiger Antizipation ist in einem Nash-Gleichgewicht angekommen.

HARSANYI und SELTEN nennen die ursprünglichen a priori-Verteilungen Informationen erster Ordnung (*first order information*). Informationen über mögliche Reaktionen der Gegner, die z.B. aus der Antizipation von deren Überlegungen aus Wissen um ihre Rationalität stammen, nennen sie demgegenüber Informationen zweiter Ordnung (*second order information*). In dieser Terminologie ist naiv bayesianisches Abstimmverhalten zwar konsistent mit der Information erster Ordnung, nicht jedoch mit der Information zweiter Ordnung.[219]

---

219 Vgl. HARSANYI/SELTEN [1988], S.140.

Darstellung der Spurprozedur (tracing procedure)[220]

Ausgangspunkt der Spurprozedur ist die naiv bayesianische Strategiekombination, bezeichnet mit $q^0=(q^0_1,...q^0_M)$, in dem sich alle Spieler naiv bayesianisch auf Basis ihrer a priori-Verteilungen über die Strategien der anderen verhalten.

Wie beschrieben wertet dieser Punkt nur die Information erster Ordnung aus, die ein Spieler hat. Die fehlende Information zweiter Ordnung wird nun mit Hilfe der sogenannten Spurprozedur Stück für Stück der Betrachtung hinzugefügt. Der Verhaltensplan eines Spielers ändert sich bei Bedarf, d.h. wenn so viel Information zweiter Ordnung hinzugekommen ist, daß sein ursprünglicher Plan, sich gemäß q^0_m zu verhalten, nach seinem Informationsstand keine beste Antwort mehr ist.

Am Ende der Spurprozedur wird ein Gleichgewichtspunkt des urprünglichen Spieles erreicht, d.h. eine mit gegenseitiger Antizipation konsistente Strategiekombination. Diese ist aus den a priori-Überlegungen der Spieler entstanden und so auch mit diesen konsistent.[221]

Betrachtet wird das Spiel G, welches für Spieler m die Auszahlungsfunktion $H_m=H_m(q_m;q_{\setminus m})$ hat bei einer Strategiekombination, bei der sich m gemäß q_m verhält, die Gegner gemäß $q_{\setminus m}$. Nun wird ein Kontinuum von Spielen Γ^t, $t \in [0;1]$, definiert, die sich nur durch ihre Auszahlungsfunktionen H^t_m unterscheiden. Die Auszahlungsfunktion ist eine Konvexkombination von H^0_m und H^1_m, d.h.

$$H^t_m := t \cdot H^1_m + (1-t) \cdot H^0_m$$

Für t=1 sind H^1_m die Auszahlungsfunktionen des ursprünglichen Spieles. Für t=0 entsprechen die H^0_m dem Spiel, bei welchem die Auszahlungsfunktionen aus dem

220 Hier erfolgt nur eine anschauliche Darstellung der sogenannten linearen Spurprozedur. Diese konvergiert zwar unter vollständiger Information immer, das resultierende Gleichgewicht ist aber nur fast immer eindeutig bestimmt, vgl. HARSANYI/SELTEN [1988], S.144.
Um Eindeutigkeit zu garantieren existiert noch die logarithmische Spurprozedur, die mit der linearen bei Eindeutigkeit beider Prozeduren stets übereinstimmt, vgl. HARSANYI/SELTEN [1988], S.144 und S.165–175. Bei Mehrdeutigkeit der linearen Prozedur wird im Simulationsmodell zufällig ein Gleichgewicht ausgewählt, was auf die Berechnung der erwarteten Entscheidungsqualität keinen Einfluß hat, da dieser Fall nur mit Wahrscheinlichkeit 0 vorkommt ("*fast nie*").

221 Vgl. HARSANYI/SELTEN [1988], S.140f.

Verhalten gemäß der a priori-Verteilung abgeleitet sind. Das Spiel Γ^0 dekomponiert also das ursprüngliche Spiel $G=\Gamma^1$ durch die a priori Verteilungen in M unabhängige Optimierungsaufgaben.[222]

In diesem (naiv bayesianischen) Fall ist die Auszahlungsfunktion für einen Spieler also nur von seiner Strategie und seiner a priori-Verteilung abhängig, nicht jedoch von den gespielten Strategien der anderen Spieler (siehe *Beispiel II.4*). Verhalten sich alle Mitglieder naiv bayesianisch, so ist der entstehende Punkt q^0 nach Konstruktion Gleichgewichtspunkt von Γ^0, aber nicht notwendig des ursprünglichen Spieles Γ^1.[223]
Die Menge der gemischten Strategien bildet ein Simplex, dessen Eckpunkte die reinen Strategien sind, während die anderen Punkte die nichtdegenerierten gemischten Strategien sind als Verteilungen der reinen Strategien bzw. als Konvexkombinationen der Eckpunkte (graphisch).

Man kann sich q^0 und jeden anderen Gleichgewichtspunkt für ein $t \in [0;1]$ als einen Punkt in diesem Simplex der gemischten Strategien vorstellen. Wegen des Existenztheorems von Nash gibt es für jedes t mindestens einen solchen Punkt. Die Menge der Gleichgewichtspunkte für festes t wird mit E^t bezeichnet. Für jedes $t \in [0;1]$ ist X(G,p) der Graph von E^t für das Spiel G bei a priori-Verteilung p.

Folgendes Anschauungsbeispiel soll der Verdeutlichung dienen:[224]

222 Vgl. HARSANYI/SELTEN [1988], S.141.

223 Vgl. HARSANYI/SELTEN [1988], S.142.

224 An diesem Beispiel diskutieren HARSANYI und SELTEN die *lineare Spurprozedur* ausfuhrlicher, als es hier wegen des Raumes möglich ist, vgl. HARSANYI/SELTEN [1988], S.141-162.

Beispiel II.4: *Spurprozedur*

Für ein Spiel mit zwei Spielern und jeweils zwei Strategien, a und b von Spieler 1 sowie c und d von Spieler 2, läßt sich der Strategieraum darstellen durch nebenstehende Abbildung. Die vier möglichen Kombinationen reiner Strategien sollen der Einfachheit halber durch die Buchstaben A, B, C und D gekennzeichnet werden. Die Auszahlungsfunktion betrage für

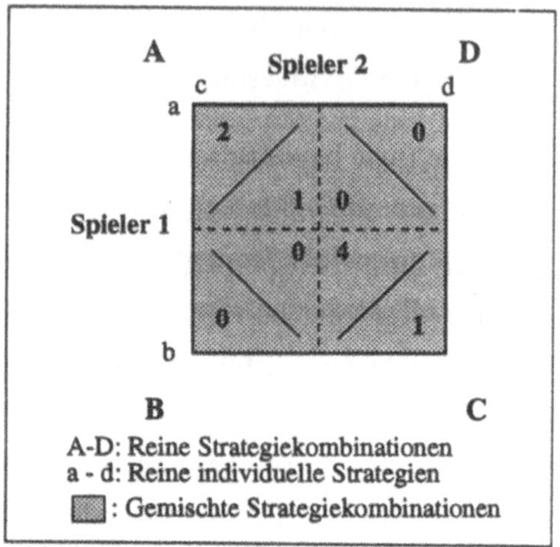

Abb. II.18: Strategieraum bei zwei Spielern mit zwei Strategien

Spieler 1: A : 2; B : 0; C : 1; D : 0.
Spieler 2: A : 1; B : 0; C : 4; D : 0.

Man überlegt sich leicht, daß dieses Spiel A und C als Nash-Gleichgewichtspunkte enthält.

Angenommen, Spieler 1 hat die a priori-Verteilung $p_2(c)=2/3$ und $p_2(d)=1/3$ für die Strategien c und d von Spieler 2. Die a priori-Verteilung von Spieler 2 für die Strategien a und b von Spieler 1 ist $p_1(a)=p_1(b)=1/2$. Als Auszahlungsfunktionen ergeben sich dann für den naiv bayesianischen Fall:

Spieler 1: $2/3 \cdot 2 + 1/3 \cdot 0 = 4/3$ für Kombinationen A und D, d.h. für Strategie a.
$2/3 \cdot 0 + 1/3 \cdot 1 = 1/3$ für Kombinationen B und C, d.h. für Strategie b.

Spieler 2: $1/2 \cdot 1 + 1/2 \cdot 0 = 1/2$ für Kombinationen A und B, d.h. für Strategie c.
$1/2 \cdot 0 + 1/2 \cdot 4 = 2$ für Kombinationen C und D, d.h. für Strategie d.

Naiv bayesianisch spielt also Spieler 1 Strategie a und Spieler 2 Strategie d, so daß der Nicht-Gleichgewichtspunkt D realisiert wird. Auszahlungsfunktionen für das Spiel H^t sind folgende Konvexkombinationen der Auszahlungsfunktionen von urspünglichem und naiv bayesianischen Spiel in Abhängigkeit von t:

Spieler 1: A : $4/3 \cdot (1-t) + 2 \cdot t$. B : $1/3 \cdot (1-t) + 0 \cdot t$.
C : $1/3 \cdot (1-t) + 1 \cdot t$. D : $4/3 \cdot (1-t) + 0 \cdot t$

Spieler 2: A : $1/2 \cdot (1-t) + 1 \cdot t$. B : $1/2 \cdot (1-t) + 0 \cdot t$.
C : $2 \cdot (1-t) + 4 \cdot t$. D : $2 \cdot (1-t) + 0 \cdot t$

Abhängig von t erhalt man die Menge E^t der Nash-Gleichgewichtspunkte für das Spiel Γ^t. Lauft nun t von 0 bis 1, so entsteht X(G,p) mit den genannten Funktionen wie in der folgenden Abbildung:[225]

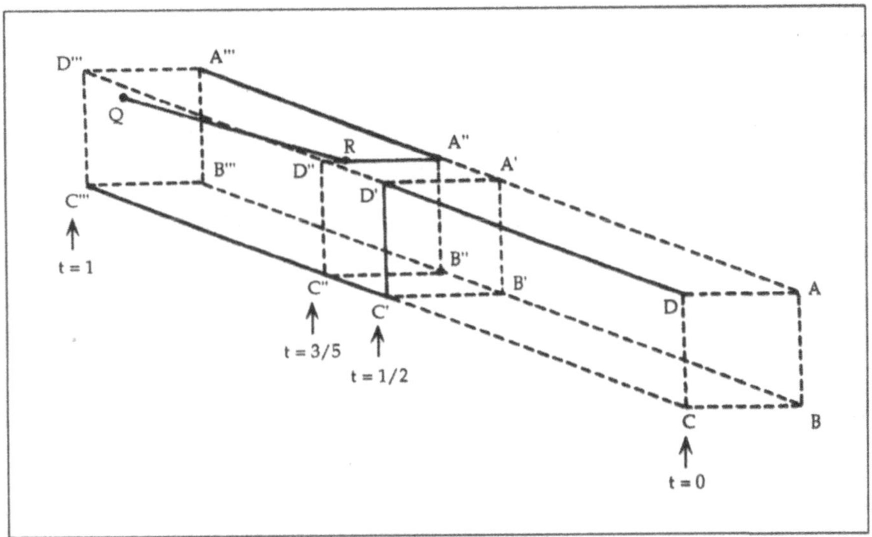

Abb. II.19: Der Graph X(G,p) der Abbildung $t \rightarrow E^t$

Dieser Graph enthalt wie in der Abbildung i.d.R. einen Pfad L, der den Punkt q^0 für naiv bayesianisches Verhalten mit einem Gleichgewichtspunkt von $G = \Gamma^1$ verbindet, also von t=0 zu t=1 lauft. Die lineare Spurprozedur bestimmt den Pfad L und wählt so den Ziel-Nash-Gleichgewichtspunkt aus. Solch ein Pfad existiert tatsächlich immer, und fast immer, d.h. im nichtdegenerierten Fall, ist er auch eindeutig bestimmt.[226]

Im Beispiel startet der Graph in D, der Strategiekombination für naiv bayesianisches Verhalten. Der Pfad L fuhrt zum Gleichgewichtspunkt C, einem Nash-Gleichgewichtspunkt von Γ^1 = G. Dieser wird so von der Prozedur ausgewählt, nicht der andere Nash-Gleichgewichtspunkt A von G.

---

225 Entnommen aus HARSANYI/SELTEN [1988], S.157.

226 Vgl. HARSANYI/SELTEN [1988], S.143f. Allerdings kann die Verbindung auch Sprunge bestimmter Art machen.

Interpretation der linearen Spurprozedur als Ergebnis-Selektions-Prozeß[227]

Zu Beginn der linearen Spurprozedur verfolgen die Spieler den vorläufigen Plan, sich naiv bayesianisch zu verhalten und somit nur ihre Information erster Ordnung zu nutzen.

Mit steigendem t beziehen sie dann allmählich ihre Information zweiter Ordnung durch Antizipation des Verhaltens anderer in ihre Strategie mit ein. Bei t<1 sind sie sich allerdings immer bewußt, daß ihr Plan nur vorläufigen, versuchsweisen Charakter hat, da er noch nicht mit Sicherheit rational ist, weil nicht alle zur Verfügung stehende Information zweiter Ordnung genutzt wurde.

Erst bei t=1, oder wenn bereits vorher ein Gleichgewichtspunkt erreicht wird, entscheiden sich die Spieler endgültig für eine Strategie und handeln dementsprechend.[228]

Wesentlich für die Interpretation des Prozesses mit wachsendem t ist die Tatsache, daß die a priori-Verteilungen der Mitglieder sich mit steigendem t schrittweise so verändern, wie es in der vorhergehenden Interpretation geschildert wurde.

4. Kritik an der Gleichgewichtsauswahl nach HARSANYI und SELTEN

Die Darstellung der Gleichgewichtsauswahl nach HARSANYI und SELTEN in dieser Arbeit war getrieben von der Problemstellung, Überlegungen und Verhalten von Mitgliedern bei der Abstimmung zu determinieren. Die Darstellung enthält zwar den für die Theorie entscheidenden Kern der Spurprozedur, behandelt jedoch eine ganze Reihe weiterer Merkmale der Theorie nicht:

- HARSANYI und SELTEN schlagen bestimmte a priori-Verteilungen vor, deren Benutzung Kenntnisse über die Präferenzwerte der Mitglieder für die Alternativen ignorieren würde (siehe *Kap.II,E.6.* zu inhaltlich motivierten a priori-Verteilungen).

---

227 Vgl. HARSANYI/SELTEN [1988], S.162–165.

228 Sobald in der *linearen Spurprozedur* ein (striktes) Gleichgewicht des ursprunglichen Spieles erreicht wird für ein $t^*<1$, so wird dies auch ausgewählt, vgl. HARSANYI/SELTEN [1988], Lemma 4.17.7 auf S. 183 für t=0 in Verbindung mit Lemma 4.10.3 auf S.142f, denn bei Wahl der dort angegebenen a priori-Verteilung greift Lemma 4.17.7.

- In dem "*fast nie*" vorkommenden Fall, daß die lineare Spurprozedur nicht zu eindeutigen Lösungen führt, verkompliziert sich die Theorie von HARSANYI und SELTEN. Ohne Veränderung der Simulationsergebnisse wird in diesem Fall wie bereits erläutert ein beliebiges Gleichgewicht gewählt, so daß die Behandlung unberücksichtigt bleiben kann.
- HARSANYI und SELTEN beschreiben noch weitere Merkmalen und Implikationen für die Rationalität ihrer Theorie sowie die Umsetzung der Auswahl *(strategic distance, risk dominance, payoff dominance, candidate elimination and substitution)*, deren Erläuterung aus Platzgründen unmöglich und der Fragestellung nicht angemessen ist.

An diesen und anderen Punkten der Theorie setzt die Kritik an:

Einerseits wird als Hauptschwierigkeit der Theorie von HARSANYI und SELTEN ihre Komplexität gesehen in Form der Vielfalt der Konzepte zur Gleichgewichtsauswahl, deren methodologische Konsistenz bislang kaum beurteilt werden kann. In die gleiche Richtung geht die Kritik, daß die Bestimmung des Gleichgewichts häufig in geschlossener Form nicht lösbar ist. Die nötigen Berechnungen sind so kompliziert, daß die Vorhersage des Auswahlverhaltens sehr schwierig und bisweilen unmöglich wird.[229]

Der zweite Kritikpunkt ist substantiellerer Natur. BINMORE ist der Auffassung, daß ein rein bayesianischer Ansatz in der Spieltheorie grundsätzlich nicht geeignet sei. BINMORE argumentiert, die Rück- oder Selbstbezüglichkeit der Uberlegungen zur gegenseitigen Antizipation der Erwartungen könne i.A. nicht zu einem stabilen Gleichgewicht führen, wenn die Uberlegungen und Umgebung der Spieler reichhaltig genug sind. Er fordert daher, die Rationalität der Spieler genauer zu formalisieren (z.B. als Turing-Maschinen), und zieht Parallelen zu Überlegungen von Turing und Gödel.[230]

Obwohl die Auffassung BINMOREs bei einer Untersuchung über Spieltheorie

229 Zu diesen beiden Kritikpunkten vgl. GUTH/KALKOFEN [1989], S.34 und KALKOFEN [1990], S.54. Das Problem der Berechenbarkeit wird auch in dieser Arbeit auftreten und zu Vereinfachungen in der Berechnung der Losung zwingen.

230 Zu diesem Absatz vgl. BINMORE [1993], S.330–332.

vermutlich ein vielversprechender Ansatz ist, wird zur Erstellung eines operationalen Modells eine konkrete Methode zur Gleichgewichtsauswahl durch die Gruppenmitglieder benötigt. Auch Kritiker des Modells von HARSANYI und SELTEN betonen, daß ihre Theorie zur Gleichgewichtsauswahl die beste aller existierenden Methoden ist.[231]

5. Zusammenfassung: Modellierung strategisches Abstimmverhalten

Mit Hilfe von Überlegungen der neueren Spieltheorie ist es gelungen, strategisches Verhalten der Gruppenmitglieder modellhaft zu erfassen, und dabei gleichzeitig folgende zwei Kriterien in Einklang zu bringen:

- *Auswahl eines Gleichgewichtspunktes:* Die von einem Mitglied gewählte Strategie ist rational in bezug auf seine Fähigkeit zur Antizipation und damit seine Erwartungen über das Verhalten anderer.[232] Diese Forderung heißt, daß in der Abstimmung als Spiel ein Gleichgewichtspunkt ausgewählt wird, sie ist jedoch wie geschildert nur eine (notwendige) Konsistenzbedingung.
- *A priori-Verteilung:* In die Überlegungen der Mitglieder gehen Vorabinformationen über das Verhalten anderer in Form der a priori-Verteilung ein.

(II.16) Strategisches Verhalten bei der Abstimmung

Strategisches Verhalten bei der Abstimmung besteht für die Mitglieder darin, während der Abstimmung rational zu handeln in Bezug auf die Spielsituation und eine a priori-Verteilung, die ihre Informationen zum Zeitpunkt der Abstimmung enthält. Die Auswahl der individuellen Strategie erfolgt auf Basis dieser a priori-Verteilung als HARSANYI/SELTEN-Gleichgewicht, d.h. nach der Theorie der Gleichgewichtsauswahl von HARSANYI und SELTEN.

Das vorgestellte Verfahren mag Schwächen aufweisen, z.B. in der Gleichgewichts-

---

231 Vgl. GÜTH/KALKOFEN [1989], S.24f, KALKOFEN [1990], S.56, BINMORE [1993], S.328.

232 Die Frage, welche Erwartungen rational sind, beruht auch darauf, ob nur spiel- bzw. entscheidungsinterne oder auch externe Faktoren in die Überlegungen der Spieler bzw. Mitglieder einfließen. Entsprechend hangt auch das Ergebnis von Spiel bzw. Abstimmung hiervon ab, vgl. auch HARSANYI/SELTEN [1988], S. 342.

auswahl nach der nicht unumstrittenen Theorie von HARSANYI und SELTEN. Auch ist normativ rationales Verhalten nicht in jedem Fall deskriptiv garantiert.[233] Trotz dieser Schwierigkeiten in Bezug auf die Modellierung des strategischen Verhaltens *in jeder Einzelentscheidung* ist kein Hinweis auf eine *systematische* Verfälschung erkennbar (*siehe Kap. II, A.5.*). Die Auswirkungen strategischer Überlegungen bei der Abstimmung sollten also *im Mittel* valide abgebildet sein.

Im Rest dieses Abschnittes wird zunächst die Umsetzung der bisherigen Überlegungen zum Ablauf der Abstimmung im Modell erörtert, besonders die Bildung einer geeigneten, von der Abstimmregel abhängigen a priori-Verteilung für die Gruppenmitglieder. Dann erfolgt eine Zusammenfassung, in welcher Form die Abstimmung zwischen den Mitgliedern im Rahmen des Modells umgesetzt wird.

6. Wahl der a priori-Verteilungen

Ziel des Abschnittes

Bestimmung möglicher a priori-Wahrscheinlichkeitsverteilungen jedes Gruppenmitgliedes über die Abstimmstrategien der anderen Mitglieder für die Analyse naiv bayesianischen Verhaltens nach HARSANYI und SELTEN (abhängig von Abstimmungsregel und Präferenzen der Mitglieder).

Zur Beschreibung des Abstimmungsverhaltens ist es noch erforderlich, die a priori-Verteilung als Startpunkt für die strategischen Überlegungen abhängig von der Abstimmungsregel zu bestimmen.

(II.17) Wissensstand der Gruppenmitglieder in der Abstimmung

In der Abstimmung haben die Mitglieder vollständige Information über die Präferenzen der anderen in Form von *common knowledge*, da die Schätzwerte der Gewinnverteilungsparameter in der Interaktion ausgetauscht wurden.

---

233 Siehe dazu auch die Bemerkungen uber tatsachlich Auswahl von Nash-Gleichgewichten in *Kap. I, D.5.* und zu unsystematischen Verfalschungen in *Kap. II, A.5.*.

(II.18) Invarianzprinzip für rationale a priori Verteilungen

- Da sich die Mitglieder -wie ihnen gegenseitig bekannt ist- rational gemäß ihrer Präferenzfunktion verhalten, kann nur Wissen über die Präferenzwerte in die Bildung der a priori-Verteilung einfließen.
- Die Präferenzwerte eines Mitgliedes sind als Erwartungswerte einer Nutzenfunktion nur bis auf positiv (affin) lineare Transformationen bestimmt. Eine rationale a priori-Verteilung muß also invariant sein gegenüber derartigen Transformationen der Nutzenfunktionen.

Aus diesen Überlegungen ergibt sich bereits eine Einschränkung der rational möglichen a priori-Verteilungen für alle denkbaren Abstimmungsregeln: Nur die Verhältnisse der Präferenzwertdifferenzen dürfen in die Bildung der a priori Verteilungen einer Abstimmungsregel einfließen.[234]

Für die folgenden Betrachtungen wird deshalb mit Hilfe einer linearen Normalisierung von den Präferenzen $\Phi_m(A_n)$ zu den normalisierten Präferenzen $\Phi^*_m(A_n)$ übergegangen:

(II.19) Normalisierung der Präferenzen

Für jedes Mitglied ist die normalisierte Präferenz $\Phi^*_m(A_n)$ für Alternative n definiert als

$$\Phi^*_m(A_n) = \frac{\Phi_m(A_n) - \min\limits_{l=1,..,N}\{\Phi_m(A_l)\}}{\sum\limits_{n=1}^{N}\left(\Phi_m(A_n) - \min\limits_{l=1,..,N}\{\Phi_m(A_l)\}\right)}$$

Diese Normierung ändert nichts am Entscheidungsverhalten der Mitglieder, wegen (II.18) auch nicht unter Berücksichtigung der strategischen Überlegungen. Die Gültigkeit von (II.18) ist also hinreichend für den Übergang auf die normalisierten Präferenzen.

---

234 Bei einer Analyse des Condorcet-Paradoxons (Auftreten zyklischer Praferenzen) mit der Gleichgewichtsauswahl nach HARSANYI und SELTEN betonen auch GÜTH und SELTEN, daß nur Auszahlungsunterschiede, also Präferenz-Differenzen Bedeutung für strategische Verhalten haben, vgl. GÜTH/SELTEN [1991], S.29.

Andererseits ist durch den Übergang auf die normalisierten Präferenzen (II.18) automatisch erfüllt: Man überprüft dies leicht, indem man mit den urspünglichen Präferenzen eine beliebige positive, affin lineare Transformation durchführt. Die normalisierten Präferenzen $\Phi^*_m(A_n)$ auf Basis der Ausgangspräferenzen $\Phi_m(A_n)$ und auf der Basis von $a \cdot \Phi_m(A_n) + b$ mit reellen Parametern a>0 und b unterscheiden sich nicht. Also ist die Benutzung der normalisierten Präferenzen hinreichend für (II.18). Somit sind (II.18) und die Benutzung der $\Phi^*_m(A_n)$ äquivalent.

Zusätzlich zur Formulierung in den normalisierten Präferenzen lassen sich abhängig von der Abstimmungsregel spezifische Abstimmstrategien als irrational ausschließen. Beispielsweise wird beim Single Vote-Kriterium kein Mitglied seine Stimme für diejenige Alternative abgeben, für welche es die kleinste Präferenz hat. Darüber hinaus erscheint die Forderung plausibel, daß die a priori-Wahrscheinlichkeit für ein Abstimmverhalten größer sein sollte, bei dem Mitglieder Alternativen mit höheren Präferenzwerten auf besseren Rängen setzen.

Diese Forderungen lassen sich regelspezifisch formulieren, es bleibt jedoch i.A. eine Vielzahl möglicher a priori-Verteilungen bestehen. Bei Durchführung der Monte Carlo-Simulationen zeigt sich jedoch, daß die Wahl der a priori-Verteilungen für die untersuchten Abstimmungsregeln nur von untergeordneter Bedeutung für die erwartete Entscheidungsqualität ist. Aus diesem Grund können die darauf folgenden Untersuchungen auf bestimmte, plausible a priori-Verteilungen beschränkt werden.

a. A priori-Verteilungen für das Single Vote-Kriterium

Zusätzlich zu den bereits formulierten Rationalitätskriterien, welche durch die alleinige funktionale Abhängigkeit der a priori-Verteilung von der normaliserten Präferenzen gewährleistet werden, existiert im Falle des Single Vote-Kriteriums folgende zusätzliche Bedingung:

Ein Mitglied wird auch unter strategischen Gesichtspunkten rationalerweise nie für die Alternative stimmen, für welche es die kleinste Präferenz hat, weil die Wahl dieser Alternative den ungünstigsten aller Fälle für das Mitglied bedeutet. Die anderen Mitglieder ordnen der Stimmabgabe für diese Alternative die a priori-Wahrscheinlichkeit 0 zu.

Monotonieforderung: *Es ist zu erwarten, daß rationale Mitglieder der Stimmabgabe eines Mitgliedes für Alternativen mit größeren Präferenzwerten dieses Mitgliedes stets eine höhere a priori-Wahrscheinlichkeit zuordnen.*

Mit diesen Überlegungen ergibt sich für zulässige, d.h. rationale a priori-Verteilungen bei Abstimmung nach dem Single-Vote Kriterium folgendes:

(II.20) Rationale a priori-Verteilungen beim Single Vote-Kriterium

Jede rationale a priori-Verteilung für die Stimmabgabe eines Gruppenmitgliedes nach dem Single Vote-Kriterium läßt sich mit einer geeigneten Funktion $f_{SV}:[0,1] \rightarrow [0,1]$ in Abhängigkeit von den normalisierten Präferenzen $\Phi^*_m(A_n)$ schreiben als

$$p^{apriori}_{m,\,Single\,Vote}(A_n) = \frac{f_{SV}(\Phi^*_m(A_n))}{\sum_{l=1}^{N} f_{SV}(\Phi^*_m(A_l))}$$

Dabei gilt stets $f_{SV}(0)=0$. Plausibel ist weiterhin die Mindestforderung, daß f_{SV} monoton steigend sein sollte.

Die Division durch die Summe der Funktionswerte stellt nur sicher, daß die Wahrscheinlichkeiten sich zu 1 aufaddieren, schränkt die Wahl der a priori-Verteilung aber ansonsten nicht ein.

Nach diesen Bedingungen ist eine Reihe von a priori-Verteilungen zulässig. So erfüllen alle Funktionen der Form

$$f_{SV}(x) = x^a \quad \text{oder} \quad f_{SV}(x) = (a+1)^x - 1 \quad \text{mit} \quad a>0 \in \mathbb{R}$$

die Forderungen.

In Kapitel III wird exemplarisch gezeigt, daß die Wahl der a priori-Verteilung die erwartete Entscheidungsqualität nur in geringem Maße beeinflußt. Die erwartete

Qualität ist vielmehr recht robust gegenüber Veränderungen der a priori-Verteilungen, obwohl ihre Wahl im Einzelfall den Wahlausgang entscheiden kann. Aus diesem Grund wird in Kapitel III zwar zunächst eine Vielzahl unterschiedlicher a priori-Verteilungen untersucht. Danach beschränkt sich die Analyse jedoch zur Komplexitätsreduktion auf eine feste Art zur Bestimmung der a priori-Wahrscheinlichkeiten, da der Einfluß dieser Verteilung bei Erfüllung der genannten Bedingungen als unwesentlich im Sinne von *Kap.II, A.5.* angesehen werden kann.

Zur weiteren Einschränkung der Menge möglicher a priori-Verteilungen wird eine zusätzliche plausible, aber nicht zwingende Forderung an die Bildung der a priori-Wahrscheinlichkeiten gestellt:

Proportionalitätsforderung: Das Verhältnis der a priori-Wahrscheinlichkeiten dafür, daß ein Mitglied für eine von zwei konkurrierenden Alternativen stimmt, sollte dem Verhältnis der normalisierten Präferenzen dieses Mitgliedes für die Alternativen entsprechen.

Für die Funktion f_{SV} ergibt sich aus dieser zusätzlichen Forderung die Einschränkung auf lineare Funktionen der Form $f_{SV}(x) = ax$ mit $a>0 \in \mathbb{R}$.[235] Für alle linearen Funktionen f_{SV} ergibt sich so die gleiche, sehr einfache Möglichkeit zur Wahl der a priori-Verteilung bei Abstimmung nach dem Single Vote-Kriterium:

(II.21) A priori-Verteilung bei Single Vote und Proportionalitätsforderung

Eine plausible Wahl der a priori-Verteilung bei Abstimmung nach dem Single Vote-Kriterium ist durch folgende *Proportionalitätsverteilung* gegeben:

$$p^{a\ priori}_{m,\ Single\ Vote}(A_n) = \Phi^*_m(A_n)$$

Diese Wahl der a priori-Verteilungen ist die einzige rationale, welche gleichzeitig die Proportionalitätsforderung erfüllt. Wenn nicht anders betont, so wird im folgenden stets von dieser Wahl der a priori-Verteilung für das Single Vote-Kriterium ausgegangen (*siehe Beispiel II.5*).

---

235 Anschaulich ist dies klar: Weist die Funktion f anders als eine lineare Funktion eine Krümmung auf, ist sie also stückweise konkav oder konvex, so ist das Verhaltnis von Funktionswerten dieses Bereiches nicht gleich dem Verhältnis der Argumente.

b. A priori-Verteilung für Borda-Kriterium und Hare-Regel

Ebenso wie bei Abstimmung nach dem Single Vote-Kriterium sind alle rationalen a priori-Verteilungen für Abstimmstrategien der Mitglieder darstellbar als Funktion in Abhängigkeit der normalisierten Präferenzen. Die Beschreibung ist jedoch wesentlich komplizierter, da bei Borda-Kriterium und Hare-Regel jede mögliche Abstimmungsstrategie aus einer Rangordnung über die Alternativen besteht.

Die Bestimmung einer a priori-Verteilung für die Rangordnung, welche ein Mitglied äußert, kann mit Hilfe einer Funktion f_B (Borda) bzw. f_H (Hare) erfolgen, welche von $[0,1]^N$ nach $[0,1]^N$ abbildet. Die Komponenten eines jeden Bildvektors der Funktionen müssen sich dabei zu 1 aufaddieren, um zu garantieren, daß das entstehende Maß ein Wahrscheinlichkeitsmaß ist.
Zur Bestimmung der a priori-Wahrscheinlichkeiten mit Hilfe von f_B bzw. f_H wird das N-Tupel der entsprechend der Rangfolge geordneten normalisierten Präferenzen in die Funktion eingesetzt.

Wie beim Single Vote-Kriterium ergeben sich zusätzliche Rationalitäts- und Plausibilitätsforderungen für Methoden zur Wahl der a priori-Verteilung:

Hare-Regel: *Jedes rationale Mitglied wird die Alternative mit dem kleinsten Präferenzwert auf den letzten Platz seiner Rangordnungen setzen, da ihre Wahl der ungünstigste Fall für das Mitglied ist. Alle Rangordnungen, welche die am wenigsten präferierten Alternative eines Mitgliedes nicht auf den letzten Platz setzen, erhalten eine a priori-Wahrscheinlichkeit von 0. Es gilt also* $f_H(x_1,\ldots,x_N) > 0 \rightarrow x_N = 0.$

Borda-Kriterium: *Beim Borda-Kriterium kann es strategisch sinnvoll sein, eine andere als die schlechteste Alternative auf den letzten Platz zu setzen, um deren Wahlchancen zugunsten einer präferierten Alternative zu mindern. Allerdings wird ein rationales Mitglied seine am wenigsten präferierte Alternative nie auf den ersten Platz seiner Rangordnung setzen, sondern strategisch wenn überhaupt eine andere Alternative unterstützen. Ebenso wird kein rationales Mitglied seine am stärksten präferierte Alternative auf den letzten Platz der Rangordnung setzen. Die gezielte Verschlechterung der Wahlchancen einer Alternative kann nur dann sinnvoll sein, wenn dadurch die Wahlchancen einer gegenüber dieser präferierten Alternative steigen. Es gilt also*
$f_B(x_1,\ldots,x_N) > 0 \rightarrow x_1 > 0$ *und* $\exists\ l \in \{1,..,N-1\}$ *mit* $x_l > x_N$.

Trotz dieser Einschränkungen sind jedoch für beide Abstimmungsregeln eine Reihe von a priori-Verteilungen denkbar. Zwar läßt sich durch folgende, zu der beim Single Vote-Kriterium analoge Monotonieforderung die Anzahl der plausiblen a priori-Verteilungen noch weiter einschränken. Es bleibt jedoch trotzdem eine große Anzahl möglicher a priori-Verteilungen bestehen.

Monotonieforderung für Borda-Kriterium und Hare-Regel: Unterscheiden sich zwei gegebene Rangfolgen nur durch die Vertauschung der Ränge zweier Alternativen, so sollte diejenige Rangordnung eine höhere a priori-Wahrscheinlichkeit haben, bei der die Alternative mit dem größeren Präferenzwert in der Rangordnung einen höheren Platz hat.

Um trotz der großen Zahl von a priori-Verteilungen zu Aussagen über die Auswirkung strategischen Verhaltens auf die erwartete Entscheidungsqualität zu gelangen, wird folgendermaßen vorgegangen: Für Borda-Kriterium und Hare-Regel werden in Kapitel III die Auswirkungen des strategischen Verhaltens für je drei verschiedene a priori-Verteilungen untersucht. Zwei dieser Verteilungen sind gewissermaßen Extremfälle möglicher a priori-Verteilungen. Als dritte Möglichkeit wird jeweils eine natürliche Verallgemeinerung der Proportionalitätsverteilung beim Single Vote-Kriterium vorgeschlagen, die allerdings nicht zwingend ist.

Es zeigt sich, daß die Benutzung unterschiedlicher a priori-Verteilungen die erwartete Entscheidungsqualität vergleichbar zum Single Vote-Kriterium kaum beeinflußt Sofern die a priori-Verteilung den genannten Bedingungen genügt, erweist sich ihre Wahl als unwesentlich für die erwartete Entscheidungsqualität im Sinne von *Kap. II, A.5.*. Danach wird deshalb zur Komplexitätsreduktion stets von den erwähnten Verallgemeinerungen der Proportionalitätsverteilung ausgegangen, die nun definiert werden.

Borda-Kriterium

Eine plausible Möglichkeit zur Bildung der a priori-Verteilungen für das Borda-Kriterium besteht darin, die a priori-Wahrscheinlichkeiten proportional zu einer Kennzahl zu bilden, die für jede rationale Abstimmstrategie berechnet wird. Diese Kennzahl ergibt sich als Summe aus den Produkten der bei einer Rangordnung vergebenen Punktzahl für eine Alternative und deren normalisierter Präferenz.

Diese Wahl der a priori-Verteilung stellt eine Verallgemeinerung der Proportionalitätsverteilung beim Single Vote-Kriterium dar: Faßt man das Single Vote-Kriterium als Vergabe von einem Punkt für die geäußerte Erstpräferenz auf und von keinem Punkt für die übrigen Alternativen, so ergibt sich mit dem Vorgehen nach der geschilderten Kennzahl gerade die Proportionalitätsverteilung.

(II.22) Eine plausible a priori-Verteilung für das Borda-Kriterium

Findet die Abstimmung nach dem Borda-Kriterium statt, so wird die beschriebene natürliche a priori-Verteilung in drei Stufen berechnet (*siehe Beispiel II.5*). Das Verfahren verallgemeinert die Proportionalitätsverteilung für das Single Vote-Kriterium auf die Punktzahlen im Borda-Kriterium.

- *Stufe 1:* Zunächst werden alle Abstimmstrategien ausgeschlossen, bei denen die beste Alternative auf dem letzten oder die letzte Alternative auf dem ersten Platz erscheint, da solche Ordnungen nicht rational wären. Sie erhalten die a priori-Wahrscheinlichkeit 0.
- *Stufe 2:* Für alle übrigen Strategien wird eine Kennzahl berechnet, die durch das Vorgehen beim Single Vote-Kriterium motiviert ist. Dazu wird die in dieser Strategie durch das Borda-Kriterium zu vergebende Punktzahl (z.B. N-1 für Platz eins) multipliziert mit dem normalisierten Präferenzwert der Alternative.
- *Stufe 3:* Die a priori Wahrscheinlichkeiten für die Strategien (Rangordnungen) werden proportional zu ihren Kennzahlen festgelegt.

Hare-Regel

Die Hare-Regel verlangt zwar die Abgabe einer vollständigen Präferenzordnung. Sie stellt jedoch eine Art wiederholte Anwendung einer Abstimmungsregel dar, die nur Erstpräferenzen berücksichtigt. Die wichtigste Entscheidung bei der Hare-Regel ist die Vergabe des ersten Ranges, da unter Umständen nur dieser Teil der geäußerten Präferenzordnung zur Abstimmung herangezogen wird. Erst, wenn bei einem Mitglied die Entscheidung für den ersten Platz gefallen ist, stellt sich die Frage nach dem zweiten Platz, etc.. Insofern kann die Festlegung der zu äußernden Rangfolge bei der Hare-Regel gegenüber dem Borda-Kriterium vereinfacht werden: Das simultane Entscheidungsproblem der Bildung einer Rangfolge läßt sich zerlegen in mehrere, sukzessive zu lösende Probleme für jeden Rangplatz.

Aus diesem Grund ist es eine plausible Verallgemeinerung des Vorgehens beim Single Vote Kriterium, die Erstplatzwahrscheinlichkeiten der Alternativen wie für die Proportionalitätsverteilung des Single Vote-Kriteriums zu berechnen. Auch die *bedingten* Wahrscheinlichkeiten für die folgenden Ränge ergeben sich nach den normalisierten Präferenzen, allerdings zwischen den noch nicht festgelegten Alternativen. Die schlechteste Alternative wird bei diesem Vorgehen automatisch mit einer a priori-Wahrscheinlichkeit von 1 den letzten Platz der geäußerten Rangordnung besetzten.

(II.23) Eine plausible a priori-Verteilung für die Hare-Regel

Bei der Hare-Regel erfolgt die Berechnung der a priori-Wahrscheinlichkeit für den ersten Platz wie beim Single Vote-Kriterium. Die *bedingte* a priori-Wahrscheinlichkeit für den zweiten Platz berechnet sich entsprechend dem Verhältnis der normalisierten Präferenzen der übrigen Alternativen, die also noch für den zweiten Platz in Frage kommen.
Bei der Berechnung der *bedingten* a priori-Wahrscheinlichkeiten für die folgenden Ränge wird analog vorgegangen. Die a priori-Verteilung für eine vollständige Rangfolge errechnet sich dann durch Multiplikation der vorkommenden bedingten Wahrscheinlichkeiten (*siehe Beispiel II.5*).

Beispiel II.5: *A priori Verteilungen für Mitglied m*

Eine risikoneutraler Entscheider mit Pramiensatz f=0 1 ordnet nach der Interaktion den Alternativen nebenstehende Schatzungen fur die Gewinnerwartungswerte zu Seine personlichen Interessen sind ebenfalls der Abbildung zu entnehmen.

	A_1	A_2	A_3	A_4
$\mu_m(A_n)$	900	1000	200	500
Bel.-Äq.	90	100	20	50
$PI_m(A_n)$	15	-15	5	-45
$\Phi_m(A_n)$	105	85	25	5
$\Phi'_m(A_n)$	0.5	0.4	0.1	0

Abb. II.20: Einflußgroßen fur Mitglied m

In der Tabelle sind sowohl die ursprunglichen als auch die normalisierten Praferenzwerte dieses Mitgliedes fur die Alternative angegeben. Die normalisierten Präferenzen in der letzten Zeile der Tabelle bilden gleichzeitig die a priori-Verteilung der anderen Mitglieder fur das Abstimmverhalten dieses Mitgliedes unter der Proportionalitatsforderung bei Abstimmung nach dem Single-Vote Kriterium (*siehe (II.21)*).

Die in (II.22) vorgeschlagene Möglichkeit ergibt fur das Borda-Kriterium folgende a priori-Wahrscheinlichkeiten fur die rationalen Abstimmstrategien (mögliche Rangordnungen) von Mitglied m:

Strategie	**Kennzahl**	$p^{apriori}_m$
$(A_1;A_2;A_3;A_4)$	0.5·3+0.4·2+0.1·1+0.0·0 = 2.4	2.4/25.5 ≈ 0.10
$(A_1;A_2;A_4;A_3)$	2.3	0.09
$(A_1;A_3;A_2;A_4)$	2.1	0.08
$(A_1;A_3;A_4;A_2)$	1.7	0.07
$(A_1;A_4;A_2;A_3)$	1.9	0.07
$(A_1;A_4;A_3;A_2)$	1.6	0.06
$(A_2;A_1;A_3;A_4)$	2.3	0.09
$(A_2;A_1;A_4;A_3)$	2.2	0.09
$(A_2;A_3;A_1;A_4)$	1.9	0.07
$(A_2;A_4;A_1;A_3)$	1.7	0.07
$(A_3;A_1;A_2;A_4)$	1.7	0.07
$(A_3;A_1;A_4;A_2)$	1.3	0.05
$(A_3;A_2;A_1;A_4)$	1.6	0.06
$(A_3;A_4;A_1;A_2)$	0.8	0.03
Σ	25.5	1,00

Abb. II.21: A priori Verteilung Mitglied m fur Borda-Kriterium nach (II.22)

Nach dem Vorschlag von (II.23) erhält man folgende mögliche a priori-Verteilung für die rationalen Strategien von Mitglied m bei Abstimmung nach der Hare-Regel:

	A_1	A_2	A_3	A_4
P(A_n:Rang1)	0.5	0.4	0.1	0
P(A_n:Rang2| A_1:Rang1)	-	0.4/0.5=0.8	0.1/0.5=0.2	0
P(A_n:Rang2| A_2:Rang1)	0.5/0.6=0.83	-	0.1/0.6=0.17	0
P(A_n:Rang2| A_3:Rang1)	0.5/0.9=0.56	0.4/0.9=0.44	-	0
P(A_n:Rang4)	0	0	0	1
→ Rang3 festgelegt				

Strategie	Berechnung		$p^{apriori}_m$
(A_1;A_2;A_3,A_4)	0.5·0.80·1·1	=	0.40
(A_1;A_3;A_2,A_4)	0.5·0.20·1·1	=	0.10
(A_2;A_1;A_3,A_4)	0.4·0.83·1·1	=	0.33
(A_2;A_3;A_1,A_4)	0.4·0.17·1·1	=	0.07
(A_3;A_1;A_2,A_4)	0.1·0.56·1·1	=	0.06
(A_3;A_2;A_1,A_4)	0.1·0.44·1·1	=	0.04

Abb. II.22: A priori Verteilung Mitglied m fur Hare-Regel nach (II.23)

Bei der Abstimmung geben alle Mitglieder gleichzeitig das für die Abstimmungsregel geforderte Format geheim ab, also beim Single Vote-Kriterium eine Stimme für eine Alternative, bei Borda-Kriterium und Hare-Regel eine vollständige Rangordnung.

(II.24) Zusammenfassung: Strategisches Verhalten bei der Abstimmung

Unterschiedliche Ausprägung der Intensität strategischer Überlegungen in einer Gruppe können zu folgenden Varianten im Abstimmverhalten führen:

- *Naives Abstimmungsverhalten:* Abstimmverhalten gemäß Präferenzordnung.
- *Naiv bayesianisches Abstimmungsverhalten:* Stimmabgabe so, daß die erwartete Präferenz eines Mitgliedes maximiert wird unter der Annahme, die anderen Mitglieder verhielten sich gemäß der a priori Verteilung. Die Berechnung der a priori Verteilung erfolgt gemäß (II.21), (II.22) oder (II.23).
- *Strategisches Verhalten:* Abstimmverhalten der Mitglieder strategisch gemäß HARSANYI–SELTEN–Gleichgewicht, wobei als Ausgangspunkt wieder die a priori Verteilungen aus (II.21), (II.22) oder (II.23) dienen.

Die Ausprägung des Abstimmverhaltens ist für die Instanz situativer Parameter, also nicht durch Vorgabe einer Steuerungsvariablen direkt beeinflußbar.

Folgende Darstellung gibt einen Überblick über den Ablauf der Abstimmung:

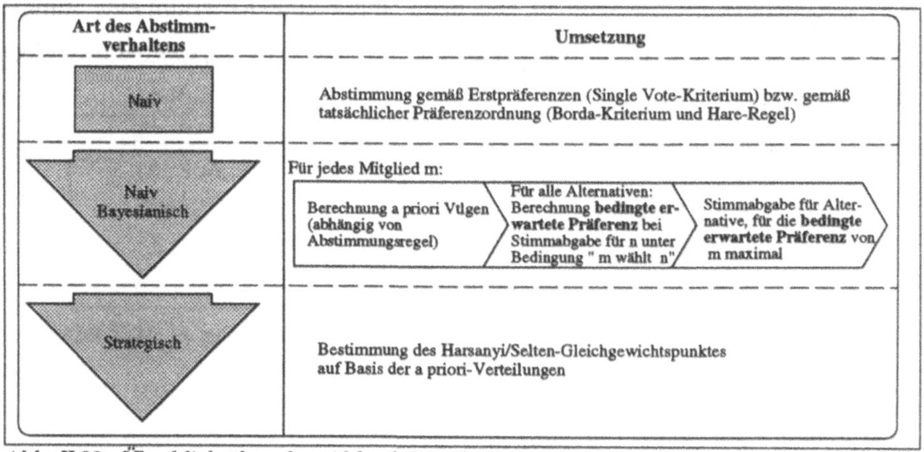

Abb. II.23: Überblick über den Ablauf der Abstimmung

F. Zusammenfassung der Modellierung und das Simulationsmodell zur Berechnung der erwarteten Entscheidungsqualität

Ziel des Abschnittes

- Zusammenfassung der Modellierung und der verwendeten Parameter.
- Erstellung des Simulationsmodells durch Beschreibung einer spezifischen Beobachtungsebene der Instanz, bei der alternativen- und mitgliederspezifische Parameter als versteckte Eigenschaften aufgefaßt werden. Von diesen Eigenschaften schätzt die Instanz lediglich die Verteilungen ein.
- Diskussion der Steuerungsmöglichkeiten für die Instanz an Hand der Parameter des Simulationsmodells.

Im diesem Abschnitt wird zunächst der Übersichtlichkeit halber die Parametrisierung zusammengefaßt, welche durch das in diesem Kapitel beschriebene Modell gegeben ist.
Die Parametrisierung wird dann vereinfacht durch die Annahme, daß die Instanz nur die Wahrscheinlichkeitsverteilungen einer Reihe von Parametern innerhalb der Gruppe bzw. zwischen den Alternativen kennt. Solche Eigenschaften bezeichnet man als versteckte Eigenschaften (*hidden characteristics*). Danach werden die relevanten Parameter in situative Parameter und in Steuerungsvariablen zweier Kategorien eingeteilt. Schließlich folgt eine Interpretation des Modells im Lichte der Principal-Agent-Theorie. Der Abschnitt ist folgendermaßen gegliedert:

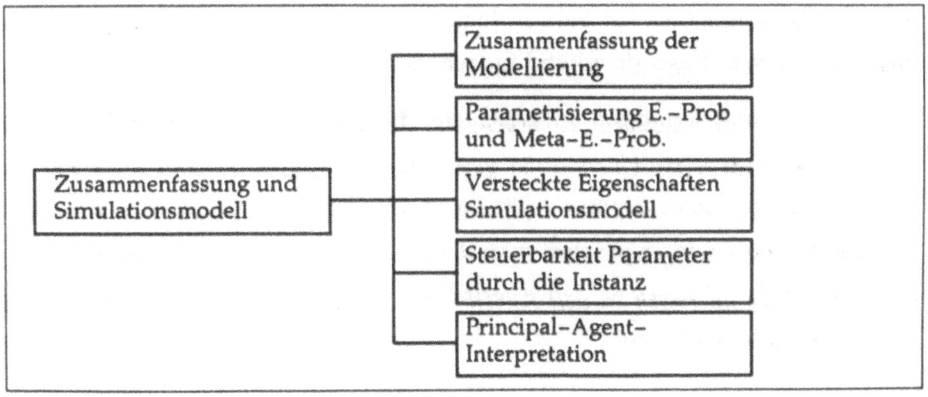

1. Zusammenfassung der Modellierung

Das Gesamtmodell besteht aus einem deskriptiven Kern für Gruppenentscheidungen, der für jede *feste* Kombination von situativen Parametern und Steuerungsvariablen den Ablauf des folgenden Entscheidungsprozesses in der Gruppe beschreibt.

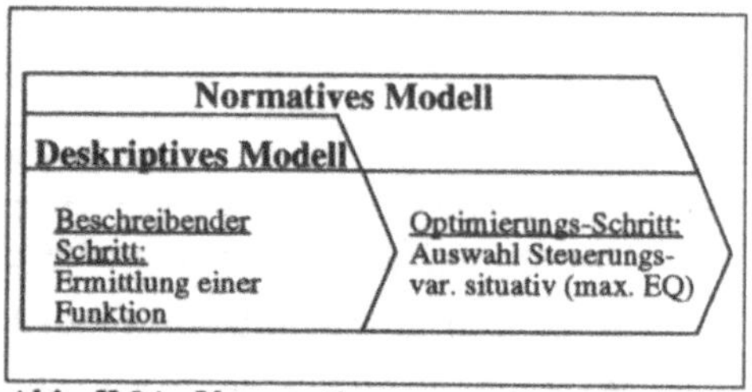

Abb. II.24: Konzeption normatives und deskriptives Modell

Umgesetzt wird dieses deskriptive Modell in Form eines Simulationsmodells, das mit Hilfe einer Monte Carlo-Simulation die erwartete Entscheidungsqualität berechnet.

Ein untersuchtes Entscheidungsproblem hat N Alternativen. Die zukünftigen Gewinnrealisationen sind normalverteilt, so daß eine Entscheidungssituation unter Risiko besteht, aber weder Instanz noch potentielle Gruppenmitglieder kennen Erwartungswerte oder Varianzen der Gewinnverteilung von Alternativen.

Die Instanz hat als Zielsetzung des Entscheidungsproblems die Maximierung des erwarteten Gesamtgewinnes. Im Metaentscheidungsproblem möchte sie demnach die erwartete Entscheidungsqualität maximieren, also den durch die Entscheidung im Mittel realisierten Anteil am *maximalen* Erwartungswert unter allen Alternativen nach Abzug der Belohnungskosten.

Die Gruppenmitglieder verhalten sich nach dem ökonomischen Verhaltensmodell individueller Rationalität bei Verwendung der Erwartungsnutzen-Theorie. In die Zielsetzung gehen folgende additiv nutzenunabhängige erwartete Teilnutzen ein:

- *Das Sicherheitsäquivalent der Belohnung*, die von der Instanz als Prämiensatz auf den realisierten Gewinn der gewählten Alternative gezahlt wird. Da die Mitglieder risikoavers mit exponentiellen Nutzenfunktionen sind, bewerten sie das Belohnungsäquivalent nach dem μ-σ-Kriterium in der linearen Form.
- *Persönliche Interessen* an den Alternativen, die Prestigegewinn, -verlust und Arbeitsleid umfassen.

- *Tendenz zur Gruppenkonformität*, bewertet durch den Anteil der persönlichen Interessen eines Mitgliedes, welcher durch die Präferenzen anderer Mitglieder beeinflußt ist.

Der Ablauf des Entscheidungsprozesses besteht für die Gruppe aus den drei Elementen Schätzen, Interaktion und Abstimmung (*siehe Abbildung*). Die Instanz hat in einem vorgelagerten Prozeßschritt die Steuerungsparameter im Rahmen des Metaentscheidungsproblems festzulegen. Im Falle der Delegation muß sie nach Erhalt der Gruppenempfehlung die Entscheidung treffen entsprechend den ihr zu diesem Zeitpunkt zugänglichen Informationen.

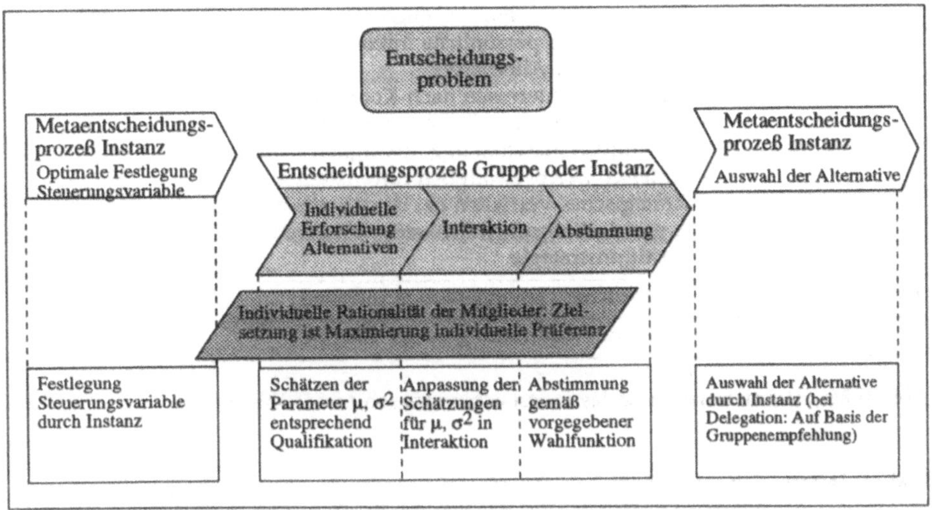

Abb. II.25: Ablauf des Entscheidungsprozesses und Inhalt der einzelnen Prozeßschritte im Modell

2. Parametrisierung von Entscheidungs- und Metaentscheidungsproblem

Der gesamte betrachtete Problemkomplex des Entscheidungsproblems der Instanz mit dem enthaltenen Metaentscheidungsproblem wurde in diesem Kapitel mit Hilfe folgender Parameter beschrieben:

Parameter des	Entscheidungsproblems im Modell	Bezeichnung
• Entscheidungs-problem	- Anzahl Alternativen	N
	- Gewinnerwartungswerte der Alternativen	$\mu(A_n)$
	- Gewinnvarianzen der Alternativen	$\sigma^2(A_n)$
• Instanz	- Schätzstreuung (Qualifikation) Instanz	σ^2_{Inst}
• Gruppe /Mitglieder	- Gruppengröße (Anzahl Mitglieder)	M
	- Schätzstreuung (Qualifikation) je Mitglied	σ^2_m
	- Risikoaversionskoeffizient je Mitglied	a^{risk}_m
	- Konformitätstendenz je Mitglied	a^{konf}_m
	- Eigenständige persönliche Interessen je Mitglied und Alternative.	$PI^0_m(A_n)$
	- Persönliche Interessen nach Konformität	$PI_m(A_n)$
	- Gewinnerwartungs-Schätzung je Mitgl./Altern.	$\mu_m(A_n)$
	- Gewinnvarianzschätzung je Mitglied/Altern.	$\sigma^2_m(A_n)$
	- Präferenzwerte je Mitglied und Alternative	$\Phi_m(A_n)$
	- Strategisches Verhalten bei der Abstimmung	λ_{Strat}
	- A priori-Wahrscheinlichkeit je Mitglied und Abstimmstrategie	$p_m^{apriori}(\Phi^*)$
• Prämiensatz	- Einheitlicher Gewinnanteil je Mitglied	f
• Abstimmregel	- Regel für Abstimmung in der Gruppe	λ_{Vote}

Abb. II.26: Parameterisierung des Entscheidungsproblems im Modell

Dabei leiten sich einige dieser Parameter aus anderen ab, beispielsweise die persönlichen Interessen der Mitglieder nach Konformität, die Schätzungen der Gewinnverteilungs-Momente und die Präferenzwerte der Alternativen.

Eine Beschreibung durch diese umfangreiche Parametrisierng würde jedoch zu hohe Anforderungen an die Instanz bei Einschätzung der Modellparameter stellen. Bereits bei wenigen Mitgliedern und Alternativen müßten über 100 Parameter eingeschätzt werden. Die eingangs formulierte Forderung nach Operationalität wäre in diesem Fall mit Sicherheit verletzt.

3. Versteckte Eigenschaften und ihre Verteilungen im Simulationsmodell

Im Agency-Ansatz wird von versteckten Eigenschaften (*hidden characteristics*) gesprochen, wenn der oder die Agenten über unterschiedliche verhaltensrelevante Eigenschaften verfügen, für die folgendes gilt: Obwohl der Prinzipal die Verteilung der Eigenschaften in einer Grundgesamtheit kennt, sind ihm die individuellen Ausprägungen bei spezifischen Agenten für gewöhnlich unbekannt.[236]

Insbesondere die Einschätzung der zahlreichen mitglieder- und alternativenspezifischen Größen ist aufwendig und in dieser Detaillierung nicht erforderlich. Da die Instanz diese spezifischen Größen nicht kennt, faßt sie diese Werte als zufällig auf. Sie bildet sich lediglich ein Urteil über die Verteilung innerhalb der Gruppe bzw. zwischen den Alternativen, behandelt die entsprechenden Parameter also als versteckte Eigenschaften (*hidden characteristics*) der Gruppe bzw. der Alternativen.

Wie bei der Einschätzung der Verteilung der Gewinnerwartungswerte zwischen den Alternativen werden die Wahrscheinlichkeitsverteilungen, welche die Instanz zugrunde legt, mit Hilfe des Prinzips der maximalen Entropie der Ausgangsverteilung nachgebildet. Die resultierende, vereinfachte Parametrisierung des Entscheidungsproblems ist dann geeignet für die Umsetzung im Simulationsmodell.

(II.25) Verteilungen versteckter Eigenschaften im Simulationsmodell

Im Simulationsmodell werden für alle Parameter diejenigen Werte oder Verteilungen zugrunde gelegt, von denen die Instanz ebenfalls ausgeht.

a. Versteckte Eigenschaften der Alternativen

Die Instanz kennt i.A. weder die Gewinnerwartungswerte noch die Gewinnvarianzen der Alternativen. Wie für die Gewinnerwartungen bereits erläutert, faßt sie diese Parameter als zufällig auf und bildet sich ein Urteil über die Wahrscheinlichkeitsverteilungen dieser Größen.

---

236 Vgl. SPREMANN [1987], S.11.

Es wird angenommen, daß sich die Instanz ein subjektives Bild von den Bereichen (reellen Intervallen) machen kann, in dem einerseits die Erwartungswerte und andererseits die Varianzen der Gewinnverteilungen für die Alternativen liegen. Darüber hinaus hat sie jedoch keine Informationen über die Wahrscheinlichkeitsverteilung.

Deshalb geht die Instanz nach dem *Prinzip der maximalen Entropie der Ausgangsverteilung* (*siehe Kap. I,E.3.*) davon aus, daß die Gewinnerwartungswerte und -varianzen gemäß stochastisch unabhängiger Rechteckverteilungen verteilt sind. Die Erwartungswerte liegen in einem Intervall, über das sich die Instanz ein subjektives Urteil bildet, die Varianzen in einem anderen.

(II.26) Verteilungen der Gewinnerwartungen und -varianzen

Die Gewinnerwartungswerte der Alternativen werden aufgefaßt als rechteckverteilt in einem Intervall mit Mittelpunkt $E_{Gew}(\mu)$ und Spannweite $\Delta_{Gew}(\mu)$. Analog werden die Gewinnvarianzen der Alternativen als rechteckverteilt angenommen innerhalb eines Intervall mit Mittelpunkt $E_{Gew}(\sigma^2)$ und Spannweite $\Delta_{Gew}(\sigma^2)$. Während einer Simulation liegen die Werte für jede Alternative fest.

b. Versteckte Eigenschaften der Mitglieder hinsichtlich der Präferenzfunktionen

Auch die mitgliederspezifischen Parameter in den Präferenzfunktionen (Risikoaversionskoeffizienten, Konformitätstendenzen und persönliche Interessen) *für eine spezifische, potentielle Entscheidungsgruppe* werden als versteckte Eigenschaften modelliert.

Risikoaversionkoeffizienten und Konformitätstendenzen der Mitglieder

Die Risikoaversionskoeffizienten a^{risk}_{m} der Mitglieder und ihre Konformitätstendenzen a^{konf}_{m} liegen zwar während der Simulation für jedes Mitglied fest, sind der Instanz jedoch nicht individuell bekannt. Die Instanz faßt sie darum als zufällig auf.

Wiederum hat sie annahmegemäß nur eine subjektive Einschätzung der Bereiche, in denen sich die Parameter befinden. Da sie keine weiteren Informationen über die Verteilung hat, geht die Instanz nach dem *Prinzip der maximalen Entropie der*

Ausgangsverteilung von Rechteckverteilungen über diesen Intervallen aus. Die Intervalle werden ebenso wie bei den Gewinnverteilungsmomenten beschrieben durch ihren Mittelpunkt und ihre Spannweite.

Persönliche Interessen der Mitglieder an den Alternativen

Analog zu den anderen, bisher betrachteten versteckten Eigenschaften betrachtet die Instanz die eigenständigen persönlichen Eigenschaften der Mitglieder an den Alternativen als zufällig und bildet sich lediglich ein Urteil über den Bereich dieser Interessen über alle Mitglieder und alle Alternativen. Nach dem *Prinzip der maximalen Entropie* ergibt sich erneut die Annahme, daß die eigenständigen persönlichen Interessen stochastisch unabhängig und rechteckverteilt über einem Intervall sind. Man erhält so wiederum eine Beschreibung durch den Intervallmittelwert und die Spannweite.

Folgende Beobachtung vereinfacht die Parametrisierung noch weiter: Addiert man zu den *eigenständigen* persönlichen Interessen $PI^0_m(A_n)$ der Mitglieder für alle Alternativen die gleiche reelle Konstante x, so verändern sich die *konformitätsbeeinflußten* persönlichen Interessen $PI_m(A_n)$ um den gleichen Summanden x.

Das sieht man so (Bezeichnungen aus (II.6); $(...)^T$ bezeichnet den transponierten Vektor; $(R_1,...,R_M)^T$ bezeichnet die rechte Seite aus (II.6)):

$$A^{Konf} \cdot (PI_1(A_n),...,PI_M(A_n))^T = (R_1,..., R_M)^T \rightarrow \quad [\textit{Linearität Matrixmultiplikation}]$$

$$\begin{aligned} A^{Konf} \cdot (PI_1(A_n)+x,...,PI_M(A_n)+x)^T &= A^{Konf} \cdot (PI_1(A_n),...,PI_M(A_n))^T + A^{Konf} \cdot (x,...,x)^T \\ &\quad [\textit{(II.6), Multiplikation mit } A^{konf} \textit{ und Zusammenfassung}] \\ &= (R_1,...,R_M)^T + ((1-a^{konf}1) \cdot x,...,(1-a^{konf}M) \cdot x)^T \\ &= (R_1 + (1-a^{konf}1) \cdot x,..., R_M + (1-a^{konf}M) \cdot x)^T . \end{aligned}$$

Das ist aber gerade die rechte Seite aus (II.6), wenn fur $PI^0_m(A_n)$ der Wert $PI^0_m(A_n) + x$ eingesetzt wird: Alte und neue rechte Seite unterscheiden sich gerade um den Summanden $(1-a^{konf}1) \cdot x$ in jeder Komponente m. ■

Aus den Präferenzfunktionen folgt damit unmittelbar, daß sich bei dieser Addition der Konstanten x auch die Präferenzwerte aller Mitglieder für alle Alternativen um x erhöhen. Eine solche Verschiebung (Addition einer Konstanten) beeinflußt

jedoch das Entscheidungsverhalten der Mitglieder nicht.
Demnach hat die *Lage* des Intervalls, in dem sich die eigenständigen persönlichen Interessen befinden, keine Bedeutung für die Entscheidung. Es kann vielmehr ohne Beschränkung der Allgemeinheit davon ausgegangen werden, daß das Intervall, innerhalb dessen sich die eigenständigen persönlichen Interessen $PI^0{}_m(A_n)$ befinden, den Nullpunkt als Mittelwert hat. Bei Vorliegen eines anderen Mittelwertes x zieht man diesen einfach von allen eigenständigen persönlichen Interessen ab, und zentriert somit das Intervall um den Nullpunkt, ohne das Entscheidungsverhalten der Mitglieder zu verändern.

Nach diesen Vorüberlegungen sind die eigenständigen persönlichen Interessen der Mitglieder an den Alternativen stochastisch unabhängig verteilt gemäß einer um den Nullpunkt symmetrischen Rechteckverteilung auf einem Intervall $[-PI;PI]$ mit einem geeigneten Parameter $PI \in \mathbb{R}$.
Der besseren Interpretierbarkeit wegen wird als Parameter jedoch *derjenige* Wert $\lambda_{max}{}^{PI}$ aufgefaßt, den der Summand persönliche Interessen (nach der Zentrierung) maximal annehmen kann relativ zur mittleren Gewinnerwartung $E_{Gew}(\mu)$. Die gewichteten, eigenständigen persönlichen Interessen sind dann bestimmt durch

$$(*) \qquad PI^0{}_m(A_n) = \lambda_m{}^{PI}(A_n) \cdot E_{Gew}(\mu) .$$

(z.B. 1% oder 1‰ des mittleren Gewinnerwartungswertes)

Die Instanz geht also davon aus, daß die eigenständigen persönlichen Interessen der Mitglieder für die Alternativen bestimmt sind durch die Faktoren $\lambda_m{}^{PI}(A_n)$ in Verbindung mit der obigen Bestimmungsgleichung (*). Die $\lambda_m{}^{PI}(A_n)$ sind versteckte Eigenschaften je Mitglied und Alternative und verteilt gemäß stochastisch unabhängiger $R\ [-\lambda_{max}{}^{PI};\ \lambda_{max}{}^{PI}\ ]$-Verteilungen.

(II.27) Verteilung versteckter Eigenschaften der Präferenzfunktionen

Folgende Parameter der Präferenzfunktionen von Mitgliedern werden als versteckte Eigenschaften aufgefaßt. Sie liegen zwar während einer Simulation für jedes Mitglied fest, sind der Instanz jedoch nicht individuell bekannt, sondern diese faßt sie als zufällig mit folgenden Verteilungen auf:

- Risikoaversionskoeffizienten $a^{nsk}{}_m$ der Mitglieder sind stochastisch unabhängig und rechteckverteilt mit Mittelwert $E(a^{nsk})$ und Spannweite $\Delta(a^{nsk})$.
- Die Konformitätsgewichte $a^{konf}{}_m$ der Mitglieder sind ebenfalls stochastisch unabhängig und rechteckverteilt. Der Mittelwert ist $E(a^{konf})$, die Spannweite beträgt $\Delta(a^{konf})$.
- Die eigenständigen persönlichen Interessen der Mitglieder für die Alternativen sind bestimmt durch einen Parameter $\lambda_m{}^{PI}(A_n)$, welcher die persönlichen Interessen des Mitgliedes m an Alternative n relativ zum mittleren Gewinnerwartungswert $E_{Gew}(\mu)$ angibt gemäß der Bestimmungsgleichung

$$PI_m(A_n) = \lambda_m{}^{PI}(A_n) \cdot E_{Gew}(\mu) .$$

  Die Parameter $\lambda_m{}^{PI}(A_n)$ sind stochastisch unabhängig und symmetrisch um den Nullpunkt rechteckverteilt auf dem Intervall $[-\lambda_{max}{}^{PI} ; \lambda_{max}{}^{PI}]$

c. Versteckte Eigenschaften der Mitglieder hinsichtlich der Qualifikation

Die Instanz faßt auch die ihr im einzelnen unbekannten Qualifikationen der Mitglieder in Form der Schätzstreuungen σ_m als versteckte Eigenschaften der Mitglieder *in einer spezifischen, potentiellen Entscheidungsgruppe* auf. Diese Schätzstreuungen werden demnach als zufällig angesehen, wobei die Instanz sich wie bei den anderen Parametern ein subjektives Bild von dem Bereich macht, in dem die Schätzstreuungen liegen.

Nach dem *Prinzip der maximalen Entropie* ergibt sich wiederum, daß die Schätzstreuungen der Mitglieder stochastisch unabhängig und rechteckverteilt auf dem entsprechenden Intervall sind. Die Instanz schätzt die Verteilung der Schätzstreuung in Form des Mittelwertes und der Spannweite dieser Rechteckverteilung ein.

(II.28)	**Verteilung der Qualifikationen als versteckte Eigenschaften**
	Ebenso wie die anderen versteckten Eigenschaften liegen die Qualifikationen der Mitglieder zwar während der Simulation als Schätzstreuungen σ_m für jedes Mitglied fest, die Instanz bildet sich jedoch nur ein Urteil über den Bereich der Schätzstreuungen. Sie geht davon aus, daß die Schätzstreuungen der Mitglieder unabhängig identisch gemäß einer Rechteckverteilung mit Erwartungswert $E_{Schätz}(\sigma)$ und Spannweite $\Delta_{Schätz}(\sigma)$ verteilt ist.

4. Steuerbarkeit der Parameter durch die Instanz

Wie im Teilabschnitt über die Modellkonzeption erläutert, lassen sich die Modellparameter in Steuerungsvariable und situative Parameter unterteilen (*siehe Kap. II, A.1.*). *Situative Parameter* des Problems auf der Beschreibungsebene des Simulationsmodells sind die Alternativenzahl, die Schätzqualifikation der Instanz, das strategische Abstimmungsverhalten der Mitglieder (naiv, naiv bayesianisch oder strategisch) sowie die Verteilungen der Gewinnerwartungen und -varianzen zwischen den Alternativen, charakterisiert durch ihre Mittelwerte und Spannweiten.

Die Beeinflußbarkeit der Steuerungsvariablen durch die Instanz kann bei verschiedenen Variablen auf unterschiedliche Art erfolgen.
Einige dieser Steuerungvariablen sind ihrem Charakter nach frei wählbar, i.d.R ohne daß bei der Festlegung bestimmte Restriktionen beachtet werden müßten. Solche Steuerungsvariablen werden im folgenden als *direkte Steuerungsvariablen* bezeichnet. Direkte Steuerungsvariable auf der Simulationsebene sind der Prämiensatz, die Abstimmungsregel und -obwohl nicht durch einen eigenen Parameter beschrieben- das Treffen der Delegationsentscheidung selbst.[237]

Bei der Auswahl der Gruppe hat die Instanz i.d.R. mehrere mögliche Gruppen zur

[237] Entscheidend für die Charakterisierung als direkte Steuerungsvariable ist die *prinzipielle* Freiheit bei der Festlegung. Beispielsweise bleibt der Pramiensatz auch dann eine direkte Steuerungsvariable, wenn eine ubergeordnete Hierarachieebene einen maximalen Pramiensatz vorgibt.

Auswahl, von denen jede durch eine bestimmte Kombination von Parametern beschrieben wird, beispielsweise ihre Größe und mittlere Qualifikaton. Verschiedene solcher möglicher, d.h. tatsächlich zur Auswahl stehender Entscheidungsgruppen unterscheiden sich in ihrer Zusammensetzung möglicherweise nur durch einige Mitglieder, sind also in diesem Sinne nicht überlappungsfrei.
Zulässige Kombinationen der Parameter beschreiben also Gruppen, die *tatsächlich für die Delegation zur Verfügung stehen*. Es ist beispielsweise anzunehmen, daß nur selten eine Gruppe existiert, die gleichzeitig groß, hoch qualifiziert, risikoneutral und ohne persönliche Interessen der Mitglieder ist.

Die eigentliche Steuerungsmoglichkeit der Instanz für die Gruppenentscheidung ist die Zusammenstellung der Gruppe aus moglichen Mitgliedern. Die Beschreibung des Systems durch explizite Benennung der teilnehmenden Mitglieder ist jedoch aus naheliegenden Gründen ungeeignet.
Stattdessen wird jede mögliche Gruppe durch die zugehörige Kombination aus folgenden Parametern beschrieben: Die Gruppengröße, die maximale Bedeutung der persönlichen Interessen sowie Mittelwerte und Spannweiten der Verteilungen von Qualifikation (Schätzstreuung), Risikoaversion und Konformität.
Da die Instanz diese Parameter zwar beeinflussen kann, die Steuerung aber nur indirekt über die Zusammensetzung der Gruppe erfolgt, werden sie im folgenden als *indirekte Steuerungsparameter* bezeichnet.

Folgende Tabellen enthalten eine Zusammenfassung der situativen Parameter und der Steuerungsvariablen auf der Beschreibungsebene des Simulationsmodells:

Situative	**Parameter p**	Bezeichnung
• Entscheidungs-problem	- Anzahl Alternativen	N
	- Mittlerer Gewinnerwartungswert	$E_{Gew}(\mu)$
	- Spannweite der Gewinnerwartungswerte	$\Delta_{Gew}(\mu)$
	- Mittlere Gewinnvarianz	$E_{Gew}(\sigma^2)$
	- Spannweite der Gewinnvarianzen	$\Delta_{Gew}(\sigma^2)$
• Instanz	- Schatzqualifikation Instanz	σ^2_{Inst}
• Mitglieder	- Strategisches Verhalten bei der Abstimmung	λ_{Strat}

Abb. II.27: Situative Parameter des Entscheidungsproblems

Steuerungsvariable v	**Bezeichnung**	**Erläuterung**
Direkte Steuerungsvariable		
Prämiensatz (einheitlich)	f	$\in [0;1]$
Abstimmungsregel	-	Single Vote / Borda / Hare
Delegationsentscheidung	-	(Ergebnis Meta-E.-Prozeß)
Indirekte Steuerungsvariable		
Gruppengröße (Mitgliederzahl)	M	-
<u>Zusammensetzung der Gruppe:</u>		
- Schätzqualifikation	$E_{Schätz}(\sigma^2)$ $\Delta_{Schätz}(\sigma^2)$	*Qualifikation / Risikoaversion / Konformität:*
- Risikoaversionskoeffizient	$E(a^{risk})$ $\Delta(a^{risk})$	Rechteckverteilt zwischen Mitgliedern mit diesen
- Gewicht Konformitätsziel	$E(a^{konf})$ $\Delta(a^{konf})$	Erwartungswerten und Spannweiten
- Gewichtete persönliche Interessen	λ_{max}^{PI}	~Rechteck$[-\lambda_{max}^{PI};\lambda_{max}^{PI}]$ zwischen Mitgliedern

Abb. II.28: Steuerungsvariable der Instanz im Metaentscheidungsproblem

Die rechnergestützte Umsetzung des Simulationsmodells erfolgt entsprechend folgendem Ablaufdiagramm:

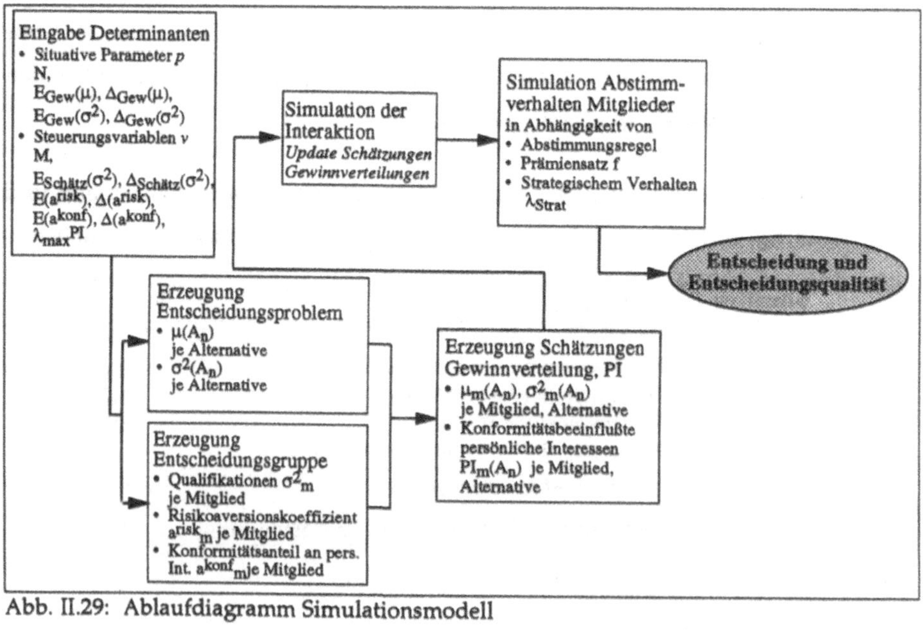

Abb. II.29: Ablaufdiagramm Simulationsmodell

Die folgenden Abbildungen stellen die Modellierung von Entscheidungsproblem (*siehe Abb. II.30*) und Gruppe (*siehe Abb. II.31*) sowie die Umsetzung des Schätzvorganges der Gewinnverteilung für die Alternativen (*siehe Abb. II.32*) noch einmal zusammenfassend dar:

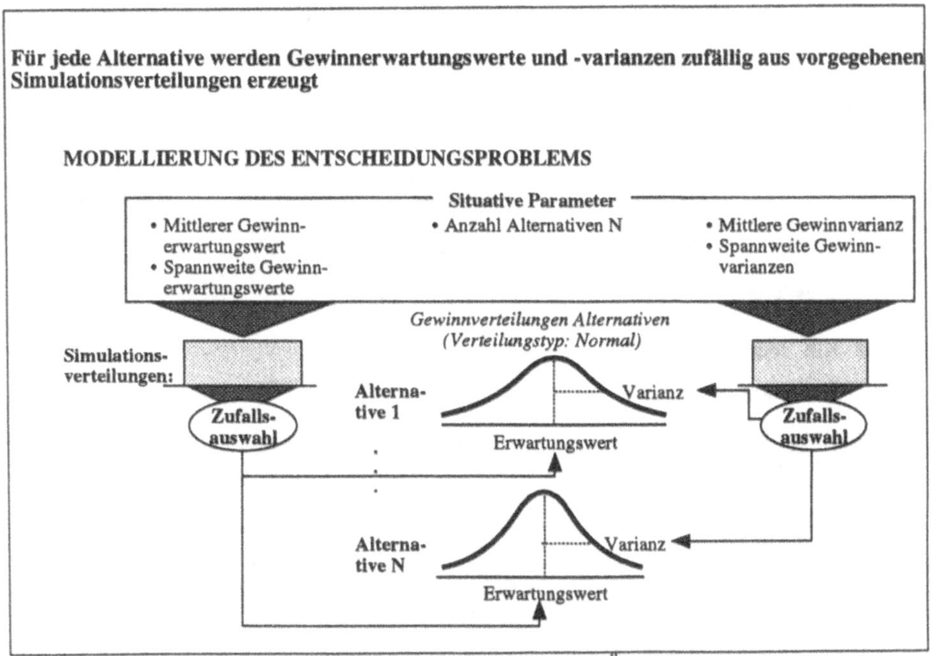

Abb. II.30: Modellierung des Entscheidungsproblems im Überblick

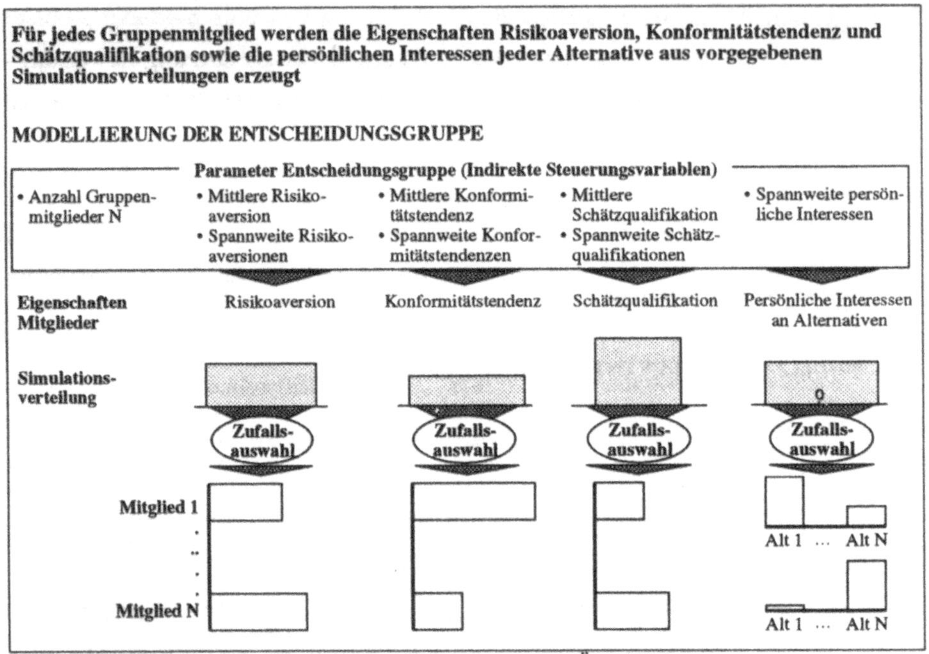

Abb. II.31: Modellierung der Entscheidungsgruppe im Überblick

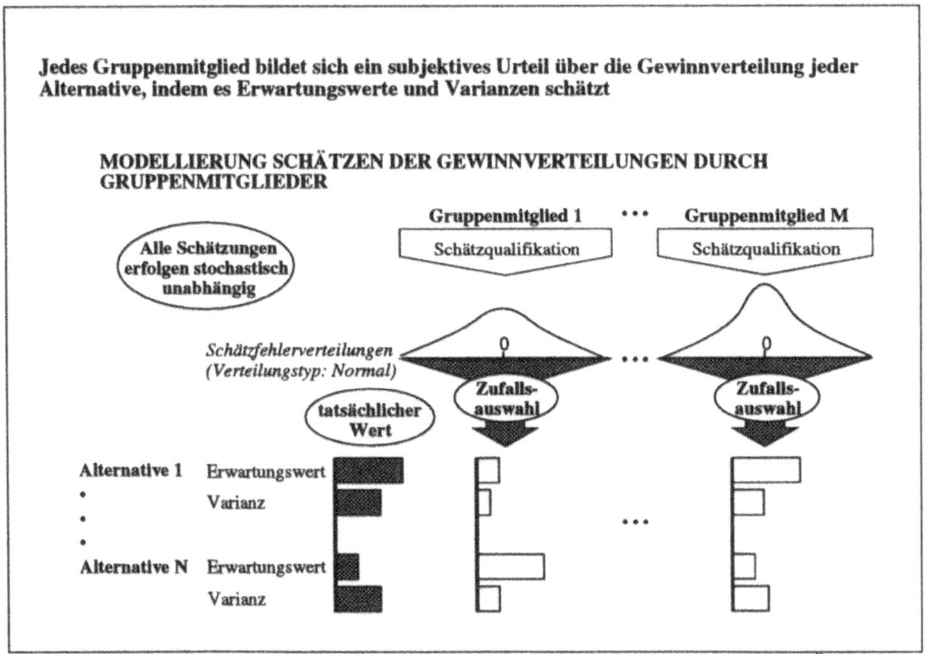

Abb. II.32: Modellierung *Schätzen der Gewinnverteilung durch die Mitglieder* im Überblick

5. Interpretation des Modells im Lichte der Principal-Agent-Theorie

In diesem letzten Abschnitt des zweiten Kapitels werden Parallelen und Unterschiede des Modells der vorliegenden Arbeit zur üblichen Vorgehensweise in der Principal-Agent-Theorie diskutiert.
Zu diesem Zweck werden einige Ansätze der Principal-Agent-Theorie vorgestellt, insoweit sie für den Vergleich von Bedeutung sind. Auf eine weiterführende Darstellung z.B. der Ergebnisse wird jedoch verzichtet.

Nach SPREMANN konzentriert sich die Principal-Agent-Theorie in der allgemeinsten Sichtweise auf Kooperation bei Bestehen externer Effekte und asymmetrischer Information.[238] Entsprechend dieser Charakterisierung gehört das Modell dieser Arbeit in den Bereich der Principal-Agent-Theorie:

- Zwischen Instanz und Mitgliedern herrscht (beschränkte) *Kooperation*.
- Das (Abstimm-)Verhalten des Mitgliedes hat Auswirkungen auf seinen eigenen Nutzen und auf den der Instanz, es existieren also *externe Effekte*.
- Es besteht *Informationsasymmetrie* über die Aktionen der Mitglieder, da aus dem Abstimmungsergebnis nicht mehr auf Interaktions- und Abstimmungsverhalten des einzelnen Mitgliedes geschlossen werden kann.

Gemäß der Auffassung von REES sollte die Principal-Agent-Theorie in Situationen mit folgender Struktur angewendet werden:[239]

- Ein Individuum, genannt Agent A, wählt eine Aktion a aus einer Menge von Aktionen aus. Die Aktion erzeugt einen negativen (Teil-)Nutzen v_a für A.
- Das (finanzielle) Ergebnis x der Aktion ist unsicher und hängt außer von der Aktion selbst noch von Faktoren θ (Umweltzuständen) ab. Es herrscht also (auch aus Sicht des Agenten) Unsicherheit, $x=x(a;\theta)$.
- Das Ergebnis x der Aktion erzeugt einen Nutzen u beim Prinzipal P. P und A schließen einen Vertrag über eine Bezahlung y von P an A, die ihrerseits einen (Teil)-Nutzen v_y bei A erzeugt. Die Bezahlung kann dabei i.d.R. nur abhängig sein von Variablen, die sowohl P als auch A beobachten können. Der Nutzen von P beträgt also $u(x-y)$, der von A $v(y,a)$.

---

[238] Vgl. SPREMANN [1987], S.3.

[239] Fur die Situationsschilderung vgl. REES [1985a], S.3-5. Von dort stammen auch die in diesem Abschnitt verwendeten Bezeichnungen zur Principal-Agent-Theorie.

Mit Hilfe des Agency-Ansatzes kann für unterschiedliche Voraussetzungen an mögliche Aktionen, Verteilung und Einfluß der Umweltzustände und Nutzenfunktionen von P und A die optimale Form solcher Verträge nach verschiedenen Gesichtspunkten untersucht werden.
Dabei kann es unter dem Gesichtspunkt der Risikoteilung zu einer ineffizienten Gestaltung der Belohnungsfunktion kommen: Bei risikoneutralem Prinzipal und risikoaversem Agenten können nur Belohnungen risikoeffizient sein, welche das gesamte Risiko beim Prinzipal belassen, also nicht an unsichere Ereignisse gekoppelt sind. Konstante Belohnungsfunktionen bieten jedoch keinen Anreiz für den Agenten, so daß bisweilen zwischen Anreiz und effizienter Risikoteilung abgewogen werden muß.[240]

Ohne weitere Analyse läßt sich bereits jetzt feststellen, daß dieses Phänomen auch in den Ergebnissen zur Wahl des Prämiensatzes in der vorliegenden Arbeit auftreten wird: Existiert ein Mitglied mit $a_m^{risk} > 0$ und gilt $f > 0$, was i.A. der Fall sein wird, so ist die Risikoaufteilung zwischen der risikoneutralen Instanz und der Gruppe ineffizient.

Das Steuerungsproblem der Instanz bezieht sich auf eine Gruppe von Agenten (Mitgliedern). Darüber hinaus besteht ein Unterschied des vorliegenden Modells zum Agency-Ansatz darin, daß nicht hauptsächlich die Gestaltung der Belohnungsfunktion interessiert, sondern die simultane Festlegung aller Steuerungsvariablen durch die Instanz im Metaentscheidungsproblem.

Aus Sicht der Principal-Agent-Theorie stellt sich das Metaentscheidungsproblem der Instanz in der vorliegenden Arbeit folgendermaßen dar:

- Die Instanz als Prinzipal steht vor dem Problem, eine Alternative A_n auszuwählen. Als risikoneutraler Entscheider orientiert sie sich an der Maximierung des Gewinnerwartungswertes. Um mit Hilfe der zur Entscheidungsunterstützung einsetzbaren möglichen Agenten zu einer optimalen Entscheidung zu gelangen, steht sie vor dem Metaentscheidungsproblem, eine Reihe von Steuerungsvariablen v optimal festzulegen.

---

240 Vgl. z.B. SPREMANN [1987], S.14.

- In einer gegebenen Entscheidungsgruppe, bestehend aus den Agenten (Mitgliedern) 1 bis M, wählt jeder dieser Agenten eine (bei geheimer Abstimmung oder aggregiertem Output-Format für die Instanz versteckte) Aktion a_m für sein Abstimmungsverhalten aus. Je nach Abstimmungsregel verfügt jedes Mitglied über eine verschiedene Zahl möglicher Aktionen.
- Das Ergebnis für die Instanz ist der später tatsächlich realisierte Gewinn (von Instanz und Mitgliedern beobachtbar) der ausgewählten Alternative abzüglich der gezahlten Belohnungen. Der Gewinn ist abhängig von der Realisation der Zufallsvariablen, vergleichbar mit Umweltzuständen θ, obwohl diese nicht explizit modelliert werden mußten.

Auch die Verwendung von linearen Belohnungsfunktionen, Normalverteilungen der Gewinne und exponentiellen Nutzenfunktionen sind in der Principal-Agent Theorie üblich, ebenso wie das Phänomen versteckter Eigenschaften.[241]

REES betont, daß es für alle Modelle der Principal-Agent-Theorie, die den Ansatz eines Agenten auf Gruppen von Agenten erweitern, problematisch ist, die strategischen Abhängigkeiten der Agentenaktionen geeignet zu berücksichtigen. Auch im allgemeinen Fall geschieht dies üblicherweise durch Einbettung eines Spieles in die Betrachtung und unter der Annahme, daß die Agenten Nash-Gleichgewichtspunkte realisieren.[242]
Diese Annahme reicht jedoch i.A. (bei mehr als zwei Agenten) nicht aus, um das Gleichgewicht eindeutig zu bestimmen. Nach allgemeiner Einschätzung der Literatur ist die Theorie der Gleichgewichtsauswahl nach HARSANYI und SELTEN die beste verfügbare Theorie zur eindeutigen Bestimmung von Strategiekombinationen der Spieler. Deswegen ist zu erwarten, daß Agency-Ansätze mit mehreren Agenten in Zukunft verstärkt von dieser Theorie Gebrauch machen werden.

Neben der Betrachtung von mehr Steuerungsvariablen, der reichhaltigen Modellierung versteckter Eigenschaften und der Erhöhung der Agentenanzahl weist die

241 Vgl. SPREMANN [1987], S.3, S.11 und S.17. Trotzdem wurde in der vorliegen Arbeit bewußt Aufwand darauf verwendet, zu zeigen, daß diese Annahmen i.V.m. anderen über Nutzenfunktionen und Verteilungen von Einflußgrößen sinnvoll sind.

242 Vgl. REES [1985b], S.92.

vorliegende Arbeit einige Unterschiede zu Modellen des Agency-Ansatzes auf:

- Im vorliegenden Modell wählt jeder Agent (jedes Mitglied) eine *individuelle Aktion* bei der Abstimmung. Das Ergebnis des Entscheidungsprozesses basiert aber auf einer Aggregation individueller Aktionen, die man als *kollektive Aktion* bezeichnen könnte.
  Bei der Gruppenentscheidung des vorliegenden Modells existieren drei Teilziele. Ob das Vorgehen weitergehende Bedeutung erlangen kann, bei einer Agentengruppe drei Zielelemente zu betrachten, statt wie im Falle eines Agenten zwei, muß offen bleiben.
- Ein Unterschied von untergeordneter Bedeutung besteht darin, daß die Teilnutzen für (individuelle und kollektive) Aktionen in dieser Arbeit anders als in der Principal-Agent-Theorie üblich positiv sein können. Es existiert nicht nur Arbeitsleid, sondern es sind z.B. auch Prestigegewinne möglich.
- In der Principal-Agent-Theorie haben Prinzipal und Agent für gewöhnlich identische subjektive Wahrscheinlichkeitsurteile über die Verteilung von Umweltzuständen θ.[243] Ein wichtiges Element des vorliegenden Modells besteht aber in unterschiedlicher Qualifikation und Einschätzung der Gewinnverteilung durch Instanz und Gruppenmitglieder.

Die Betrachtungen haben gezeigt, daß das vorliegende Modell eine Principal-Agent-Situation untersucht, und daß auch einige ähnliche Phänomene auftreten. Allerdings wird mit dem Metaentscheidungsproblem der Instanz und der situativen Qualität von Entscheidungsgruppen ein spezielles Problem untersucht. So tritt eine Reihe von detaillierten Komplikationen auf, die sich beim allgemeinen Agency-Ansatz nicht finden.[244] Durch die speziellere Form der Untersuchungen in der vorliegenden Arbeit können jedoch umgekehrt entscheidende Probleme der allgemeineren Behandlung umgangen werden. Aus diesem Grund können -beispielsweise in Form der Monte Carlo-Simulation- Analysemethoden angewendet werden, die für die Untersuchungen der Principal-Agent-Theorie unüblich sind.

---

243 Vgl. REES [1985a], S.5.

244 GROSSMAN und HART weisen darauf hin, daß mit zunehmenden Informationsunterschieden zwischen Principal und Agent komplexer werdende Probleme auftreten, vgl. GROSSMAN/HART [1983], S.43

Kapitel III: Deskriptive Ergebnisse: Wirkungsweise und Bedeutung der Einflussfaktoren

Ziel des Kapitels

Ziel des Kapitels ist die deskriptive Zielsetzung dieser Arbeit (*siehe Kap.I,A.2*): Das Verständnis von Gruppenentscheidungsprozessen im Hinblick auf die erwartete Entscheidungsqualität (eEQ) soll verbessert werden.
Insbesondere werden die quantitativen Auswirkungen einzelner Einflußfaktoren (situative Parameter und Steuerungsvariable) sowie deren Wechselwirkungen (z.B. *trade offs)* untersucht und dargestellt.

In den theoretischen Kapiteln I und II wurde der Gruppenentscheidungsprozeß im Hinblick auf die erwartete Qualität der resultierenden Entscheidung modelliert. Im Kapitel III erfolgt nun die Auswertung dieses Modells unter deskriptiven Aspekten.
In den ersten vier Abschnitten wird die Wirkung der Einflußgrößen bei einer immer reichhaltigeren Zielstruktur der Gruppenmitglieder diskutiert: Zunächst findet die Analyse unter Vernachlässigung persönlicher Interessen der Mitglieder statt. Dann erfolgt eine Untersuchung mit persönlichen Interessen, aber bei Risikoneutralität der Mitglieder und Abwesenheit von Konformität. Im dritten Abschnitt sind die Mitglieder risikoavers bzgl. ihres Belohnungsteilnutzens, Konformität hat jedoch weiterhin keine Bedeutung. Im vierten Abschnitt schließlich erreicht die Ziel- bzw. Nutzenstruktur die volle, in Kapitel II diskutierte Komplexität: Persönliche Interessen, Risikoaversion für den Belohnungsteilnutzen und Konformitätstendenz zwischen den Mitgliedern.

Bei der Analyse erweist es sich als zweckmäßig, stets vom einfachsten Fall der Abstimmung nach dem Single Vote-Kriterium auszugehen und strategisches Verhalten bei der Abstimmung später separat zu untersuchen. Der Einfluß von strategischem Verhalten bei Abstimmung nach dem Single Vote-Kriterium wird im fünften Abschnitt für die vollständige Zielstruktur der Gruppenmitglieder erörtert. Schließlich erfolgt ein Vergleich des Einflusses der Abstimmungsregel. Folgende Abbildung gibt einen Überblick der Gliederung von Kapitel III:

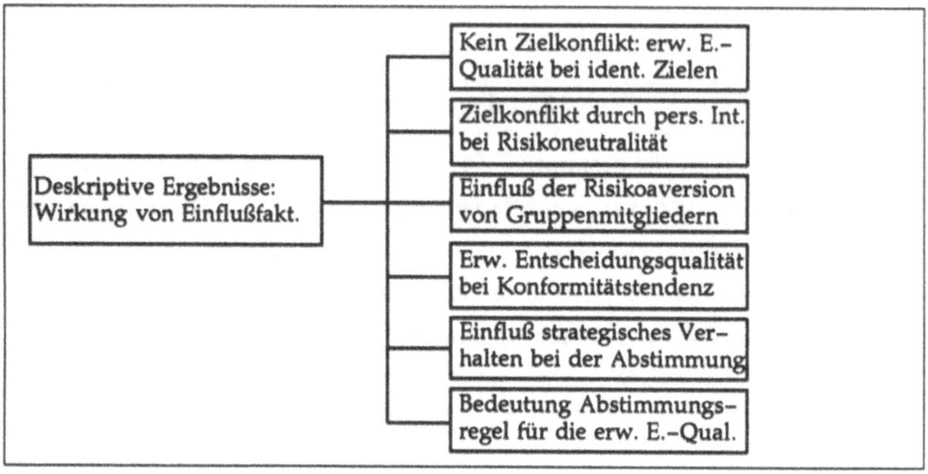

Anders als bisher wird in den folgenden Abschnitten oft ein Ergebnis vorweggenommen und erst danach hergeleitet. Diese Argumentationsreihenfolge wird zum Aufzeigen der Zielrichtung von Analysen gewählt. So geht die Untersuchung über die bloße Darstellung von Simulationsergebnissen hinaus.

Vom Standpunkt der Vollständigkeit her ist es anzustreben, den funktionalen Zusammenhang zwischen situativen Parametern p, Steuerungsvariablen v und der erwarteten Entscheidungsqualität möglichst lückenlos darzustellen. Graphisch läßt sich jedoch jeweils nur der Zusammenhang zwischen maximal zwei Parametern und der Zielgröße veranschaulichen, und auch auf andere Art können nicht alle Dimensionen des Problems gleichzeitig betrachtet werden.
Als Konsequenz ist ein Schwerpunkt der Analyse induktiv und bezieht sich auf ein Referenzszenario. Es wird jeweils nur eine überschaubare Anzahl an Einflußfaktoren variiert, die restlichen werden unter wechselnden *ceteris paribus* Annahmen konstant gehalten. Jedes Ergebnis wird mit Hilfe von 5000 Monte Carlo-Simulationen für jede Parameterkombination approximativ berechnet, wodurch sich Ungleichmäßigkeiten in den Graphen erklären. Hiervon wird jedoch die Gültigkeit der Untersuchungen nicht beeinträchtigt. Eine einfachere Interpretierbarkeit von Ergebnissen wird durch die graphische Darstellung gewährleistet.

A. Kein Zielkonflikt: Erwartete Entscheidungsqualität bei Abwesenheit persönlicher Interessen

(III.1) Einflußfaktoren bei Abwesenheit persönlicher Interessen

Bei Abwesenheit persönlicher Interessen der Gruppenmitglieder besteht kein Zielkonflikt zwischen Instanz und Mitgliedern. In diesem Fall wird die erwartete Entscheidungsqualität (bei fester Alternativenzahl) determiniert durch das Verhältnis der durchschnittlichen Gesamtqualifikation der Gruppe zum Grad der Abweichungen zwischen den Gewinnerwartungswerten der Alternativen, d.h. der Spannweite der Gewinnerwartungswert-Verteilung.

Determinante ist die Größe (*relative, durchschnittliche Schätzstreuung der Gruppe*)

$$\frac{E_{Schätz}(\sigma)}{\sqrt{M} \times \Delta_{Gew}(\mu)}$$

In diesem stark idealisierten Fall ist eine Maximierung der Mitgliederzahl in der Gruppe stets sinnvoll.

- Bei gleicher Mitgliederzahl und Schätzqualifikation steigt die eEQ mit zunehmender *Gewinnerwartungs-Spannweite $\Delta_{Gew}(\mu)$:* Die Mitglieder können bei gleicher Qualifikation die Alternativen besser unterscheiden. Die eEQ konvergiert bei zunehmender Spannweite $\Delta_{Gew}(\mu)$ gegen die (bei dieser Alternativenzahl N) maximal zu realisierende eEQ.
- Bei zunehmender Schätzstreuung, d.h. abnehmender *mittlerer Qualifikation,* nimmt die eEQ ab. Dabei konvergiert sie gegen den Wert 0.5, der im Mittel bei absolut zufälliger Auswahl einer Alternative erzielt wird.
- Die mittlere Gesamtqualifikation (Streuung) der Parameterschätzungen nach der Interaktion ist entscheidend für die eEQ. Für den Fall gleicher Schätzvarianzen von M Mitgliedern beträgt sie $E_{Schätz}(\sigma)/\sqrt{M}$.
- Bei gleicher mittlerer Qualifikation ist eine stärkere *Spannweite der Qualifikationen* zwischen den Mitgliedern von Vorteil. Der Gesamteffekt auf die eEQ ist jedoch recht schwach, so daß im folgenden stets von identischen Schätzqualifikationen ausgegangen werden kann.

Es zeigt sich, daß zur Darstellung der Qualifikation die mittlere Streuung der Parameterschätzung $E_{Schätz}(\sigma)$ geeigneter ist als ihre Varianz $E_{Schätz}(\sigma^2)$.

1. Vorüberlegungen zur Bedeutung der Einflußfaktoren

Durch die Annahme der Abwesenheit persönlicher Interessen bei den Zielen der Gruppenitglieder, d.h. $\lambda_{max}^{PI} = 0$, vereinfacht sich die Untersuchung erheblich:

- *Keine Konformitätstendenz:* Haben die Mitglieder keine persönlichen Interessen, so entfällt auch die Möglichkeit zu konformitätsorientiertem Verhalten. Die Variablen $E(a^{konf})$ und $\Delta(a^{konf})$ haben dann keine Bedeutung.
- *Beliebig kleiner Prämiensatz:* Im vorliegenden, idealisierten Fall zahlt die Instanz stets nur einen verschwindend kleinen, positiven Prämiensatz $f = \varepsilon > 0$. Da kein Zielkonflikt besteht, orientieren sich die Mitglieder bereits in diesem Fall vollständig am Belohnungsäquivalent, und für die Instanz entstehen nur verschwindend kleine Belohnungskosten $\delta = M * \varepsilon$. Durch die Wahl eines möglichst kleinen f vermeidet die Instanz außerdem, daß die Risikoaversion der Mitglieder ins Gewicht fällt *(siehe nächster Punkt)*.[245]
- *Keine Bedeutung der Risikoaversion:* Da der Prämiensatz f in die Präferenzfunktionen der Mitglieder linear im Gewinnerwartungswert und quadratisch in der Gewinnvarianz eingeht, kann die Instanz mit einem hinreichend kleinen f stets gewährleisten, daß die Auswirkung der Risikoaversion auf das Verhalten der Mitglieder unbedeutend wird. Die Einflußfaktoren $E_{Gew}(\sigma^2)$, $\Delta_{Gew}(\sigma^2)$, $E(a^{risk})$ und $\Delta(a^{risk})$ haben demnach keine Bedeutung.
- *Kein Einfluß von strategischem Verhalten und Abstimmungsregel:* Da alle Mitglieder bis auf eine vernachlässigbar kleine Risikoaversion gleiche Präferenzen für die Alternativen haben (wegen identischer Schätzungen nach der Interaktion), gibt es zwischen den Mitgliedern keinen merklichen Zielkonflikt. Strategisches Abstimmverhalten hat in diesem Fall keine Bedeutung, und alle betrachteten Abstimmungsregeln führen zum gleichen Ergebnis.
- *Mittlerer Gewinnerwartungswert konstant:* Die Präferenzfunktionen sind nur bis auf eine positive, lineare Transformation bestimmt. Die Präferenzskala ist frei wählbar. Ohne Beschränkung der Allgemeinheit wird im folgenden stets davon ausgegangen, daß der mittlere Gewinnerwartungswert $E_{Gew}(\mu) = 100$ (Geldeinheiten bzw. Indexpunkte) beträgt.

---

245 Die Wahl von $f = 0$ ist im vorliegenden Formalismus allerdings nicht vernünftig, weil die Mitglieder in diesem Fall gleiche Präferenzen von $\Phi(A_n)$ für alle Alternativen hätten und zufallig abstimmen würden.

Bestehen keine persönlichen Interessen, so beschränkt sich die Untersuchung der eEQ einer Gruppe also auf folgende fünf Einflußfaktoren:

- Anzahl Alternativen N
- Spannweite der Gewinnerwartungswerte $\Delta_{Gew}(\mu)$
- Anzahl Gruppenmitglieder M
- Mittlere Qualifikation $E_{Schätz}(\sigma)$
- Spannweite der Qualifikationsverteilung $\Delta_{Schätz}(\sigma)$

Einfluß der Alternativenanzahl N

Inhaltlich hat die Anzahl der Alternativen vor allem Einfluß auf strategische Uberlegungen der Mitglieder und auf die Abstimmungsregel, welche hier nicht betrachtet werden.

Im vorliegenden Fall bedeutet eine höhere Alternativenanzahl c.p. sicherlich, daß die Wahlwahrscheinlichkeit für die beste Alternative sinkt. Gleichverteilte Gewinnerwartungswerte diskretisieren gewissermaßen das Intervall der möglichen Gewinnerwartungswerte. Die Diskretisierung ist stärker bei einer kleineren Anzahl von Alternativen.

Andererseits werden zwei innerhalb eines Intervalls rechteckverteilte Gewinnerwartungswerte im Mittel weniger weit voneinander entfernt liegen als beispielsweise Maximum und Minimum von zehn Alternativen über dem gleichen Intervall. $\Delta_{Gew}(\mu)$ kennzeichnet die maximale Spannweite der Gewinnerwartungswerte. Demgegenüber ist die erwartete Spannweite abhängig von der Anzahl der Alternativen.[246]

Die Alternativen schöpfen mit zunehmender Anzahl einen größer werdenden Teil des Intervalls aus, was den Mitgliedern c.p. die Auswahl einer guten Alternative i.S.d. Instanz leichter macht. Daher überrascht es nicht, daß die eEQ mit steigender Alternativenzahl wächst. Nebenstehend ist der Verlauf der eEQ abgebildet bei

246 Bei einer maximalen Spannweite von $\Delta_{Gew}(\mu) = 50$ ergibt z.B. fur N=3 eine erwartete Spannweite von ca. 25, bei N=5 von ca. 33.3 und bei N=10 von ca. 42. Die Spannweite oder Variationsbreite von N rechteckverteilten Zufallsvariablen ist betaverteilt, vgl. z.B. HINDERER [1972], S.205f. Hierauf wird im folgenden nicht weiter eingegangen.

einer Spannweite von $\Delta_{Gew}(\mu) = 50$ für:

- Stets optimale Entscheidung i.S.d. Instanz ($E_{Schätz}(\sigma)=0$; obere Linie)
- Eine Gruppe mit fünf Mitgliedern (M=5) und einer für alle identischen Schätzstreuung von 10 ($E_{Schätz}(\sigma)=10$, $\Delta_{Schätz}(\sigma)=0$); untere Linie)

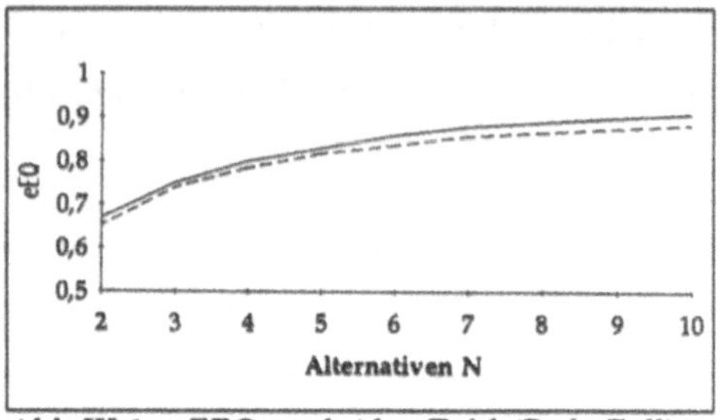

Abb.III.1: EEQ und Alt.-Zahl (Ref.-Fall)

Die Ausschöpfung des durch die obere Linie aufgezeigten Potentials bleibt jedoch fast konstant um 98%. Abgesehen von der erläuterten, eher rechentechnisch bedingten Auswirkung hat die Zahl der Alternativen nur eine untergeordnete Bedeutung. Aus diesem Grund wird im folgenden stets vereinfachend von N=5 Alternativen für das Referenzszenario ausgegangen.

2. Einfluß der Gewinnerwartungswert-Spannweite $\Delta_{Gew}(\mu)$

Je weniger sich die Gewinnerwartungswerte der Alternative unterscheiden, desto weniger werden die Mitglieder (und die Instanz) bei gleicher Qualifikation die Rangfolge der Erwartungswerte bzw. die aus ihnen (approximativ) folgenden Belohnungsäquivalente einschätzen können. Bei wachsender Spannweite unterscheiden sich die Gewinnerwartungen (für feste Alternativenzahl N) im Mittel deutlicher, so daß eine Gruppe häufiger die Alternative mit dem höchsten Gewinnerwartungswert auswählen kann. Sie schöpft also mit zunehmender Spannweite der Gewinnerwartungen das oben erwähnte Potential immer besser aus.

Im Referenzfall mit N=5 Alternativen, M=5 Mitgliedern mit einheitlicher Schätzstreuung von 10 ($E_{Schätz}(\sigma)=10$, $\Delta_{Schätz}(\sigma)=0$) ergibt sich nebenstehender Zusammenhang zwischen eEQ und $\Delta_{Gew}(\mu)$.

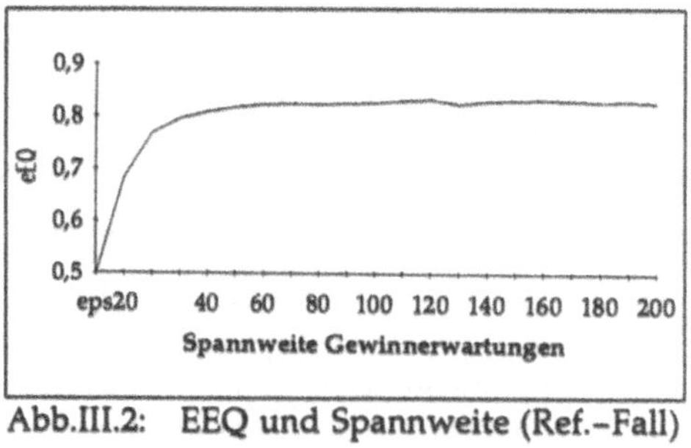

Abb.III.2: EEQ und Spannweite (Ref.-Fall)

Die eEQ konvergiert dabei gegen einen Wert ≈ 0.83, der als maximal möglicher Wert bei N=5 Alternativen realisiert wird (siehe *Abb. III.1*).

3. Einfluß der Gruppenqualifikation und optimale Gruppengröße

Die Qualifikation einer Gruppe determiniert bei Abwesenheit von Zielkonflikten die Qualität der getroffenen Entscheidung. Mit abnehmender (mittlerer) Qualifikation der Gruppe, im Modell umgesetzt durch zunehmende Varianz bzw. Streuung der Parameterschätzungen, nimmt auch die eEQ der Gruppe ab.
Bei präziser Schätzung der Gewinnerwartungen realisiert die Gruppe ihre situativ maximal mögliche eEQ (siehe *Abb. III.1*). Mit zunehmender Schätzvarianz konvergiert die eEQ gegen den Wert, der bei absolut zufälliger Alternativenauswahl (identische Wahrscheinlichkeit von 1/N für jede Alternative) realisiert wird.[247]

Nebenstehende Abbildung zeigt diesen Zusammenhang für den Referenzfall (N=5 Alternativen, $\Delta_{Gew}(\mu)=50$, M=5 Mitglieder, einheitliche Qualifikation: $\Delta_{Schätz}(\sigma)=0$) bei Variation der Schätzstreuung $E_{Schätz}(\sigma)$ von 5 bis 100.

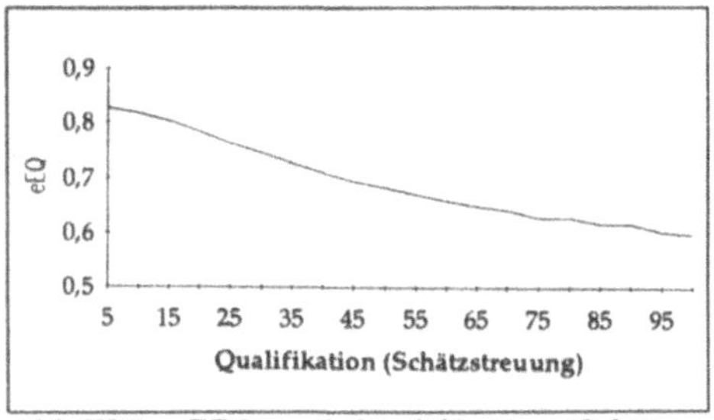

Abb.III.3: EEQ und Qualifikation (Schätzstreuung) im Referenzfall

Im Fall ohne Zielkonflikt kann eine Gruppenqualifikation im Hinblick auf die eEQ gleichwertig durch viele, weniger qualifizierte oder durch wenige, höher qualifizierte Gruppenmitglieder entstehen. Verfügen alle Gruppenmitglieder über eine einheitliche Schätzstreuung $E_{Schätz}(\sigma)$, so beträgt die Streuung der einheitlichen Nachinteraktionsschätzung $E_{Schätz}(\sigma)/\sqrt{M}$.[248]

In der folgenden Abbildung wird dieser Zusammenhang für den Referenzfall dargestellt. Wie in *Abbildung III.3* fällt die eEQ für jede feste Mitgliederzahl M mit

---

[247] Denn der Gewinnerwartungswert einer rein zufallig ausgewahlten Alternative ist im Mittel der Erwartungswert $E_{Gew}(\mu)$ der Gewinnerwartungswert-Verteilung.

[248] Das ergibt sich aus Formel (II.13). Es liegt dann gerade der in der Statistik gängige Fall von M unabhängig identisch normalverteilten Schätzungen vor, die optimal alle gleich stark gewichtet werden. Die Varianz des Gesamtschätzers zieht sich mit einer Geschwindigkeit von (1/√Stichprobengröße) zusammen.

zunehmender Streuung der Gewinnschätzung. Für jede feste mittlere Qualifikation des einzelnen Gruppenmitgliedes steigt die eEQ jedoch monoton in der Anzahl der Gruppenmitglieder.

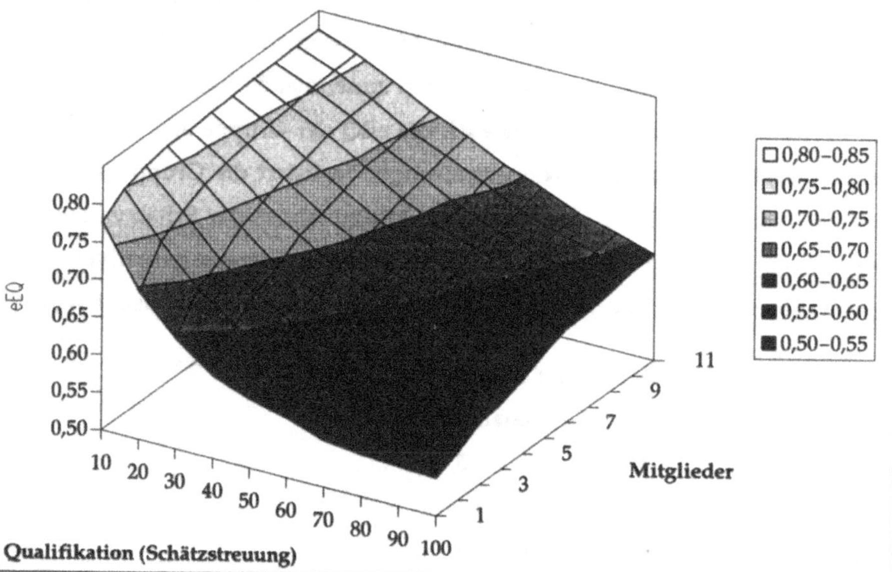

Abb.III.4: EEQ und mittlere Qualifikation je Mitglied vs. Mitgliederzahl (Ref.-Fall)

Dieser Verlauf erinnert an ein Ergebnis aus dem stark vereinfachenden Wahrscheinlichkeitsmodell von HOFSTÄTTER. Danach erzielt eine Gruppe beliebig gute Trefferwahrscheinlichkeiten für das richtige Ergebnis einer Aufgabe, sofern nur hinreichend viele Mitglieder mit positiven Einzeltrefferwahrscheinlichkeiten in die Gruppe aufgenommen werden. Voraussetzungen hierfür sind im Hofstättermodell die Unabhängigkeit von Trefferwahrscheinlichkeiten der Mitglieder (*Unabhängigkeitsbedingung*) und die *Akzeptierungsbedingung:* Die Aufgabe ist *disjunktiv,* d.h. eine richtige Lösung ist objektiv als richtig zu erkennen, und alle Mitglieder akzeptieren eine vorgeschlagene richtige Lösung.[249]

---

[249] Vgl. z.B. HOFSTÄTTER [1986], S.190–198 oder MANKE [1980], S.24–28. Dabei ist zu beachten, daß im Modell der vorliegenden Arbeit keine disjunktive Aufgabe oder eine Akzeptierungsbedingung verwendet wird. Das bekannte Phänomen tritt hier aufgrund der Durchschnittsbildung auf.

Nebenstehend ist die Funktion aus *Abb. III.4* als Konturdiagramm gezeigt, d.h. in Form von Höhenlinien.[250] Der gekrümmte Verlauf der Höhenlinien deutet auf den beschriebenen Zusammenhang hin: Gleiche eEQ werden bei gleichen Kombinationen der Größe $E_{Schätz}(\sigma)/\sqrt{M}$ erzielt.

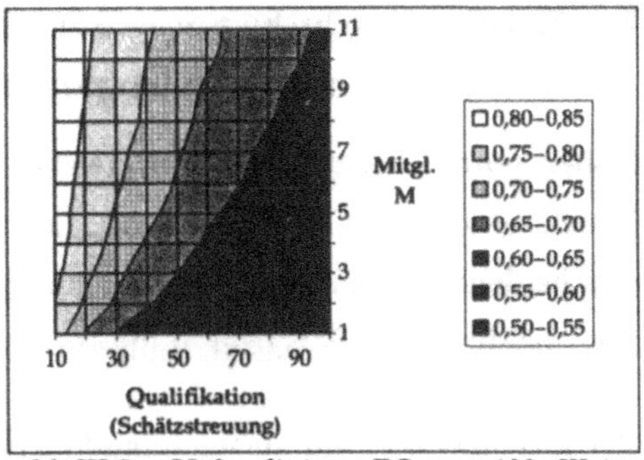

Abb.III.5: Höhenlinien eEQ aus *Abb. III.4*

Bei einheitlicher Qualifikation für alle Mitglieder ($\Delta_{Schätz}(\sigma)=0$) reicht es also aus, die Gruppenqualifikation durch *eine* Größe $E_{Schätz}(\sigma)/\sqrt{M}$ zu beschreiben, anstatt separat durch $E_{Schätz}(\sigma)$ *und* M.
Unterscheiden sich die Qualifikationen der Mitglieder ($\Delta_{Schätz}(\sigma)>0$), so erhält man ein leicht abweichendes Qualifikationsäquivalent: Die Schätzqualität der Gruppe nach der Interaktion verbessert sich gegenüber derjenigen bei identischer Qualifikation.[251]

Die Wirkung ist aber selbst im nebenstehend abgebildeten Fall von fünf Mitgliedern mit schlechter durchschnittlicher Qualifikation $E_{Schätz}(\sigma)=75$ recht gering (hier ±0.02).
Aus diesem Grund wird die Spannweite der Qualifikationsverteilung $\Delta_{Schätz}(\sigma)$ im folgenden zur Komplexitätsreduktion (unwesentliche Beeinflussung im Sinne von *Kap. II, A.5.*) vernachlässigt.

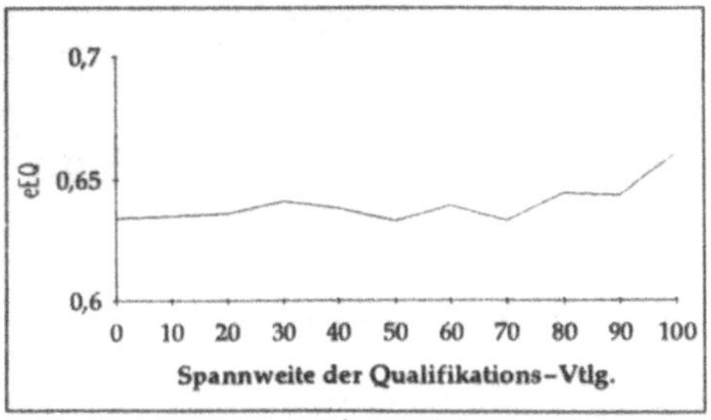

Abb.III.6: EEQ und $\Delta_{Schätz}(\sigma)$ (Ref.-Fall mit $E_{Schätz}(\sigma)$ =75)

250 Hier, wie auch spater, beziehen sich die Hohenlinien jeweils auf durch 0.05 ganzzahlig teilbare Höhen, also 0.6, 0.65, 0.7, 0.75 und 0.8.

251 Man kann nachrechnen, daß die Varianz der Gruppenschatzung in (II.13) ein Maximum erreicht, wenn alle Einzelvarianzen gleich sind, d.h. bei $\sigma_i=\sigma_j$ $\forall i,j=1,\dots,M$. Dies ist anschaulich einleuchtend: In dem Extremfall, daß eines der Mitglieder präzise schatzt (Schätzstreuung von 0), erreicht die Schatzqualifikation der Gruppe ihr Maximum, unabhängig von den Qualifikationen aller anderen.

4. Relative, durchschnittliche Schätzstreuung der Gruppe als Determinante der erwarteten Entscheidungsqualität

Bisher wurde gezeigt, daß bei gleicher Alternativenzahl N die beiden Größen Gewinnerwartungs-Spannweite $\Delta_{Gew}(\mu)$ und Gruppenqualifikation $E_{Schätz}(\sigma)/\sqrt{M}$ entscheidend für die eEQ sind. Die Qualität wächst mit zunehmender Spannweite und abnehmender Schätzstreuung (*siehe Abbildungen III.2 und III.3*).

Der gleichzeitige Einfluß von Qualifikation und Gewinnerwartungs-Spannweite wird für den Referenzfall (N=5, M=5, $\Delta_{Schätz}(\sigma)$=0) in folgender Abbildung gezeigt:

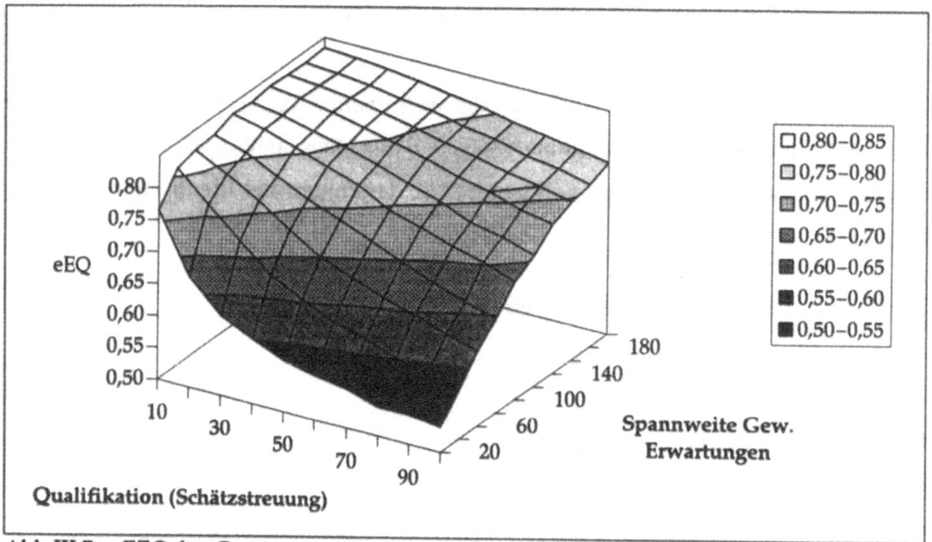

Abb.III.7: EEQ für Gewinnerwartungs-Spannweite vs. mittlere Qualifikation (Ref. Fall)

Je weniger weit die Gewinnerwartungswerte der Alternativen auseinander liegen, desto höher ist die Qualifikation der Mitglieder, welche benötigt wird, um die Alternativen so zu unterscheiden, daß sich bei der Entscheidung die gleiche eEQ ergibt.

Im folgenden Konturdiagramm sind die Höhenlinien des Graphen aus *Abb. III.7* annähernd als Geraden zu erkennen. Geraden vom Nullpunkt kennzeichnen im Höhenliniendiagramm konstante Verhältnisse der Achsenvariablen. Verallgemeinert ergibt sich folgendes plausible Ergebnis bei Abwesenheit persönlicher Interessen und fester Alternativenzahl N:

Stehen (bei konstanter Mitgliederzahl M) die Qualifikation als Schätzstreuung und Gewinnerwartungs-Spannweite in einem konstanten Verhältnis zueinander, so ergibt sich bereits aus diesem Verhältnis die situative eEQ der Entscheidungsgruppe.

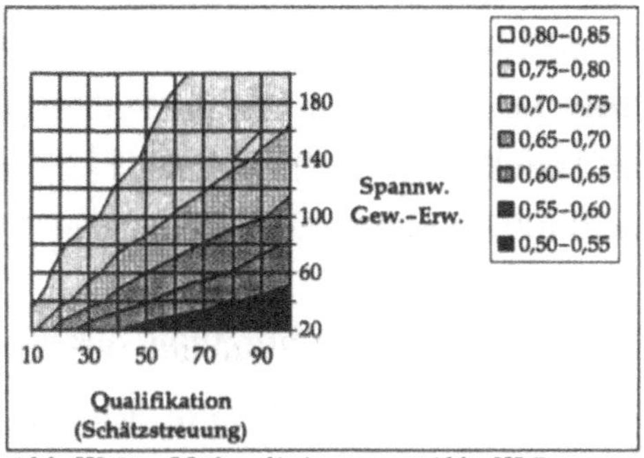

Abb.III.8: Höhenlinien von *Abb. III.7*

Wie in *Kap. III, A.3.* gezeigt, ist die Qualifikation der Gruppe hinreichend genau durch $E_{Schätz}(\sigma)/\sqrt{M}$ beschrieben. In Verbindung hiermit ergibt sich folgender Gesamtzusammenhang:

(III.2) Relative, durchschnittliche Schätzstreuung der Gruppe

Die Größe $E_{Schätz}(\sigma)/(\sqrt{M}*\Delta_{Gew}(\sigma))$ ist die ***relative, durchschnittliche Schätzstreuung der Gruppe*** in der Entscheidungssituation. Bei fester Alternativenzahl und gleicher Qualifikation für alle Mitglieder ($\Delta_{Schätz}(\sigma)=0$) ist die eEQ bestimmt durch die relative, durchschnittliche Schätzstreuung der Gruppe.

Haben die Mitglieder unterschiedliche Qualifikationen ($\Delta_{Schätz}(\sigma)>0$), so ergibt sich mit der relativen, durchschnittlichen Schätzstreuung der Gruppe eine ausreichend gute Annäherung an die eEQ. Die Approximation ist gleichzeitig eine untere Schranke für die tatsächliche eEQ bei Einbeziehung der Qualifikationsstreuung.

B. Erwartete Entscheidungsqualität bei persönlichen Interessen und Risikoneutralität der Mitglieder

In diesem Abschnitt wird die Entscheidungsqualität einer Gruppe untersucht, deren Mitglieder zwar über persönliche Interessen verfügen, die aber risikoneutral im Hinblick auf den monetären Teilnutzen sind. Eine Tendenz zur Konformität wird in diesem Abschnitt ebenfalls noch nicht berücksichtigt.

1. Bedeutung und Bestimmungsfaktoren des optimalen Prämiensatzes f_{opt}

Neben λ_{max}^{PI} erhält der Prämiensatz f als Steuerungsvariable Bedeutung. Die Instanz muß versuchen, einen Anreiz für Alternativen mit hohen Gewinnerwartungswerten zu schaffen, um die persönlichen Interessen der Mitglieder zu kompensieren.

a. Prämiensatz und erwartete Entscheidungsqualität

(III.3) Zusammenhang zwischen Prämiensatz und eEQ

Bei Existenz persönlicher Interessen und einem Prämiensatz $f = \varepsilon \approx 0$ wird eine eEQ in der Nähe von 0.5 realisiert. Mit steigendem Prämiensatz nimmt die eEQ zunächst zu, da der anreizbedingte (Grenz-)Nutzen die (Grenz-)Kosten der Belohnungszahlung übertrifft. Die eEQ erreicht dann ein Optimum und nimmt schließlich wieder ab, wenn der zusätzliche Anreiznutzen die zusätzlichen Prämienzahlungen nicht mehr kompensiert.

Der Prämiensatz muß optimal also so gewählt werden, daß er einerseits den Zielkonflikt zwischen Instanz und Mitgliedern möglichst weitgehend kompensiert. Andererseits darf die Instanz nur einen gewissen Teil der Gewinnnerwartungswertdifferenz zwischen den Alternativen als Belohnung zahlen. Die Höhe des Prämiensatzes ist also durch die Gewinnerwartungs-Spannweite beschränkt.

Im Optimum sind Nutzen der Instanz durch Anreiz für die Mitglieder und Kosten für die Instanz durch Zahlung der Belohnungen balanciert. Anreizbedingter Grenznutzen und zahlungsbedingte Grenzkosten stimmen überein.

Wird nur ein verschwinden geringer Prämiensatz gezahlt, so werden die Präferenzfunktionen der Mitglieder nahezu vollständig durch persönliche Interessen der Mitglieder determiniert. Zwischen den Präferenzen der Mitglieder und denen der Instanz besteht dann kein Zusammenhang, sondern ein weitreichender Zielkonflikt. So ergibt sich eine eEQ von näherungsweise 0.5 wie bei rein zufälliger Auswahl, da Gewinnerwartungswerte und persönliche Interessen annahmegemäß stochastisch unabhängig sind.

Die nebenstehende Abbildung verdeutlicht den Zusammenhang zwischen dem Prämiensatz f und der eEQ: Mit steigendem Prämiensatz erreicht die eEQ zunächst ihr Optimum, um dann schließlich wieder abzunehmen. Bei einer deutlich zu hohen Prämie ist es schließlich sogar möglich, eine eEQ von unter 0.5 zu realisieren, schlechter also als bei rein zufälliger Auswahl durch eine völlig unqualifizierte Instanz. Im Extremfall kann die eEQ sogar negative Werte annehmen. Das ist beispielsweise immer dann der Fall, wenn die Summe der erwarteten Belohnungszahlungen die mittlere Gewinnerwartungs-Spannweite zwischen den Alternativen übersteigt.

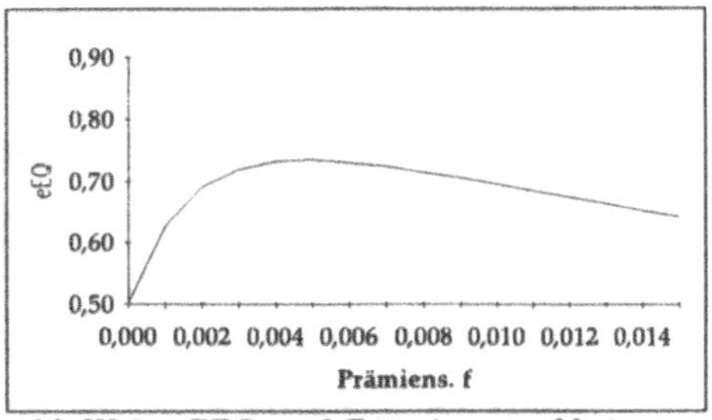

Abb.III.9: EEQ und Prämiensatz f bei pers. Int. von λ_{max}^{PI}=0.001 (Ref.-Fall)

Ein positiver Prämiensatz hat sowohl eine Nutzen- als auch eine Kostenkomponente für die Instanz. Der Nutzen besteht darin, daß den Mitgliedern mit steigendem f ein wachsender Anreiz gegeben wird, i.S.d. Instanz abzustimmen (*Anreiznutzen*). Der durch persönliche Interessen verursachte Zielkonflikt zwischen Instanz und Mitgliedern nimmt ab. Die Kosten bestehen in der Belohnungszahlung der Instanz an die Mitglieder (*Belohnungskosten*). Der optimale Prämiensatz ist demnach für die Instanz durch den Ausgleich von Grenznutzen des Anreizes und Grenzkosten der Belohnungszahlung gekennzeichnet.

b. Einflußfaktoren für den optimalen Prämiensatz f_{opt}

Um f optimal vorzugeben, muß die Instanz einige Einflußgrößen beachten.

(III.4) Bestimmungsfaktoren für den optimalen Prämiensatz

Der optimale Prämiensatz f_{opt} ist in der Situation dieses Abschnittes abhängig von den Faktoren Bedeutung persönliche Interessen λ_{max}^{PI}, Gewinnerwartungs-Spannweite $\Delta_{Gew}(\mu)$, Mitgliederzahl M und Qualifikation Eschätz(σ) der Gruppe:

- *Persönliche Interessen* λ_{max}^{PI}: Mit zunehmender Bedeutung persönlicher Interessen nimmt der optimale Prämiensatz c.p. zunächst zu, da ein höherer Anteil an Interessen durch Belohnungen kompensiert werden muß. Wird deren Bedeutung jedoch zu groß, nimmt f_{opt} wieder ab, da der Versuch einer weitgehenden Kompensation zu teuer wäre.
- *Gewinnerwartungs-Spannweite* $\Delta_{Gew}(\mu)$: Sowohl die Bedeutung der persönlichen Interessen als auch die durch Belohnungszahlungen entstehenden Kosten stehen in Relation zum Abstand der Gewinnerwartungswerte zwischen den Alternativen. Mit zunehmender Spannweite steigt c.p. zunächst der optimale Prämiensatz, da ein höherer Anteil für Zahlungen aufgewendet werden kann. Schließlich fällt f_{opt} wieder ab, weil sich die Alternativen im Hinblick auf die Belohnungsteilnutzen der Mitglieder stärker differenzieren. Es ist dann nur noch ein kleinerer Prämiensatz zur Kompensierung der persönlichen Interessen erforderlich. Die Kombination von Interessen und Gewinnerwartungs-Spannweite ist entscheidend.
- *Gruppengröße M:* Je größer eine Gruppe ist, desto teurer ist es für die Instanz, persönliche Interessen durch Prämienzahlungen zu kompensieren. Um bei einem Mitglied den gleichen Anreiznutzen zu erzielen, muß für die Gruppe ein Mehrfaches der Belohnungskosten aufgewendet werden. Der optimale Prämiensatz f, den jedes Mitglied erhält, sinkt demnach c.p. mit zunehmender Gruppengröße. Je größer die Gruppe ist, desto empfindlicher wird die eEQ von f_{opt} abhängen, besonders für zu große $f > f_{opt}$.
- *Qualifikation* $E_{Schätz}(\sigma)$: Sinkt die Qualifikation der Mitglieder, so verliert der Anreizeffekt eines gegebenen f an Wirksamkeit, weil die Mitglieder die tatsächlichen Gewinnerwartungen der Alternativen für ihr Belohnungsäquivalent schlechter unterscheiden können. Da aber weiterhin die gleichen Kosten durch eine Prämienzahlung verursacht werden, fällt f_{opt} mit sinkender Qualifikation, d.h. mit zunehmender Schätzstreuung $E_{Schätz}(\sigma)$.

Die Ermittlung des optimalen Prämiensatzes bedeutet die Optimierung einer Funktion, für die jede Funktionsauswertung die Durchführung von 5000 Monte Carlo- Simulationen einer Gruppenentscheidung erfordert. Diese aufwendige Ermittlung von f_{opt} wird in den folgenden Abschnitten sehr häufig benötigt. Aus diesem Grund erweist es sich als zweckmäßig, f niemals in kleineren Schritten als 0.001 zu variieren, d.h. in Promill des Alternativengewinnes.
In einigen Bereichen ist die optimale eEQ recht unempfindlich gegen Variationen des Prämiensatzes um einige Promillepunkte, d.h. die Funktion hat in der Nähe von f_{opt} nur eine geringe Steigung. In diesen Bereichen können selbst geringe Approximationsfehler bei der Berechnung von eEQ zu Abweichungen bei der Bestimmung von f_{opt} führen. Auf die Berechnung der eEQ wirken sich diese Fehler jedoch nach wie vor nur wenig aus. Deswegen sind einige der Graphen von f_{opt} ungleichmäßig und die resultierenden Graphen der eEQ deutlich gleichmäßiger.

Einfluß von persönlichen Interessen λ_{max}^{PI} und Gewinnerwartungs-Spannweite $\Delta_{Gew}(\mu)$
Bei unterschiedlichen Ausprägungen der Bedeutung persönlicher Interessen sind abhängig von der Gewinnerwartungs-Spannweite verschiedene f optimal.

Haben persönliche Interessen keine dominierende Bedeutung, so ist es sinnvoll, den Zielkonflikt durch ein größeres f zu mindern. In diesem Bereich nimmt f_{opt} mit λ_{max}^{PI} zu.
Wird die Bedeutung jedoch dominierend, d.h. λ_{max}^{PI} groß im Verhältnis zu $\Delta_{Gew}(\mu)$, so ist im Extremfall (bei einer festen Gruppe) jede noch so kleine Prämie vergeudet: Die Mitglieder werden sich ohnehin nur auf Basis ihrer persönlichen Interessen entscheiden. Nach einem Maximum nimmt darum der optimale Prämiensatz ab und nähert sich asymptotisch an 0 an.

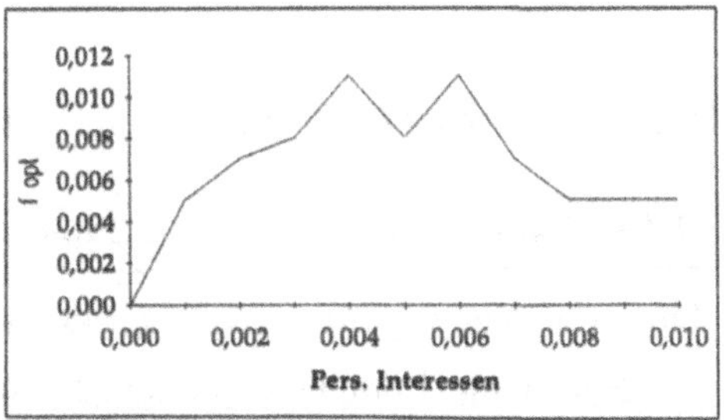

Abb.III.10: f_{opt} und λ_{max}^{PI} (Referenz-Fall)

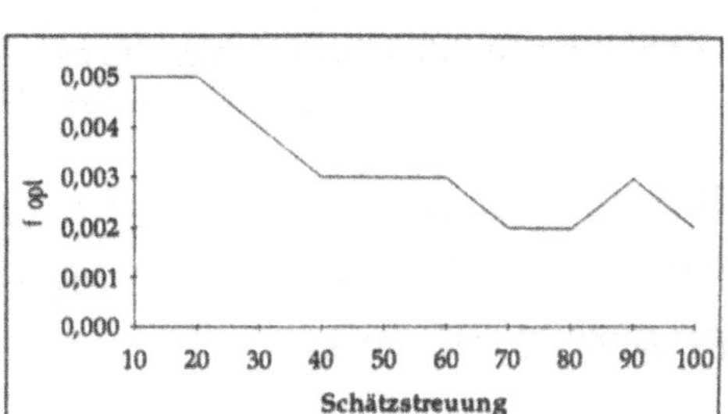

Abb.III.11: f_{opt} und $\Delta_{Gew}(\mu)$ (Referenz-Fall)

Die folgende Abbildung zeigt, daß sowohl die Lage des *maximalen* optimalen Prämiensatzes in Abhängigkeit der persönlichen Interessen als auch seine Höhe von der Gewinnerwartungs-Spannweite beeinflußt werden.

Der für jedes λ_{max}^{PI} maximale Wert für f_{opt} nimmt mit $\Delta_{Gew}(\mu)$ zu. Je höher die Spannweite, desto mehr kann bei Bedarf zur Kompensation der persönlichen Interessen an die Mitglieder gezahlt werden.

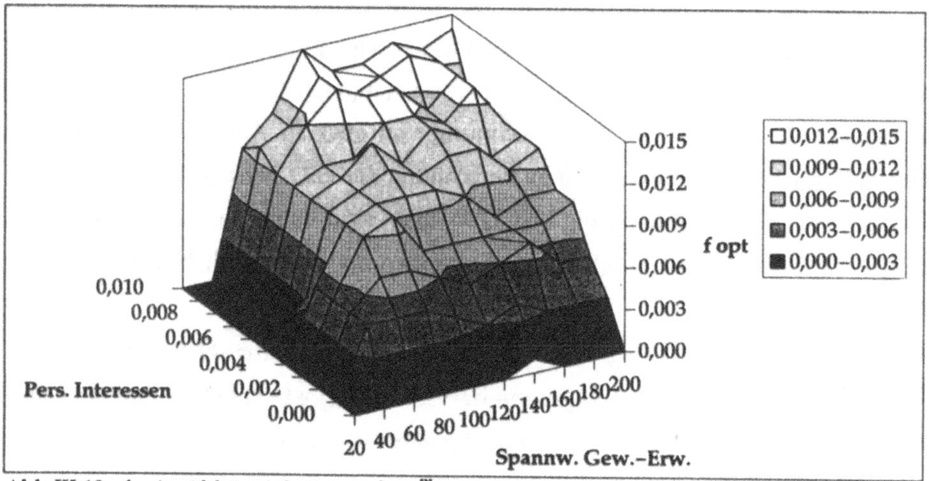

Abb.III.12: f_{opt} in Abhängigkeit von λ_{max}^{PI} und $\Delta_{Gew}(\mu)$ (Referenz-Fall)

Für den Referenzfall gilt von nun an stets $\lambda_{max}^{PI} = 0.001$.

(III.5) Prämiensatz, persönliche Interessen, Gewinnerwartungs-Spannweite

Die persönlichen Interessen der Mitglieder kann die Instanz nur dann durch entsprechende Prämienzahlungen kompensieren, wenn sich die Alternativen hinsichtlich ihrer Gewinnerwartungswerte deutlich genug unterscheiden, um die Zahlung des nötigen Prämiensatzes zu rechtfertigen.

Dieser Wirkungszusammenhang zwischen optimalem Prämiensatz, persönlichen Interessen und Gewinnerwartungs-Spannweite wird jedoch auch von der Gruppengröße M beeinflußt.

Einfluß der Gruppengröße M

Da jedes Gruppenmitglied sich rational auf Basis seiner eigenen Präferenzfunktion verhält, muß die Aussicht auf eine höhere Prämie die persönlichen Interessen jedes Mitgliedes einzeln kompensieren. Für eine größere Gruppe muß deshalb zur Erzielung des gleichen individuellen Anreiznutzens eine höhere Belohnungszahlung aufgewendet werden. In diesem Fall sind also bei jeweils gleichem Anreiznutzen die Belohnungskosten höher, bzw. identischen Belohnungskosten führen nur zu einem geringeren Anreiznutzen.

Wie in der folgenden Abbildung gezeigt, nimmt der optimale Prämiensatz f_{opt} deshalb mit zunehmender Gruppengröße M ab: Das partielle Maximum der Funktion in Abhängigkeit des Prämiensatzes liegt mit wachsendem M bei kleinerem f. Dabei nimmt mit steigender Gruppengröße die Empfindlichkeit zu, mit der die eEQ von f_{opt} abhängt. Insbesondere für zu große Prämiensätze $f > f_{opt}$ wird der Betrag der Steigung $|\partial eEQ/\partial f|$ der abgebildeten Funktion recht groß.

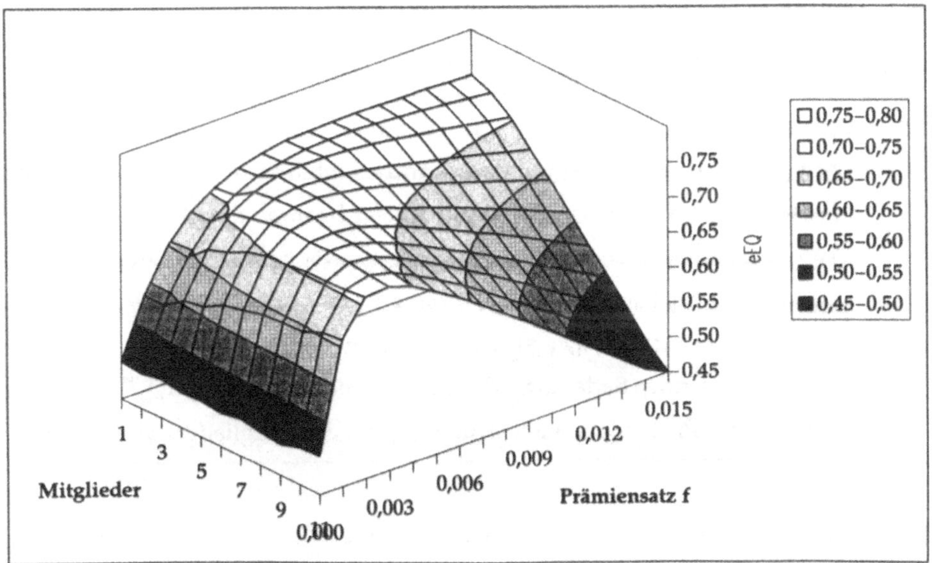

Abb.III.13: EEQ in Abhängigkeit von Gruppengröße M und Prämiensatz f (Referenz-Fall mit $\lambda_{max}^{PI} = 0.001$).

Einfluß der Qualifikation $E_{Schätz}(\mu)$

Der Anreizeffekt durch Prämienzahlung kann nur in dem Grad wirksam werden, mit dem die Mitglieder die Gewinnerwartungen der Alternativen einschätzen können. Bei geringerer Qualifikation, d.h. einer höheren mittleren Schätzstreuung $E_{Schätz}(\mu)$, ist der Anreiznutzen eines gegebenen f gemindert, ebenso wie der zusätzliche Anreiznutzen einer Erhöhung von f.

Aus diesem Grund führt, wie auf der nebenstehenden Abbildung deutlich wird, eine geringere Qualifikation (Zunahme der Schätzstreuung $E_{Schätz}(\mu)$) zu einer Abnahme des optimalen Prämiensatzes f_{opt}.

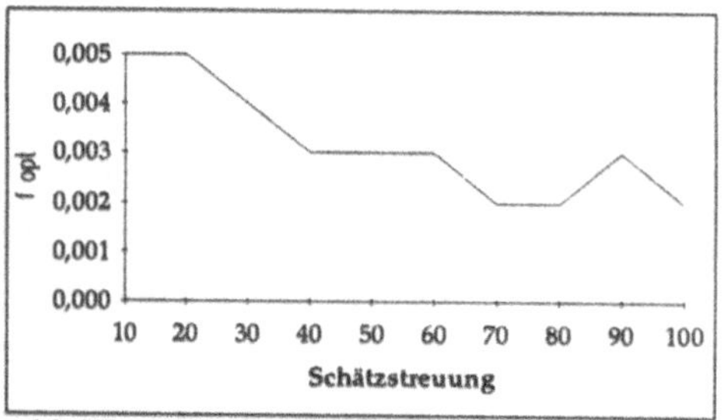

Abb.III.14: f_{opt} und Qualifikation (Ref.-Fall)

2. Einfluß persönlicher Interessen auf die eEQ

(III.6) Persönliche Interessen und erwartete Entscheidungsqualität

Persönliche Interessen beeinflussen auch bei Wahl von f_{opt} die eEQ negativ:

- Mit zunehmender Bedeutung persönlicher Interessen nimmt die eEQ ab. Entscheidend für die Geschwindigkeit der Abnahme mit steigendem λ_{max}^{PI} ist die Spannweite der Gewinnerwartungen zwischen den Alternativen: Bei großem $\Delta_{Gew}(\mu)$ kann ein höherer Grad an λ_{max}^{PI} durch Prämienzahlungen ausgeglichen werden. Die eEQ fällt deswegen langsamer.
- Mit zunehmender Bedeutung der persönlichen Interessen λ_{max}^{PI} sinkt der Einfluß der Prognosequalität (Qualifikation der Mitglieder) auf die eEQ.

Eine rationale Instanz zahlt einer Gruppe immer den optimalen Prämiensatz, wenn ihr dieser bekannt ist. Deshalb ist es sinnvoll, bei Variation eines Parameters nur jeweils diejenige eEQ anzugeben, welche mit dem optimalen Prämiensatz erzielt wird. Soweit nicht anders betont, zeigt von nun an jede der Darstellungen die eEQ, welche sich bei Festsetzung des optimalen Prämiensatzes ergibt.

a. Zusammenhang persönliche Interessen und Gewinnerwartungs-Spannweite

Wie zu erwarten nimmt die eEQ mit zunehmender Bedeutung der persönlichen Interessen ab und konvergiert schließlich gegen 0.5, dem Wert bei vollständig zufälliger Alternativenauswahl.

Nebenstehende Abbildung zeigt die eEQ für den Referenzfall bei Variation von λ_{max}^{PI} bis 0.010, d.h. die persönlichen Interessen eines Mitgliedes betragen maximal 1% des mittleren Gewinnerwartungswertes $E_{Gew}(\mu)$.

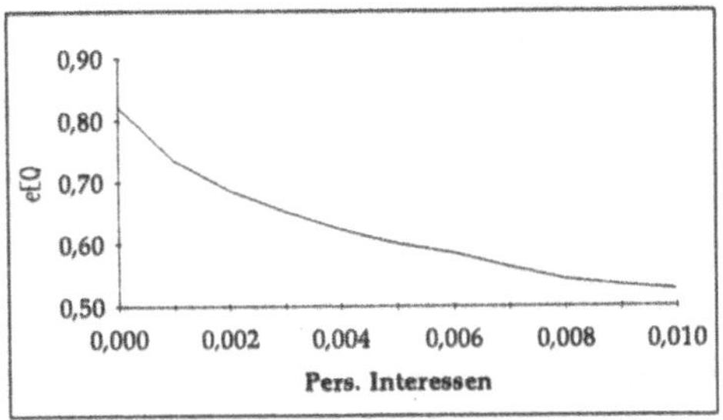

Abb.III.15: EEQ und pers. Int. (Ref.-Fall)

Aus dem Zusammenhang bei der Wahl des optimalen Prämiensatzes läßt sich bereits folgern, daß die Höhe von λ_{max}^{PI} in Verbindung mit der Gewinnerwartungs-Spannweite $\Delta_{Gew}(\mu)$ gesehen werden muß. Bei hoher Spannweite kann durch Prämienzahlung ein höherer Grad persönlicher Interessen kompensiert werden und umgekehrt. Folgende Abbildung verdeutlicht diesen Zusammenhang:

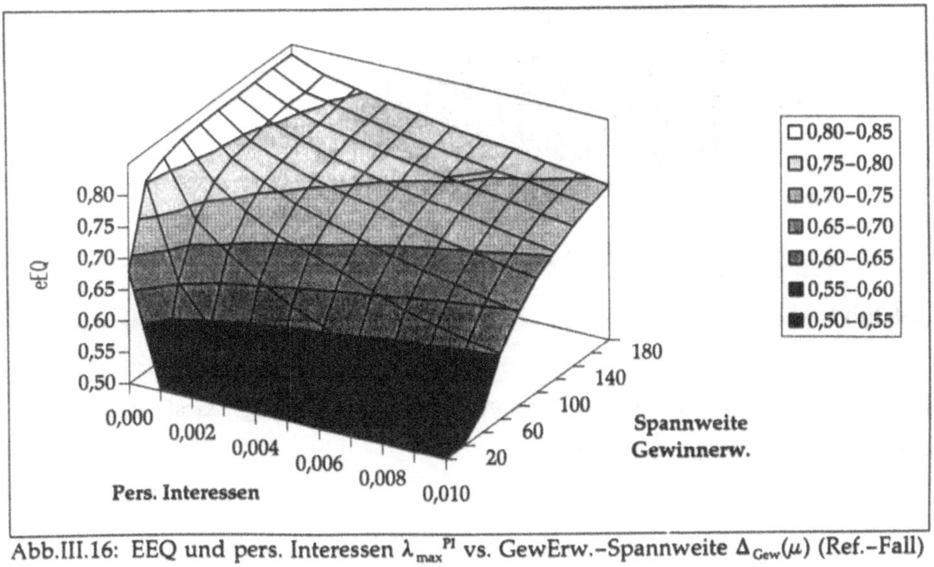

Abb.III.16: EEQ und pers. Interessen λ_{max}^{PI} vs. GewErw.-Spannweite $\Delta_{Gew}(\mu)$ (Ref.-Fall)

b. Abnehmender Einfluß der Prognosequalität bei zunehmender Bedeutung persönlicher Interessen

In Abschnitt A dieses Kapitels wurde gezeigt, daß bei Abwesenheit persönlicher Interessen die Qualifikation in Form der relativen durchschnittlichen Gruppenqualifikation entscheidend für die eEQ ist.

Bei Existenz eines Zielkonfliktes in Form persönlicher Interessen nimmt jedoch die Bedeutung der Qualifikation ab, wie in der folgenden Abbildung dargestellt: Entscheiden sich wegen persönlicher Interessen die Mitglieder nur noch zu einem Teil auf Basis ihrer Einschätzung der Gewinnerwartung, so hat die Qualität dieser Einschätzung nur noch geringeren Einfluß. Ohne persönliche Interessen variiert die eEQ mit der Qualifikation deutlich stärker als bei großer Bedeutung dieser Interessen.

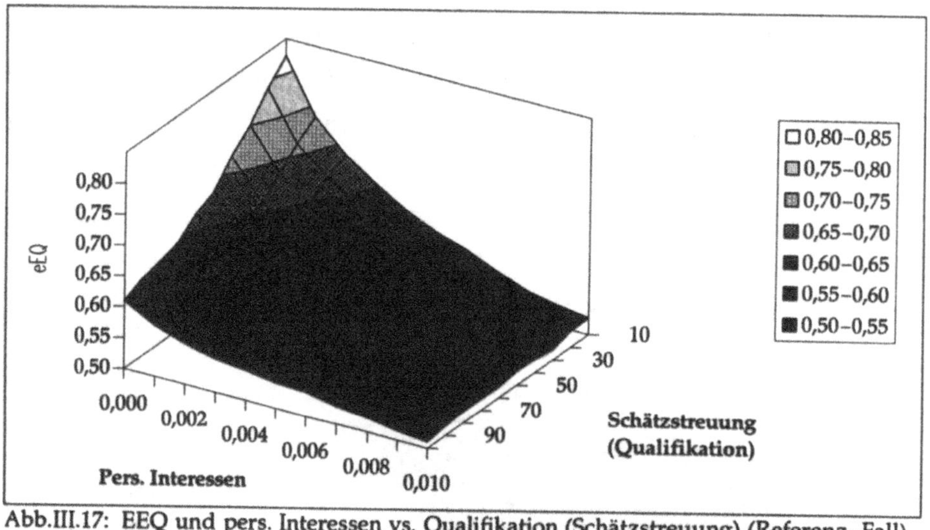

Abb.III.17: EEQ und pers. Interessen vs. Qualifikation (Schätzstreuung) (Referenz-Fall)

Je höher also die Bedeutung der persönlichen Interessen λ_{max}^{PI}, desto geringer c.p. der Einfluß der Prognosequalität.

3. Optimale Gruppengröße

In der sozialpsychologischen Literatur wird die Gruppengröße als Variable mit verschiedenen Auswirkungen auf Aspekte der Gruppenentscheidung gesehen. Positive Auswirkungen auf die Qualität von Entscheidungen einer Gruppe bei steigender Gruppengröße ergeben sich z.B. aus einer Verbreiterung der Ressourcen- und Informationsbasis. Negative Folgen steigender Gruppengröße sind z.B. abnehmende Motivation und Kommunikation.[252]

Aus der Tatsache, daß eine Veränderung der Gruppengröße sowohl positive wie auch negative Effekte auf die Gruppenentscheidung hat, läßt sich vermuten, daß es i.S.d. Entscheidungsqualität eine optimale Gruppengröße geben sollte.
Ebenso ist zu erwarten, daß die optimale Gruppengröße situationsabhängig ist: Stehen in einer Entscheidungssituation die positiven Effekte einer steigenden Gruppengröße im Vordergrund, so wird tendenziell eine hohe Mitgliederzahl optimal sein.
Dominieren umgekehrt negative Effekte einer großen Gruppe eine Entscheidungssituation, so besteht die Tendenz zu einer kleineren optimalen Mitgliederzahl. Die Frage nach der optimalen Gruppengröße ist nicht situationsunabhängig zu beantworten.

Trotzdem wird in der Literatur die Frage nach der optimalen Gruppengröße oftmals ohne Bezugnahme auf die unterliegende Entscheidungssituation und Eigenschaften der Gruppe beantwortet.[253]

---

252 Einen Überblick uber diese und andere Effekte der Gruppengröße gibt der Sammelaufsatz von TÜRK, vgl. TÜRK [1973], S.301–303.

253 So zitiert TÜRK, allgemein werde eine Größe von funf bis sechs Mitgliedern als optimal angesehen, vgl. TÜRK [1973], S.303.

(III.7)	**Optimale Gruppengröße**

Die Frage nach der optimalen Gruppengröße oder Mitgliederzahl M kann nur in Verbindung mit Kenntnis von mittlerer Gruppenqualifikation und Bedeutung der persönlichen Interessen beantwortet werden.

- Bei niedriger mittlerer Qualifikation, also hoher Schätzstreuung $E_{Schätz}(\mu)$, wird die Prognosequalität der Gruppe durch eine Zunahme der Mitgliederzahl stärker gesteigert als bei hoher mittlerer Qualifikation. Niedrige mittlere Qualifikation der Mitglieder führt also c.p. zu einer höheren optimalen Mitgliederzahl als hohe mittlere Qualifikation.
- Bei geringer Bedeutung der persönlichen Interessen kann die Instanz diese Interessen auch noch bei einer größeren Gruppe durch Zahlung von Prämien kompensieren.
  Nimmt die Bedeutung der persönlichen Interessen zu, so besteht wegen erhöhtem Bedarf zu Prämienzahlungen die Tendenz zu kleineren Gruppen, zumal dann wie gesehen der Einfluß der Qualifikation abnimmt.

Die eEQ wird durch die Gruppengröße in unterschiedlicher Art beeinflußt. Insbesondere bestehen zwei entgegengesetzt wirkende Einflüsse der Gruppengröße:

- Prognosequalität: Mit steigender Größe steigt c.p. auch die Prognosequalität der Gruppe durch Verringerung der Nachinteraktions-Schätzstreuung.
- Zielkonflikt: Nimmt die Gruppengröße zu, so verschärft sich c.p. der Zielkonflikt, da die Instanz persönliche Interessen dann schlechter durch Prämienzahlungen kompensieren kann.

Die Bedeutung von Zielkonflikt und Prognosequalität bei einer Entscheidungsgruppe ist abhängig von ihrer Qualifikation und der Bedeutung persönlicher Interessen, jeweils in Relation zur Gewinnerwartungs-Spannweite.

Verfügt eine Gruppe über eine gute mittlere, individuelle Qualifikation der Mitglieder, so hat die Vergrößerung der Gruppe vergleichsweise geringere Bedeutung für die Verbesserung der Prognosequalität.

Haben andererseits persönliche Interessen eine große Bedeutung, so ist der Einfluß des Zielkonfliktes stark, und der Entschärfung des Zielkonfliktes durch Verkleinerung der Gruppe kommt eine wichtige Bedeutung zu.

Die folgende Abbildung zeigt den Verlauf der eEQ in Abhängigkeit von der Gruppengröße M. M wird von 1 bis 11 variiert. Jedem der Graphen liegt eine andere Kombination von $E_{Schätz}(\mu)$ und λ_{max}^{PI} zugrunde. Die Gewinnerwartungs-Spannweite beträgt $\Delta_{Gew}(\mu)$=100, da der Effekt so besser visualisierbar ist. Sonst entsprechen die Parameterwerte dem Referenzfall.

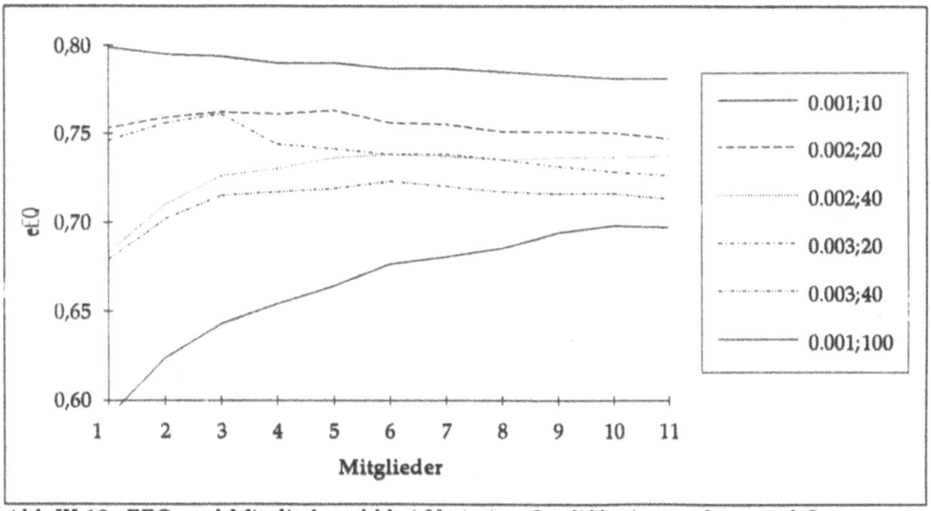

Abb.III.18: EEQ und Mitgliederzahl bei Variation Qualifikation und persönl. Interessen (λ_{max}^{PI}∈{0.001, 0.002, 0.003};$E_{Schätz}(\sigma)$ ∈{10, 20, 40, 100};$\Delta_{Gew}(\mu)$=100; Ref.-Fall)

Man erkennt, daß die beiden äußeren Graphen mit M=1 bzw. M=11 Randmaxima haben. Die Graphen dazwischen realisieren ihre optimalen eEQ bei M=5, M=6, M=3 und M=6 (von oben nach unten). Bei anderen Kombinationen von $E_{Schätz}(\mu)$, λ_{max}^{PI} und $\Delta_{Gew}(\mu)$ sind auch andere Gruppengrößen optimal.

C. Einfluß der Risikoaversion von Gruppenmitgliedern

Wie im Abschnitt über die Rationalität der Gruppenmitglieder ausgeführt wurde, sind in der Realität die meisten Mitglieder nicht, wie im letzten Abschnitt unterstellt, risikoneutral für ihr Belohnungsziel, sondern risikoavers. Inwieweit diese Risikoaversion das Verhalten der Mitglieder beeinflußt, hängt nach der Modellierung in dieser Arbeit von folgenden Faktoren ab:

- <u>*Risiko der Alternativen bzgl. des Gewinnes*</u>, gemessen als Varianz der Gewinnverteilung. Das alternativenbezogene Risiko wird beschrieben durch:
  - Mittlere Gewinnvarianz $E_{Gew}(\sigma^2)$ (mittlere Risikohöhe).
  - Spannweite der Gewinnvarianzen $\Delta_{Gew}(\sigma^2)$: Unterschiede zwischen den Risiken der Alternativen.
- <u>*Bedeutung der Risikoaversion*</u> für die Mitglieder (Risikoaversionskoeffizient):
  - Mittlerer Risikoaversionskoeffizient $E(a^{nsk})$.
  - Spannweite der Risikoaversionskoeffizienten $\Delta(a^{nsk})$.

Aus der Form der Sicherheitsäquivalente in den Nutzenfunktionen U_m *(siehe (II.7) in Kap. II, B.)* ist es unmittelbar einsichtig, daß nur *das Verhältnis* zwischen mittlerer Gewinnvarianz $E_{Gew}(\sigma^2)$ und mittlerem Risikoaversionskoeffizienten $E(a^{nsk})$ von Bedeutung ist. So ist es gleichgültig für die Präferenzfunktion eines Mitgliedes, ob sich entweder die Gewinnvarianz aller Alternativen oder sein Risikoaversionskoeffizient um den gleichen Faktor ändert.[254] Im folgenden wird darum das mittlere Risiko des Alternativengewinnes bei einer Streuung von $E_{Gew}(\sigma)=100$[255] konstant gehalten, und statt dessen die mittlere Risikoaversion variiert.

Bei maximaler Spannweite der Gewinnvarianzen $\Delta_{Gew}(\sigma^2)$ ist der Einfluß der Risikoaversion auf die Gruppenentscheidung maximal, weil dann der Zielkonflikt mit der Instanz *durch Risikoaversion* am größten ist. Für den Referenzfall wird von dem maximal möglichen Unterschied im Gewinnrisiko der Alternativen ausgegangen, d.h. von einer Gewinnvarianz-Spannweite $\Delta_{Gew}(\sigma^2)=20000$.

---

[254] In beiden Fallen ist die Veranderung des Risikoaversionssummanden in der Präferenzfunktion identisch.

[255] Das entspricht einer mittleren Gewinnvarianz von $E_{Gew}(\sigma^2)=10000$.

Der Einfluß der Risikoaversions-Spannweite ist nicht ohne weitere Überlegungen abzusehen. Im Referenzfall und bis auf weiteres soll deshalb die Annahme gleicher Risikoaversion für alle Mitglieder gelten, d.h. $\Delta(a^{nsk})=0$.

1. Auswirkungen der Risikoaversion auf den optimalen Prämiensatz f_{opt}

(III.8) Risikoaversion und optimaler Prämiensatz

Das Vorliegen von Risikoaversion in der Entscheidungsgruppe führt zu Veränderungen des optimalen Prämiensatzes:

- Der Zielkonflikt zwischen Instanz und Mitgliedern dehnt sich neben den persönlichen Interessen auf das Belohnungsziel aus. *Für den Belohnungsteilnutzen* nimmt der Zielkonflikt mit steigendem f zu. Durch einen zunehmenden Grad an Risikoaversion wird der Anreiznutzen eines gegebenen Prämiensatzes geringer. Je höher die mittlere Risikoaversion $E(a^{nsk})$ in einer Gruppe ist, desto kleiner ist c.p. ihr optimaler Prämiensatz f_{opt}.
- Wegen des geringeren Anreiznutzens wird die eEQ mit zunehmender mittlerer Risikoaversion $E(a^{nsk})$ empfindlicher gegenüber Abweichungen des Prämiensatzes vom Optimum.

Durch Existenz persönlicher Interessen entsteht, wie bereits geschildert, ein Zielkonflikt zwischen Instanz und Gruppenmitgliedern. Dieser Zielkonflikt wird mit zunehmendem Prämiensatz kleiner, da die Interessen der Mitglieder immer besser durch Prämienzahlungen kompensiert werden. Trotzdem ist aus Kostengründen nur eine begrenzte Prämienzahlung optimal für die Instanz.

Durch Risikoaversion der Mitglieder dehnt sich der Zielkonflikt zwischen Instanz und Mitgliedern auch auf ihr Belohnungsziel aus. Mit Zahlung höherer Prämiensätze wird der Zielkonflikt i.A. nicht ständig weiter abnehmen:
Zwar kompensiert ein höherer Prämiensatz weiterhin den Zielkonflikt *aus persönlichen Interessen* besser. Gleichzeitig nimmt jedoch der Zielkonflikt im Hinblick auf das Belohnungs- bzw. Gewinnziel zu, weil f quadratisch in den Risikoaversionssummanden des Sicherheitsäquivalentes in der Präferenzfunktion eingeht.

Mit steigendem f ist demnach der zusätzliche Anreiznutzen zur Abstimmung gemäß dem Gewinnziel der Instanz umso kleiner, je größer die mittlere Risikoaversion in der Gruppe ist. Die Höhe der (Grenz-)Belohnungskosten bleibt jedoch gleich. Aus diesem Grund ist f_{opt} c.p. um so kleiner, je größer $E(a^{risk})$ ist.

Nebenstehende Abbildung zeigt diesen Zusammenhang für den Referenzfall (mit $E_{Gew}(\sigma^2)=10000$, $\Delta_{Gew}(\sigma^2)=20000$, $\Delta(a^{risk})=0$). Wird der optimale Prämiensatz unter Vernachlässigung der Risikoaversion gewählt, so kann dies zu deutlichen Verlusten bei der eEQ führen. Diese Verluste sind um so größer, je höher die mittlere Risikoaversion der Gruppe ist. Bei optimaler Anpassung des Prämiensatzes bleibt die Auswirkung auf die eEQ demgegenüber deutlich geringer.

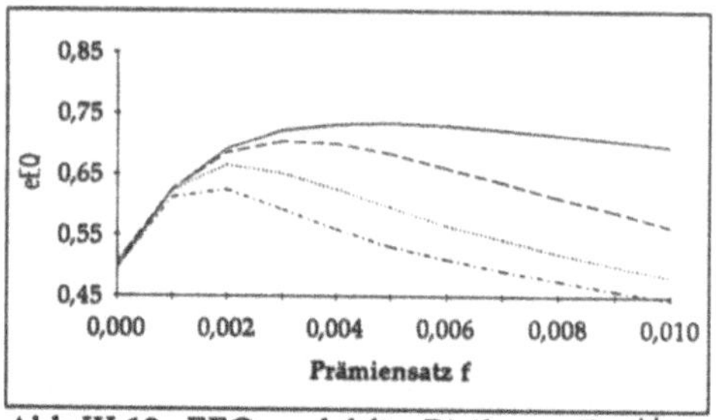

Abb.III.19: EEQ und f für Risikoav. $E(a^{risk})$= {0;0.5;1;2} (von oben; Ref.-Fall)

Dies deutet bereits darauf hin, daß mit zunehmender Risikoaversion die Bestimmung von f_{opt} zunehmende Bedeutung hat: Die Abhängigkeit der eEQ von f nimmt zu, insbesondere für $f>f_{opt.}$. Folgende Abbildung verdeutlicht dies:

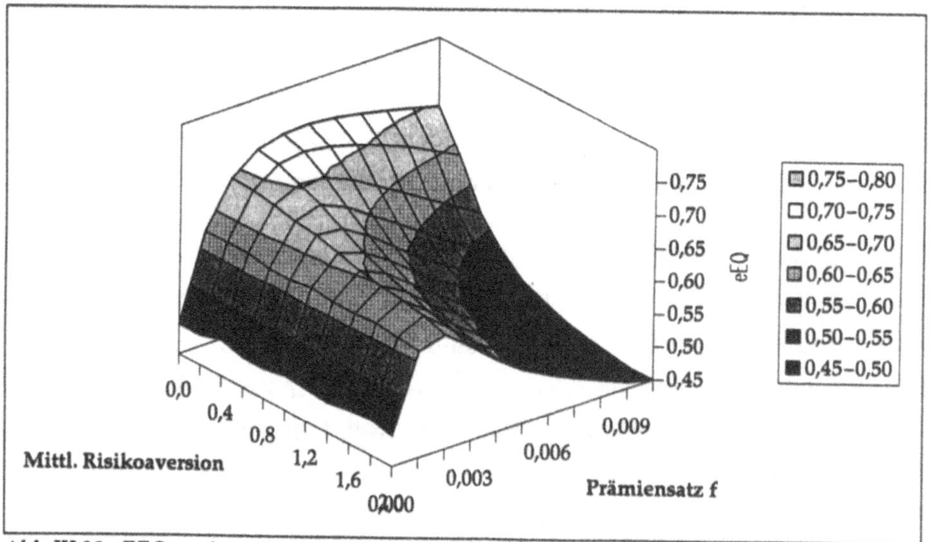

Abb.III.20: EEQ und mittlere Risikoaversion $E(a^{risk})$ vs. Prämiensatz f (Referenz-Fall)

2. Einfluß der Risikoaversion auf die erwartete Entscheidungsqualität

(III.9) Risikoaversion und erwartete Entscheidungsqualität

Die Risikoaversion in Form des mittleren Risikoaversionskoeffizienten $E(a^{nsk})$ hat einen mit zunehmender Größe stärkeren negativen Einfluß auf die eEQ:

- Mit steigender *mittlerer Risikoaversion* $E(a^{nsk})$ der Gruppe verschärft sich der Zielkonflikt zwischen Gruppe und Instanz. Die eEQ nimmt ab, wobei allerdings durch richtige Wahl von f_{opt} der Verlust an eEQ moderat bleibt.
- Je stärker sich die Alternativen hinsichtlich der Gewinnvarianz in Form der *Gewinnvarianz-Spannweite* $\Delta_{Gew}(\sigma^2)$ unterscheiden, um so stärker ist der negative Einfluß der Risikoaversion auf die eEQ.
- Die *Spannweite* $\Delta(a^{nsk})$ *der Risikoaversionsverteilung* in der Gruppe hat keinen oder nur einen unbedeutenden systematischen Einfluß auf die eEQ.
- Bei Risikoaversion können persönliche Interessen in einer Gruppe schlechter durch Prämienzahlungen der Instanz gemindert werden, da der Anreiznutzen eines gegeben f wie geschildert abnimmt. Je höher die Risikoaversion $E(a^{nsk})$ einer Gruppe, desto größer ist aus diesem Grund die *Bedeutung persönlicher Interessen* λ_{max}^{PI} der Gruppenmitglieder für die eEQ.
- Wie bei Zunahme der persönlichen Interessen nimmt auch bei Zielkonfliktverschärfung durch größere Risikoaversion die *Bedeutung der Qualifikation* einer Gruppe für die eEQ ab.

a. Einfluß mittlere Risikoaversion $E(a^{nsk})$

Durch die erwähnte Zielkonfliktverschärfung fällt die eEQ mit wachsendem $E(a^{nsk})$. Bei Wahl des richtigen, jeweils optimalen Prämiensatzes bleibt der Verlust an eEQ jedoch moderat, wie nebenstehende Abbildung zeigt. Für den Referenzfall gilt im folgenden eine Risikoaversion von $E(a^{nsk})=0.5$.

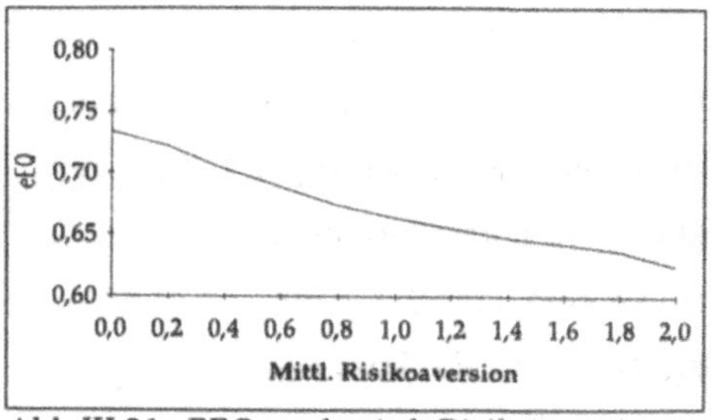

Abb.III.21: EEQ und mittl. Risikoaversion $E(a^{risk})$, (jeweils f_{opt}; Ref.-Fall)

b. Einfluß der Gewinnvarianz-Spannweite $\Delta_{Gew}(\sigma^2)$

Hätten alle Alternativen eine identische Gewinnvarianz, und würden die Mitglieder dies richtig einschätzen, so wäre kein Einfluß der Risikoaversion auf Entscheidungsverhalten der Mitglieder und eEQ festzustellen.

Je stärker sich jedoch die Alternativen auch hinsichtlich ihrer Gewinnvarianz voneinander unterscheiden, um so stärker ist der geschilderte negative Einfluß der Risikoaversion auf die eEQ. Nebenstehende Abbildung verdeutlicht diesen Zusammenhang zwischen $\Delta_{Gew}(\sigma^2)$ und eEQ.

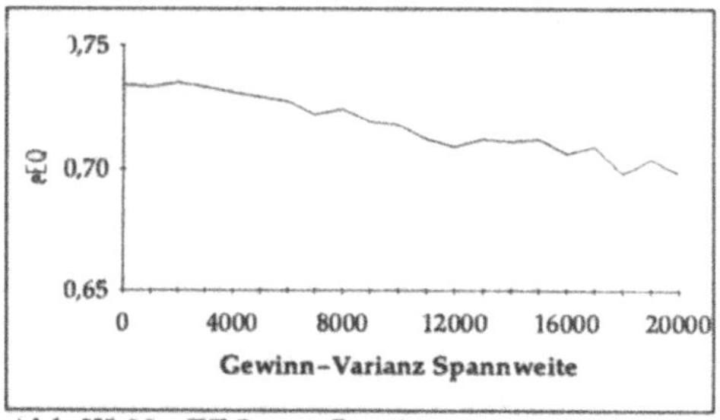

Abb.III.22: EEQ vs. Gewinnvarianz-Spannweite $\Delta_{Gew}(\sigma^2)$ (Ref.-Fall)

c. Einfluß der Risikoaversions-Spannweite $\Delta(a^{nsk})$

Ob und wie sich eine stärkere Streuung der Risikoaversionen zwischen den Gruppenmitgliedern in Form zunehmender Risikoaversions-Spannweite $\Delta(a^{nsk})$ auf den Zielkonflikt bei einer einzelnen Entscheidung auswirkt, ist unklar. Da das Single Vote-Kriterium kein Mitglied gegenüber einem anderen bevorzugt, ist für die durchschnittliche Wirkung der Risikoaversion deren Mittelwert entscheidend: Die Existenz von Mitgliedern mit großer und von solchen mit kleiner Risikoaversion hat keine wesentliche und systematische Auswirkung auf die eEQ im Vergleich zu gleichmäßiger Risikoaversion bei gleichem Mittelwert $E(a^{nsk})$. Der Grund hierfür ist die Durchschnittsbildung im Abstimmungsmechanismus.[256]

Dieser Zusammenhang wird in der nebenstehenden Abbildung erkennbar: Trotz simulationsbedingter Ungenauigkeiten in Form zufälliger Fluktuationen ist kein Trend der eEQ in Abhängigkeit der Risikoaversions-Spannweite $\Delta(a^{nsk})$ zu erkennen.

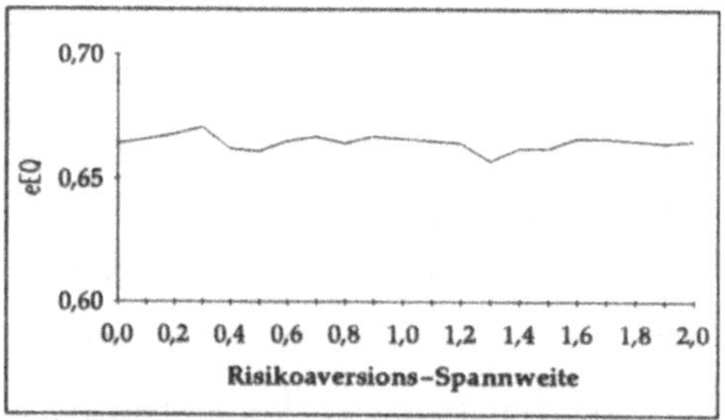

Abb.III.23: EEQ und Risikoav.-Spannweite $\Delta(a^{risk})$ (Referenz-Fall)

---

256 Das gleiche Argument gilt für Borda-Kriterium und Hare-Regel.

Aus diesem Grund wird im folgenden stets von einer identischen Risikoaversion in der Gruppe ausgegangen, d.h. von $\Delta(a^{risk})=0$.

d. Stärkerer Einfluß persönlicher Interessen λ_{max}^{PI} auf eEQ bei Risikoaversion

Im letzten Abschnitt wurde gezeigt, daß die eEQ mit steigender Bedeutung der persönlichen Interessen abnimmt, weil der Zielkonflikt trotz Vereinbarung des optimalen Prämiensatzes nicht ganz ausgeräumt werden kann. Liegt nun zusätzlich zu den persönlichen Interessen noch Risikoaversion in der Gruppe vor, so nimmt mit steigender Risikoaversion der mittlere Anreiznutzen einer Belohnung durch eine Prämienzahlung ab, wie bereits ausgeführt wurde. Aus diesem Grund können persönliche Interessen nur noch schlechter kompensiert werden.

Die nebenstehende Abbildung verdeutlicht diesen Zusammenhang für den Referenzfall und unterschiedliche Werte für $E(a^{risk})$: Die eEQ fällt mit steigendem λ_{max}^{PI} um so schneller ab, je größer die mittlere Risikoaversion $E(a^{risk})$ ist.

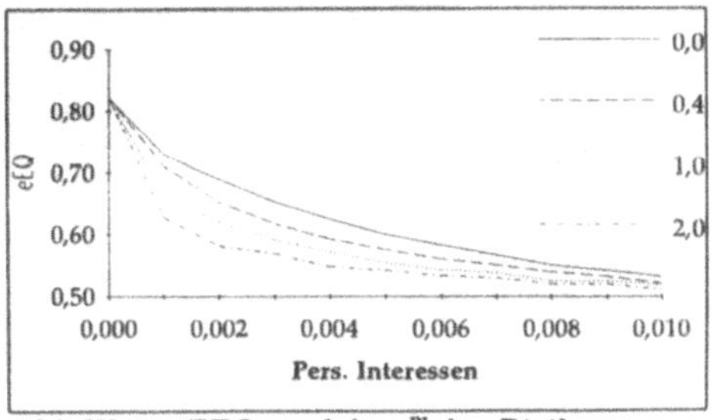

Abb.III.24: EEQ und λ_{max}^{PI} für Risikoav. $E(a^{risk})=\{0;0.4;1;2\}$ (Ref.-Fall)

e. Abnehmende Bedeutung der Qualifikation $E_{Schätz}(\sigma)$ auf eEQ bei Risikoaversion

Es wurde ebenfalls im letzten Abschnitt gezeigt, daß die Bedeutung der Qualifikation für die eEQ in dem Maße abnimmt, in dem der durch persönliche Interessen verursachte Zielkonflikt stärker wird. Der gleiche Zusammenhang liegt vor, wenn der Zielkonflikt durch zunehmende Risikoaversion verstärkt wird.

Selbst bei maximaler Qualifikation einer Gruppe (Schätzstreuung $E_{Schätz}(\sigma)$ in der Nähe von 0) kann durch einen zunehmenden Zielkonflikt nur noch eine beschränkte eEQ erzielt werden. Da die eEQ jedoch, wie früher gezeigt, mit wachsender Schätzstreuung gegen 0.5 konvergiert, folgt hieraus schon die abnehmende Bedeutung der Qualifikation.

Andersherum betrachtet nimmt natürlich mit zunehmender Schätzstreuung ebenso der Einfluß des Zielkonfliktes auf die eEQ ab, der durch persönliche Interessen und Risikoaversion bewirkt wird.

Die folgende Abbildung zeigt den Zusammenhang zwischen eEQ und der Kombination aus mittlerer Schätzstreuung $E_{Schätz}(\sigma)$ und mittlerer Risikoaversion $E(a^{nsk})$ in der Gruppe.

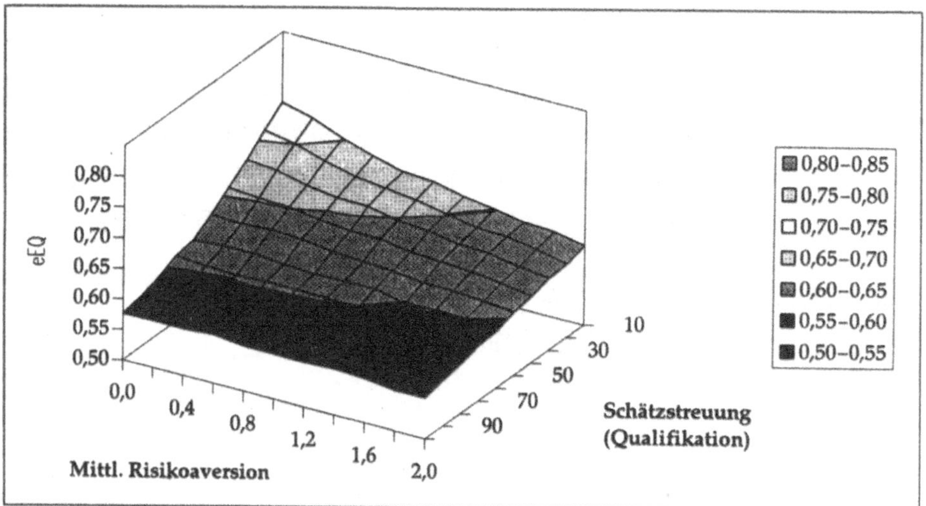

Abb.III.25: EEQ und Qualifikation vs. mittl. Risikoaversion der Gruppe (Referenz-Fall)

3. Auswirkungen der Risikoaversion auf die optimale Gruppengröße

(III.10) Risikoaversion und optimale Gruppengröße

Je höher die mittlere Risikoaversion $E(a^{nsk})$ einer Gruppe, desto größer ist c.p. die optimale Mitgliederzahl.

Der optimale Prämiensatz f_{opt} zur Minderung des Zielkonfliktes und Kompensation von persönlichen Interessen der Mitglieder nimmt wie gezeigt c.p. mit zunehmender Risikoaversion der Gruppe ab (siehe (III.8)). Für jede *feste* Gruppengröße ergeben sich demzufolge bei steigender Risikoaversion geringere optimale Belohnungskosten, denn mit f_{opt} nimmt auch das Produkt $M \cdot f_{opt}$ ab.

Die Verkleinerung der optimalen Gruppengröße bei wachsender Bedeutung der persönlichen Interessen λ_{max}^{PI} wird auch dadurch bewirkt, daß die Belohnungskosten zur Kompensation der persönlichen Interessen in Abhängigkeit von M deutlich (mit Proportionalitätsfaktor 1) ansteigen. Hierdurch wird bereits bei relativ kleinerer Mitgliederzahl ein Gleichgewicht zwischen mittlerem Grenzanreiznutzen und mittleren Grenzbelohnungskosten erreicht.

Ist der optimale Prämiensatz bei jeder festen Gruppengröße jedoch wegen Risikoaversion kleiner, so ist die Steigerung der Belohnungskosten bei zunehmender Mitgliederzahl langsamer als bei größerem f_{opt}. Der positive Effekt zunehmender Gruppengröße auf die Prognosequalität führt dazu, daß die optimale Mitgliederzahl bei wachsender mittlerer Risikoaversion $E(a^{risk})$ steigt, trotz eines mit zunehmender Risikoaversion abnehmenden mittleren Anreiznutzens.

Folgende Abbildung verdeutlicht diesen Effekt:

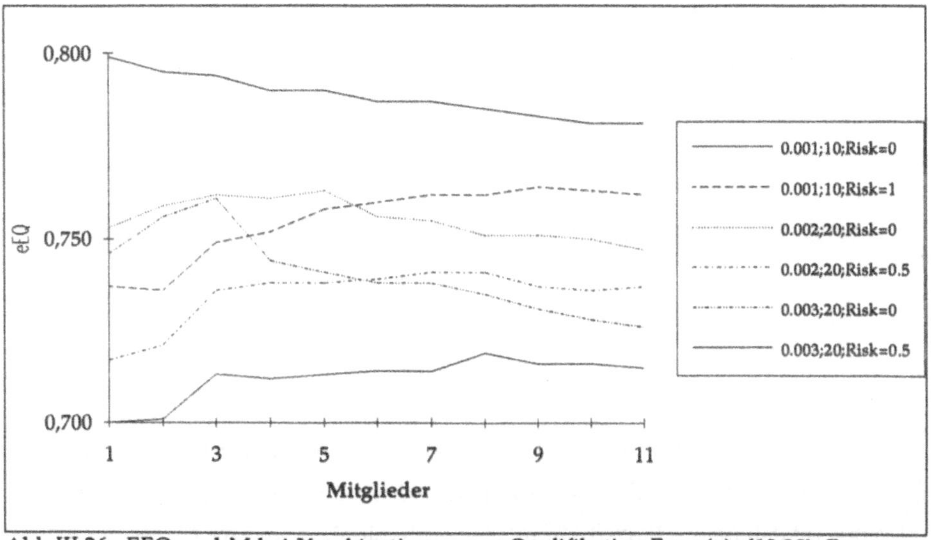

Abb.III.26: EEQ und M bei Kombinationen von Qualifikation $E_{Schätz}(\sigma)=\{10;20\}$, Pers. Interessen $\lambda_{max}^{PI}=\{0.001;0.002;0.003\}$, Risikoav. $E(a^{risk})=\{0;0.5;1\}$ (Ref.-Fall)

D. Auswirkungen von Konformität zwischen den Mitgliedern

(III.11)	Einfluß der Konformitätstendenz
Durch steigende mittlere Konformitätstendenz $E(a^{konf})$ in der Gruppe nimmt der Zielkonflikt *zwischen den Mitgliedern* ab. Weil sich die persönlichen Interessen der Mitglieder annahmegemäß unabhängig voneinander auf die Alternativen verteilen, erhält die Belohnung als gemeinsames Zielelement ein größeres Gewicht. Der Zielkonflikt zwischen Instanz und Mitgliedern wird also ebenfalls mit zunehmender Konformitätstendenz gemindert.	

Bei den bisherigen Betrachtungen in diesem Kapitel wurde stets von Unabhängigkeit persönlicher Interessen für die Alternativen ausgegangen. Lediglich durch die Zahlung des Prämiensatzes f bestand eine Teilzielhomogenität zwischen den Mitgliedern im Hinblick auf die Maximierung des Gewinnerwartungswertes.
In Entscheidungsgruppen kann es jedoch durch Tendenz zur Konformität zu einer weitergehenden Homogenität der Ziele zwischen den Mitgliedern kommen (*siehe Kap. I, C.*). Die Umsetzung dieser Konformitätstendenz im Modell erfolgt durch Ausrichtung eines Teiles $0 \leq a^{konf}_m < 1$ der persönlichen Interessen jedes Mitgliedes an den Alternativenpräferenzen der *anderen* Mitglieder (*siehe Kap. II, B.5.*).

1. Sinken des optimalen Prämiensatzes unter Konformitätseinfluß

(III.12)	Konformitätstendenz und optimaler Prämiensatz
Der Zielkonflikt durch persönliche Interessen der Mitglieder kann bei höherer Konformität zunehmend besser kompensiert werden. Bei steigender mittlerer Konformitätstendenz $E(a^{konf})$ nimmt der optimale Prämiensatz f_{opt} ab.	

Bei steigender mittlerer Konformitätstendenz orientieren sich die persönlichen Interessen der Gruppenmitglieder zunehmend an den Präferenzen anderer Mitglieder. Die persönlichen Interessen eines Mitgliedes an einer Alternative bestehen unter Konformität aus insgesamt drei Teilzielen:

- *Eigene, ursprüngliche persönliche Interessen*, welche annahmegemäß unabhängig von der Gewinnverteilung der Alternativen sind.
- *Präferenzwert anderer Mitglieder an dieser Alternative*, bestehend aus:
  - *Belohnungsäquivalent* anderer Mitglieder für die Alternative
  - *Persönlichen Interessen* anderer Mitglieder für die Alternative, ursprünglich ebenfalls unabhängig von der Gewinnverteilung

Durch die Konformität orientieren sich die Mitglieder demnach stärker am Belohnungsäquivalent als einzig weitgehend homogenem Gruppenziel.
Durch Bildung einer Konvexkombination der ursprünglichen persönlichen Interessen eines Mitgliedes mit denen anderer Mitglieder nimmt außerdem die Streuung des gewinnunabhängigen Teiles der persönlichen Interessen ab.[257]

Nebenstehende Abbildungen verdeutlichen diesen Zusammenhang:
Die eEQ steigt bei stärkerer Konformitätstendenz bis zum Optimum schneller mit f an, da mit zunehmendem Prämiensatz zunächst ein größerer zusätzlicher Anreiznutzen bei gleichen zusätzlichen Belohnungskosten erzielt wird.
Aus dem gleichen Grund ist das Optimum mit steigender mittlerer Konformitätstendenz $E(a^{konf})$ bereits bei einem kleineren Prämiensatz f_{opt} erreicht.

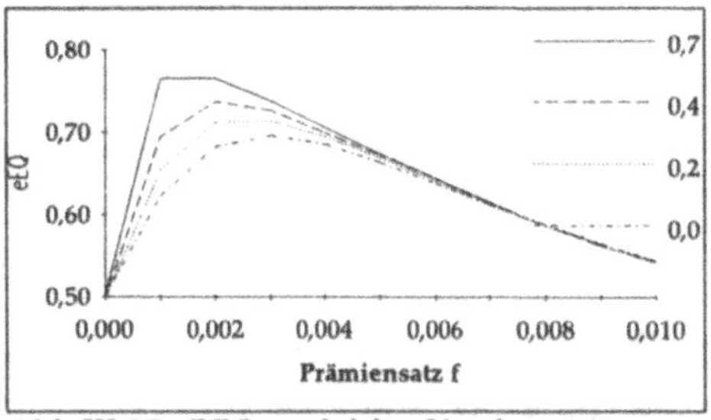

Abb.III.27: EEQ und f für Konformität von $E(a^{konf})=\{0.0;0.2;0.4;0.7\}$, Ref.-Fall

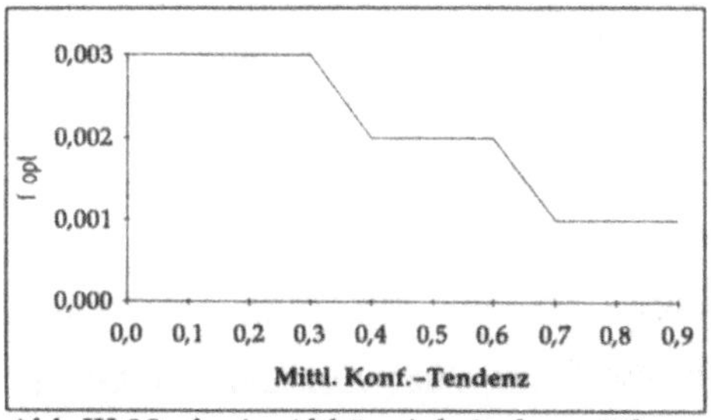

Abb.III.28: f_{opt} in Abhängigkeit der mittleren Konformität (Referenz-Fall)

257 Angenommen, zwei Mitglieder verfugen unter Vernachlassigung des Belohnungsaquivalentes über stochastisch unabhangige, rechteckverteilte, ursprüngliche persönliche Interessen auf dem Intervall $[-\lambda_{max}^{PI}; \lambda_{max}^{PI}]$. Unter $a^{nsk}_1=a^{nsk}_2=0.5$ ergibt sich als Verteilung der persönlichen Interessen unter Konformitatseinfluß fur jedes Mitglied eine Dreieckverteilung auf dem gleichen Intervall mit Erwartungswert 0 (vgl. z.B. HINDERER, [1972], S.149). Diese Verteilung hat sowohl eine kleinere Streuung als auch eine kleinere Entropie als die Rechteckverteilung.

2. Einfluß der Konformitätstendenz auf die erwartete Entscheidungsqualität

(III.13) Konformitätstendenz und erwartete Entscheidungsqualität

Mit zunehmender mittlerer Konformitätstendenz steigt die eEQ, weil der Zielkonflikt wie erläutert abnimmt:

- Die *Spannweite der Konformitätstendenz* $\Delta(a^{konf})$ hat nur eine vernachlässigbar kleine Auswirkung auf die eEQ.
- Je höher die *Bedeutung persönlicher Interessen* λ_{max}^{PI}, desto größer ist der Einfluß der Konformität auf die eEQ. Allerdings kann auch bei sehr hoher Konformitätstendenz die negative Auswirkung persönlicher Interessen nicht vollständig kompensiert werden.
- Durch Konformität kann lediglich der unsystematisch auf die Alternativen verteilte, durch persönliche Interessen hervorgerufene Zielkonflikt kompensiert werden. Der systematische Zielkonflikt aus *Risikoaversion* zwischen Instanz und Mitgliedern wird nicht wesentlich abgeschwächt.

a. Einfluß der mittleren Konformitätstendenz $E(a^{konf})$ auf die eEQ

Nebenstehende Abbildung verdeutlicht, wie die erwartete Entscheidungsqualität mit steigender mittlerer Konformitätstendenz in der Gruppe durch Abschwächung des Zielkonfliktes zunimmt.

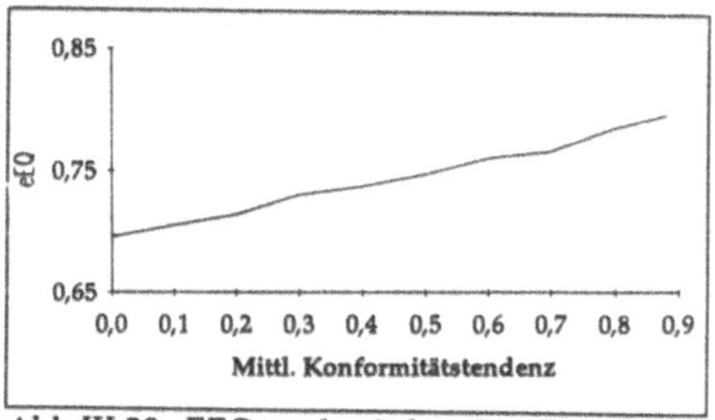

Abb.III.29: EEQ und mittlere Konformitätstendenz $E(a^{konf})$ (Referenz-Fall)

Dieses Ergebnis gilt unter den Modellannahmen der vorliegenden Arbeit in situativ unterschiedlicher Intensität grundsätzlich. Für den Referenzfall wird im folgenden von einer mittleren Konformität von $E(a^{konf}) = 0.25$ ausgegangen.

Sobald allerdings für eine Entscheidungsgruppe die Annahme verworfen werden muß, daß die persönlichen Interessen eines oder mehrerer Mitglieder unabhängig vom Instanzziel sind, kann steigende Konformität auch eine Verschlechterung der Entscheidungsqualität bewirken.

Gruppen mit starker Konformitätstendenz zeichnen sich grundsätzlich durch eine Abnahme des Zielkonfliktes *innerhalb der Entscheidungsgruppe* aus. Ist dies jedoch nicht mehr gleichbedeutend mit einer Abnahme des Zielkonfliktes *zwischen Instanz und Mitgliedern*, so kann sich die Entscheidungsqualität (aus Sicht der Instanz) mit wachsender Konformität auch verschlechtern.
Dies ist beispielsweise der Fall, wenn sich die Mitglieder einer Gruppen implizit oder explizit auf ein Gruppenziel einigen, welches nicht nur unabhängig vom Instanzziel ist, sondern konkurrierend.

Folgenreiche Verschlechterungen der Qualität wichtiger, politischer Entscheidungen bei starker Konformität aufgrund hoher Kohäsion einer Entscheidungsgruppe durch das sogenannte *Groupthink*-Phänomen beschreibt JANIS.[258]

b. Einfluß der Konformitätstendenz-Spannweite $\Delta(a^{konf})$ auf die eEQ

Die Spannweite der Konformität innerhalb einer Entscheidungsgruppe hat keinen wesentlichen systematischen Einfluß auf die eEQ, wie nebenstehende Abbildung für den Referenzfall veranschaulicht.

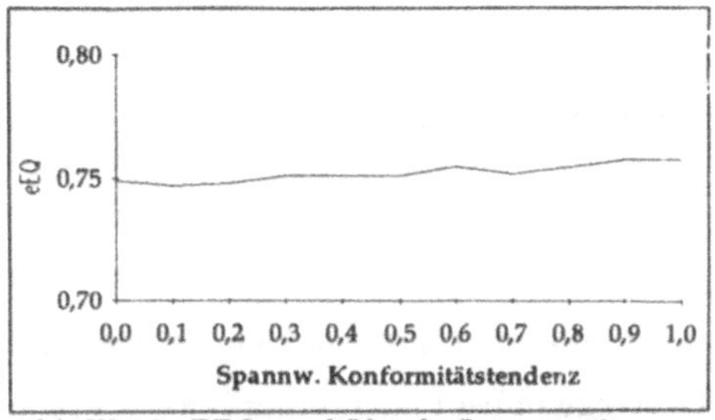

Abb.III.30: EEQ und Konf.-Spannweite von $\Delta(a^{konf})$ (Ref.-Fall, $E(a^{konf})=0.5$)

Für die folgenden Betrachtungen wird deshalb zur Komplexitätsreduktion stets davon ausgegangen, daß alle Mitglieder über eine identische Konformitätstendenz verfügen, d.h. es gilt $\Delta(a^{konf}) = 0$.

c. Einfluß der Konformitätstendenz abhängig von persönlichen Interessen λ_{max}^{PI}

Der positive Einfluß einer zunehmenden mittleren Konformitätstendenz auf die eEQ ist, wie in diesem Abschnitt bereits erläutert, zurückzuführen auf die kostenlose Kompensation der persönlichen Mitgliederinteressen zugunsten des Instanzzieles Alternativengewinn.

---

[258] Siehe JANIS [1972]. Zum Zusammenhang mit der Konformitat vgl. besonders S.11-13 und die Übersicht auf S. 244. Zum positiven Zusammenhang zwischen Kohäsion und Konformitat vgl. CARTWRIGHT/ZANDER [1968], S.144.

Dieser positive Einfluß der Konformitätstendenz hat um so größere Auswirkungen, je größer die Bedeutung der persönlichen Interessen in einer Entscheidungsgruppe ist. Folgende Abbildung verdeutlicht diesen Zusammenhang:

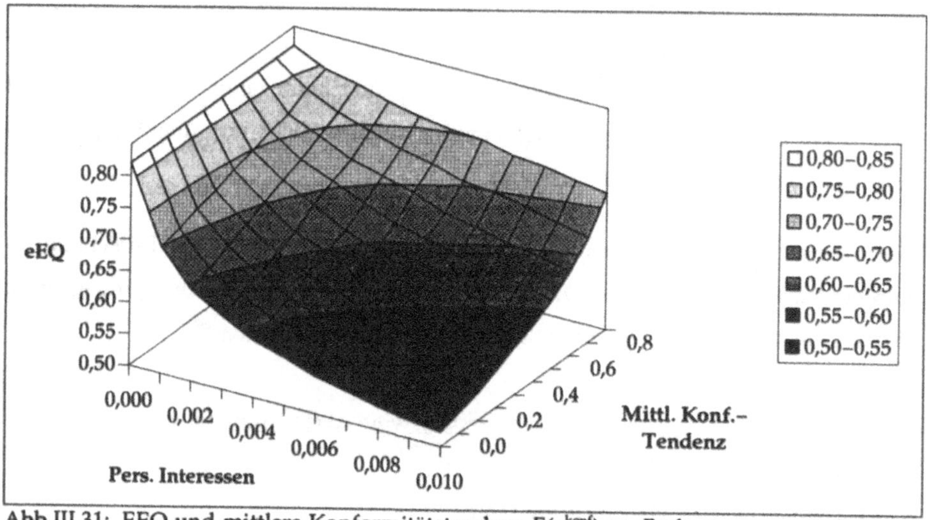

Abb.III.31: EEQ und mittlere Konformitätstendenz $E(a^{konf})$ vs. Bedeutung persönlicher Interessen λ_{max}^{PI} (Referenz-Fall)

Auch bei zunehmender Konformitätstendenz verschwinden die ursprünglichen persönlichen Interessen der Mitglieder für $\lambda_{max}^{PI} > 0$ allerdings nicht vollständig. Deswegen bleibt auch unter hohem Konformitätseinfluß eine Bedeutung persönlicher Interessen bestehen, da jedes Mitglied auch die ursprünglichen persönlichen Interessen *der anderen* in seine Präferenzwerte einbezieht. Auch dieser Zusammenhang wird in der vorhergehenden Abbildung deutlich.

d. Konformität und Zielkonflikt durch Risikoaversion

Auch durch Risikoaversion entsteht ein Zielkonflikt zwischen Instanz und Mitgliedern, wie im vorhergehenden Abschnitt erörtert wurde. Im Unterschied zu dem Zielkonflikt durch persönliche Interessen hat die Abweichung vom Instanzziel durch die Risikoaversion jedoch die gleiche Richtung für alle risikoaversen Gruppenmitglieder: Alternativen mit geringerer Gewinnvarianz werden c.p. solchen mit höherer vorgezogen. Für den Fall identischer Risikoaversionen in der Gruppe haben nach der Interaktion sogar alle Gruppenmitglieder das gleiche

Belohnungsäquivalent, i.A. abweichend von ihrer erwarteten Belohnung.

Wie erläutert vermindert die Konformität innerhalb der Gruppe den Zielkonflikt zwischen den Mitgliedern, womit jedoch nicht notwendig der Zielkonflikt zwischen Mitgliedern und Instanz gemindert wird. Der Zielkonflikt durch Risikoaversion verschwindet deswegen mit zunehmender mittlerer Konformitätstendenz $E(a^{konf})$ nicht.

Die nebenstehende Abbildung verdeutlicht diesen Zusammenhang für vier unterschiedliche Grade an mittlerer Risikoaversion $E(a^{risk})$: Mit steigender Konformität nimmt die eEQ zu, weil der Zielkonflikt durch persönliche Interessen vermindert wird (λ_{max}^{PI} = 0.001). Trotzdem bleibt die eEQ bei mittlerer und starker Risikoaversion ($E(a^{risk}) \geq 1$) deutlich unter derjenigen, welche bei Risikoneutralität der Gruppenmitglieder erreicht wird ($E(a^{risk})=0$).

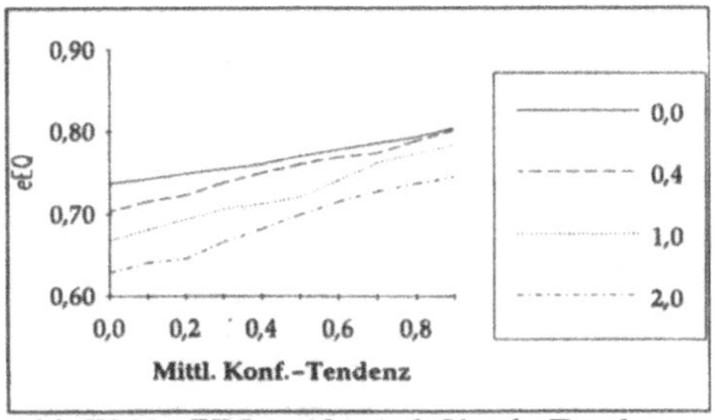

Abb.III.32: EEQ und mittl. Konf.-Tendenz; $E(a^{risk})$={0.0;0.4;1;2} (Ref.-Fall)

3. Konformitätstendenz und optimale Gruppengröße

(III.14)	**Konformitätstendenz und optimale Gruppengröße**
Unter der ceteris paribus Annahme vergrößert sich die optimale Mitgliederzahl bei Konformitätstendenz leicht. Allerdings existieren Wechselwirkungen zwischen Gruppengröße und Konformität.	

Mit zunehmender mittlerer Konformitätstendenz $E(a^{konf})$ vergrößert sich c.p. auch die optimale Gruppengröße. Dies hat zwei Gründe:

- Durch eine wachsende Tendenz zur Konformität ergibt sich für die Instanz ein kleinerer Prämiensatz, wie in der folgenden Abbildung veranschaulicht (siehe auch *Abb.III.28*). Dadurch werden größere Gruppen tendenziell bevorzugt.

- Die persönlichen Interessen der Mitglieder verteilen sich annahmegemäß rein zufällig und unabhängig voneinander und von der Gewinnverteilung auf die Alternativen. Je mehr Mitglieder in die Konformitätsüberlegungen eines Mitglieder einfließen, desto mehr stochastisch unabhängige urprüngliche persönliche Interessen fließen in die Bildung der konformitätsbeeinflußten Interessen ein. Dadurch erfolgt ein Zusammenziehen um den Mittelwert 0 des nicht belohnungsbeeinflußten Teils der persönlichen Interessen, wie in diesem Abschnitt bereits am Beispiel zweier Mitglieder und der resultierenden Dreiecksverteilung veranschaulicht wurde.

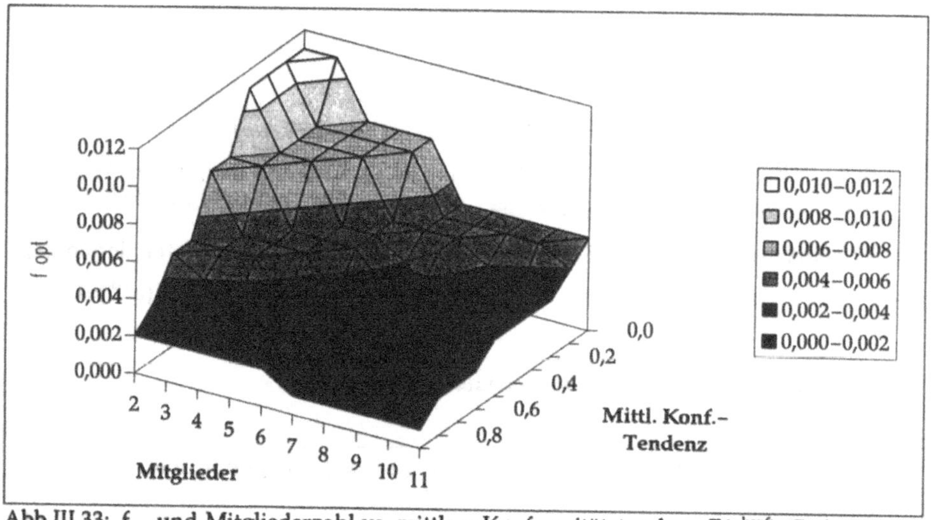

Abb.III.33: f_{opt} und Mitgliederzahl vs. mittlere Konformitätstendenz $E(a^{konf})$ (Ref.-Fall)

Der resultierende Zusammenhang zwischen eEQ, mittlerer Konformitätstendenz und Gruppengröße wird in der folgenden Abbildung verdeutlicht:

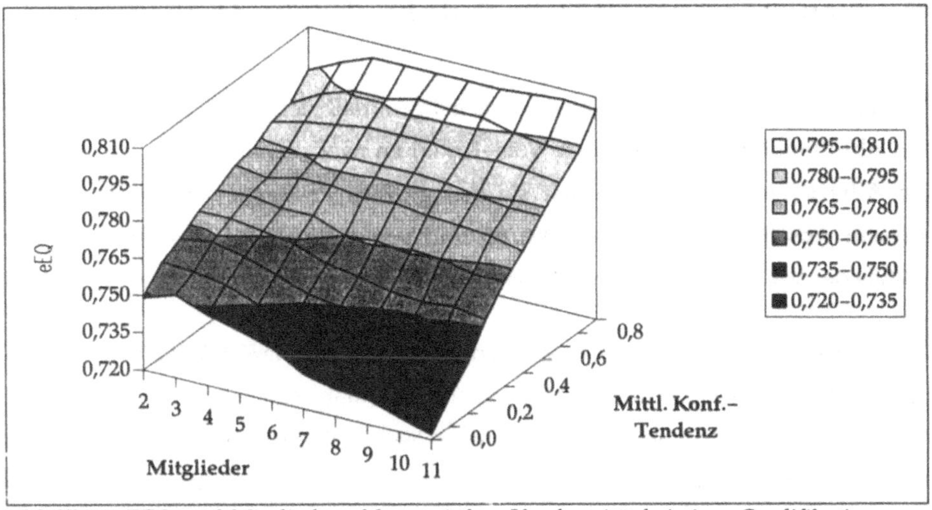

Abb.III.34: EEQ und Mitgliederzahl vs. mittlere Konformität bei einer Qualifikation von $E_{Schätz}(\sigma)=20$, persönlichen Interessen von $\lambda_{max}^{PI}=0.003$, sonst Referenz-Fall

Bei größeren Gruppen hat die Konformitätstendenz in der Abbildung stärkere Auswirkungen als bei kleineren. Die optimale Gruppengröße wächst mit steigender Konformitätstendenz leicht an. Dies ist noch deutlicher dem nebenstehenden Höhenliniendiagramm zu entnehmen.

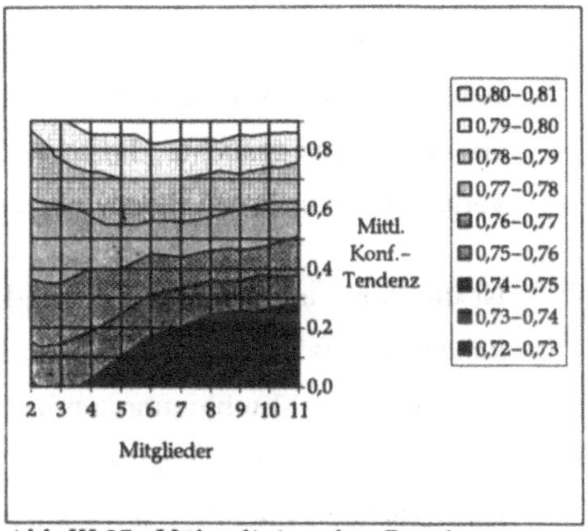

Abb.III.35: Höhenlinien des Graphen in Abb. III.34

Empirische und sozialpsychologische Untersuchungen deuten allerdings darauf hin, daß ein Zusammenhang zwischen Gruppengröße -aufgefaßt als unabhängige Variable- einerseits sowie Konformität und Kohäsion andererseits existiert.[259] Die Übertragung der ceteris paribus Annahme in die Realität erweist sich aus diesem Grunde als problematisch.

[259] Eine Übersicht uber solche Untersuchungen findet sich bei TÜRK [1973], S.302.

E. Einfluß von strategischem Verhalten bei der Abstimmung

In Kapitel III wurde bis jetzt davon ausgegangen, daß sich die Gruppenmitglieder bei Abstimmung nach dem Single Vote-Kriterium naiv verhalten, d.h. für diejenige Alternative stimmen, welcher sie den größten Präferenzwert beimessen. In diesem Abschnitt wird untersucht, ob und wie strategische Überlegungen der Mitglieder bei der Abstimmung die erwartete Entscheidungsqualität beeinflussen.

Die exakte Berechnung des strategischen Verhaltens als Harsanyi-Selten-Gleichgewicht kann bereits in einzelnen Entscheidungssituationen sehr kompliziert sein, und zu in geschlossener Form nicht mehr lösbaren Ausdrücken führen.[260] Aus diesem Grund erfolgt die Berechnung approximativ in Anlehnung an die früher beschriebene Spurprozedur:[261]

> Zunächst wird die naiv bayesianische Lösung berechnet, d.h. das Optimum und einzige Nash-Gleichgewicht des Spieles Γ^t für $t=0$. Ist diese Lösung für $t=0$ bereits ein Nash-Gleichgewicht des ursprünglichen Spieles ($t=1$), so stellt sie bereits das gesuchte Harsanyi-Selten Gleichgewicht dar. In diesem Fall verhalten sich die Mitglieder nach dem Modell naiv bayesianisch.
>
> Ist die naiv bayesianische Lösung kein Nash-Gleichgewicht des ursprünglichen Spieles ($t=1$), so wird das kleinste t^* zwischen 0 und 1 gesucht, für welches eine Kombination reiner Strategien existiert, die sowohl striktes Nash-Gleichgewicht des Spieles Γ^{t^*} als auch Nash-Gleichgewicht des ursprünglichen Spieles Γ^1 ist. Existiert solch ein t^*, so wählt die Spurprozedur die entsprechende Kombination reiner Strategien als Harsanyi-Selten-Gleichgewicht aus.[262]

In der Monte Carlo-Simulation wird solch ein t^* näherungsweise gesucht durch schrittweise Erhöhung von t um $\varepsilon>0$ in mehreren Durchläufen. Die Wahl von

---

260 Vgl. KALKOFEN [1990], S.54.

261 Die Bezeichnungen entsprechen denen aus *Kap. II, E.6*.

262 Vgl. HARSANYI/SELTEN [1988], Lemma 4.17.7 auf S.183, dort für $t^*=0$.

ε=0.1 ergibt einen guten Kompromiß zwischen Genauigkeit und Rechenzeit.

Obwohl die Existenz eines t^* mit der genannten Eigenschaft nicht garantiert ist, wurde es bei allen Parameterkombinationen in mindestens 99% der Fälle gefunden, so daß von einer hinreichend guten Genauigkeit der eEQ ausgegangen werden kann.[263]

1. Bedeutung der a priori-Wahrscheinlichkeiten für den Einfluß strategischen Verhaltens auf die eEQ

In Kapitel II wurden verschiedene Anforderungen an rationale a priori-Verteilungen von Mitgliedern über das strategische Verhalten anderer Mitglieder hergeleitet. Es wurde klar, daß trotz einer Reihe solcher Anforderungen eine Vielzahl von Möglichkeiten für die rationale Wahl von a priori-Verteilungen existiert.
Für das Single Vote-Kriterium wurde gezeigt, daß alle a priori-Verteilungen, welche der zusätzlichen Monotonieforderung genügen, darstellbar sind mit Hilfe einer geeigneten, monoton wachsenden Funktion $f:[0;1] \rightarrow [0;1]$ mit $f(0)=0$ *(siehe Kap.II.E.6.)*.

Im folgenden wird eine Reihe unterschiedlicher Beispiele für f und somit für die a priori-Verteilung der Mitglieder getestet. Die Auswirkungen der Wahl von f auf die eEQ erweisen sich jedoch als sehr klein. Die später folgenden Untersuchungen können deshalb zur Komplexitätsreduktion ohne nennenswerte Verfälschungen auf Basis einer bestimmten Art zur Bildung der a priori-Verteilung erfolgen, d.h. mit einer festen Funktion f.

Folgende zwei Vorschriften zur Bildung einer a priori-Verteilung sind Extremfälle unter allen Möglichkeiten, die den Anforderungen gerecht werden:

---

263 Für die Simulation des strategischen Verhaltens ist ein erheblicher Rechenaufwand erforderlich. Für eine Parameterkombination (p,v) waren auf einem 80486er PC mit 50 Mhz und mathematischem Koprozessor trotz eines von 5000 auf 3000 Durchlaufe reduzierten Monte Carlo-Umfanges Rechenzeiten von 10 bis 15 Stunden die Regel, zumal der optimale Prämiensatz nicht im voraus bekannt war, sondern ermittelt werden mußte.
Aus diesem Grund beschränkt sich die Analyse auf weniger Auswertungen als in den bisherigen Abschnitten.

- Die a priori-Wahrscheinlichkeit dafür, daß ein Mitglied für seine Alternative mit der *höchsten* Präferenz stimmt, beträgt 1, für alle anderen Alternativen 0. Durch diese Vorschrift werden die a priori-Verteilungen maximal "*polarisiert*".
- Die a priori-Wahrscheinlichkeit dafür, daß ein Mitglied für seine Alternative mit der kleinsten Präferenz stimmt, beträgt wie immer 0, für alle anderen Alternativen beträgt sie 1/(N-1). Diese Vorschrift polarisiert minimal.

Zwischen diesen beiden Extremfällen werden noch folgende Möglichkeiten für die Funktion f getestet (in der Reihenfolge zunehmender Polarisierung der Verteilung:

$$\sqrt[4]{(...)}\ ,\ \sqrt{(...)}\ ,\ \ln(...+1)\ ,\ f \text{ linear}\ ,\ (...)^2,\ (...)^3,\ (...)^4.$$

Für N=5 Alternativen mit normalisierten Präferenzen von 0.4, 0.3, 0.2, 0.1 und 0.0 sind diese a priori-Verteilungen der folgenden Abbildung zu entnehmen:

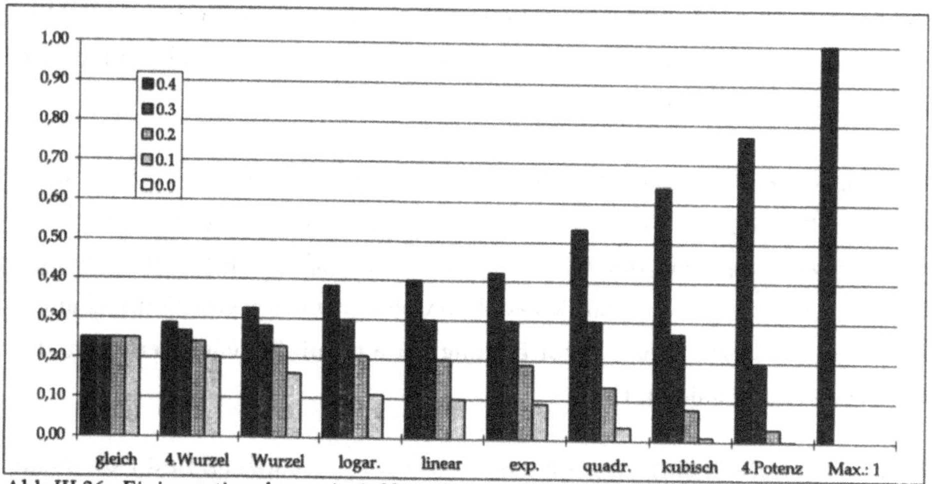

Abb.III.36: Einige rationale a priori-Verteilungen für das Single Vote-Kriterium (N=5)

Für die erwartete Entscheidungsqualität im Referenz-Fall unter Vernachlässigung von Risikoaversion und Konformitätstendenz ergeben sich folgende Werte (optimaler Prämiensatz ist jeweils f_{opt}=0.005):

f	min;	$\sqrt[4]{\cdot}$	$\sqrt{\cdot}$	$\ln(\cdot-1)$	linear	$e^{\cdot}-1$	$(\cdot)^2$	$(\cdot)^3$	$(\cdot)^4$	max.
naiv					0.732					
nbayes	0.733	0.733	0.735	0.735	0.734	0.735	0.735	0.735	0.736	0.736
strat.	0.735	0.735	0.736	0.736	0.736	0.736	0.736	0.736	0.737	0.737
%nb.-Glgew.	82%	83%	83%	83%	83%	85%	86%	88%	89%	89%

Abb.III.37: EEQ und Anteil naiv bayesianischer Gleichgewichte für einige a priori-Verteilungen (Referenz-Fall ohne Risikoaversion und Konformitätstendenz)

Die untere Zeile gibt den Anteil naiv bayesianischer Lösungen an, welcher bereits ein Nash-Gleichgewicht und somit rational unter strategischen Aspekten ist. Bei naivem Verhalten ist die eEQ stets identisch und unabhängig von der a priori-Verteilung.

Der Abstand zwischen der eEQ bei naivem und der bei strategischem Verhalten steigt zwar tendenziell mit zunehmender Polarisierung der a priori-Verteilung, jedoch ist der Einfluß der a priori-Verteilung auf die eEQ nur unwesentlich.
Auch die Approximationsgüte durch naiv bayesianisches Verhalten steigt tendenziell mit zunehmender Polarisierung, sowohl gemessen an Hand der eEQ-Differenz, wie auch als Anteil naiv bayesianischer Nash-Gleichgewichte.
Wie zu erwarten befinden sich die Werte für alle a priori-Verteilungen zwischen den Extremfällen.

Da die Unterschiede für die eEQ, welche durch die Wahl unterschiedlicher a priori-Verteilungen entstehen, sehr klein sind, wird im folgenden zur Komplexitätsreduktion stets eine spezifischen Vorschrift zur Bildung der a priori-Verteilungen ausgewählt: Es wird stets von Wahrscheinlichkeiten gemäß normalisierter Präferenzen ausgegangen, also einem linearen f, bei dem die Verteilung zusätzlich der *Proportionaliätsforderung (siehe (II.21) in Kap. II, E.6.)* gerecht wird.

2. Einfluß von strategischem Abstimmungsverhalten auf die eEQ

(III.15)	**Strategisches Verhalten und eEQ**
Strategisches Verhalten bei der Abstimmung hat einen positiven, aber kleinen Einfluß auf die erwartete Entscheidungsqualität. Durch strategisches Verhalten werden die Auswirkungen des Zielkonfliktes zwischen den Gruppenmitgliedern entschärft, ähnlich dem beschriebenen Effekt bei Konformitätstendenz. Im Fall des strategischen Verhaltens ist die Wirkung auf die eEQ allerdings deutlich schwächer.	

Verhalten sich die Gruppenmitglieder strategisch, so beziehen sie die Präferenzwerte anderer Mitglieder mit in ihre Überlegungen ein. Anders als bei Konformität internalisieren sie diese Ziele jedoch nicht. Die Auswirkung der Einbeziehung von Zielen anderer hat jedoch die gleiche Richtung wie Konformitätstendenz: Durch strategisches Verhalten werden die Auswirkungen des Zielkonfliktes innerhalb der Gruppe vermindert.

Durch die Modellierung ergibt sich hieraus automatisch eine Verminderung des Zielkonfliktes zwischen Instanz und Mitgliedern. Daraus folgt eine größere eEQ unter strategischem als unter naivem Verhalten, sofern die Zielsetzungen von Instanz und Mitgliedern wie im Modell positiv zusammenhängen. Allerdings hat dieser Effekt vergleichsweise geringe Auswirkungen auf die eEQ. Dies verdeutlicht folgende Tabelle (wenn nicht explizit angegeben, wurden die Parameter wie im Referenzfall gewählt, allerdings ohne Risikoaversion und Konformitätstendenz).
Ähnlich wie bei wachsender Konformität kann sich bei strategischem Verhalten die Entscheidungsqualität (aus Sicht der Instanz) allerdings verschlechtern, wenn die Zielsetzungen von Mitgliedern und Instanz konkurrierend sind.

eEQ	Pers. Int.			mittl. Konf.			Pram. f			mittl. Risiko-Avers.		
	0.001	0.004	0.010	0.00	0.25	0.75	0.002	0.005	0.008	0	1	2
naiv	.732	.625	.529	.732	.755	.784	.690	.732	.712	.732	.663	.620
strat.	.736	.632	.530	.736	.757	.784	.696	.736	.714	.736	.673	.625
	Schatz-Strg.			Spw. Gew. -Erw.			Mitgl. M		(N=3)			
	10	40	100	50	100	200	3	5	7			
naiv	.732	.656	.574	.732	.787	.813	.681	.662	.660			
strat	.736	.658	.575	.736	.788	.815	.683	.668	.662			

Abb.III.38: EEQ naives und strategisches Verhalten bei verschiedenen Parameterkombinationen (Referenz-Fall ohne Risikoaversion und Konformitätstendenz. Variation jeweils eines Parameters)

Ahnlich wie bei der Konformitätstendenz kehrt sich dieser positive Effekt auf die Entscheidungsqualität jedoch um, wenn zwischen den persönlichen Interessen der Mitglieder und dem Instanzziel "*Maximierung des Gewinnerwartungswertes*" systematisch oder im Einzelfall ein negativer Zusammenhang besteht.[264]
Die intuitive Vorstellung, strategisches Abstimmungsverhalten habe in der Regel negative Konsequenzen für die Entscheidung, erweist sich jedoch als irreführend.

Zu dem vorliegenden Ergebnis, nach dem sich durch strategisches Abstimmungsverhalten ein insgesamt positiver Einfluß auf die Entscheidung ergibt, kommt mit völlig anderen Methoden auch MILLER.[265]

---

264 Auch KAUS betont die Moglichkeit, daß im Einzelfall durch strategisches ("*antizipierendes*") Abstimmungsverhalten sowohl positive wie auch negative Effekte möglich sind, vgl. KAUS [1985], S.195.

265 Vgl. MILLER [1977], S.800f. Das Ergebnis bleibt im Erwartungswert auch gultig, wenn nicht der Nutzen fur die Instanz, sondern die Summe der normalisierten Einzelnutzen der Mitglieder als Maß fur den sozialen Nutzen (*social utility*) betrachtet wird, vgl. LINDSTÄDT [1995], S. 496f.

3. Einflußfaktoren der eEQ-Verbesserung bei strategischem Verhalten

(III.16) Einflußfaktoren der eEQ-Veränderung bei strategischem Verhalten

Einfluß der Parameter auf den eEQ-Anstieg bei strategischem Verhalten:

- Der negative Einfluß *persönlicher Interessen* auf die eEQ wird durch strategisches Verhalten bei wachsendem λ_{max}^{PI} zunächst deutlicher entschärft. Wird λ_{max}^{PI} jedoch zu groß, so nimmt die Stärke des Effektes wieder ab.
- Bei zunehmender *mittlerer Konformitätstendenz* $E(a^{konf})$ sind Mitgliederziele homogener. Die Auswirkung strategischen Verhaltens nimmt dann ab.
- Je höher der *Prämiensatz*, desto geringer ist -ohne Risikoaversion- der Zielkonflikt zwischen Gruppe und Instanz. Mit größerem f nimmt darum der Effekt strategischen Verhaltens auf die eEQ ab.
- Die Auswirkung einer Veränderung der *Risikoaversion* auf den Effekt strategischen Verhaltens hängt von der Ausprägung anderer Parameter ab.
- Je kleiner die *Schätzstreuung* $E_{Schätz}(\sigma)$ der Gruppe ist, um so mehr Einfluß hat die Entschärfung des Zielkonfliktes zwischen Gruppe und Instanz durch strategisches Verhalten.
- Wie bereits ausgeführt, müssen die Prognosequalität sowie der Zielkonflikt zwischen Gruppe und Instanz in Relation zur *Gewinnerwartungs-Spannweite* interpretiert werden. Eine Veränderung von $\Delta_{Gew}(\mu)$ hat so unterschiedliche Auswirkung auf den Effekt des strategischem Verhaltens.
- Bei wachsender *Gruppengröße* hat die Stimme des einzelnen Mitgliedes weniger Gewicht, was c.p. zu einer geringeren Auswirkung von strategischem Verhalten führt (siehe *Kap. II, E.2.*). Gleichzeitig wird bei steigender Mitgliederzahl und identischen Werten für λ_{max}^{PI} und $E_{Schätz}(\sigma)$ der Zielkonflikt zwischen Gruppe und Instanz verschärft und die Qualifikation verbessert, was tendenziell zu einer Zunahme des Einflusses von strategischem Verhalten führt (*s.o.*).

Der Grad positiver Auswirkungen strategischen Verhaltens auf die eEQ ist abhängig von den Ausprägungen der situativen Parameter p und der Steuerungsvariablen v. Im folgenden wird dieser Zusammenhang zwischen der Stärke des positiven Effektes auf die eEQ und der Ausprägung einzelner Entscheidungsparameter verdeutlicht. Die zugehörigen eEQ sind bereits in *Abb. III.38* aufgeführt.

a. Bedeutung persönlicher Interessen λ_{max}^{PI}

Können die persönlichen Interessen der Mitglieder durch zunehmende Prämienzahlungen der Instanz einigermaßen kompensiert werden, so erhält die geschilderte Entschärfung des Zielkonfliktes mit höherer Bedeutung der persönlichen Interessen mehr Gewicht.

Dominieren jedoch die persönlichen Interessen so stark, daß nur noch kleinere Prämienzahlungen aufgewendet werden, so verliert der positive Effekt durch strategisches Verhalten wieder an Bedeutung. Nebenstehende Abbildung verdeutlicht diesen Zusammenhang.

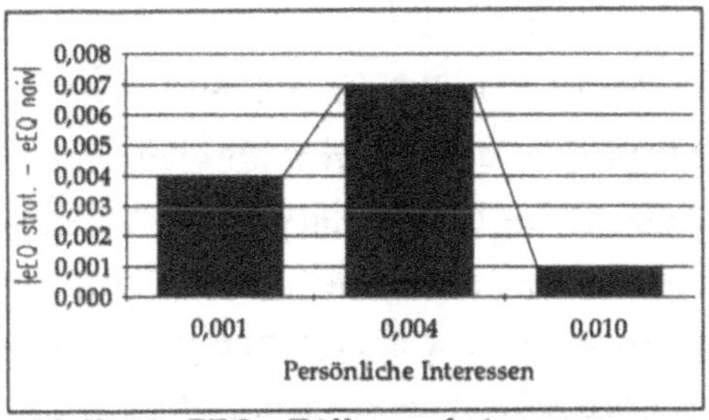

Abb.III.39: EEQ- Differenz bei strateg. Verhalten und pers. Interessen (Ref.-Fall ohne Risikoav./Konf.)

b. Mittlere Konformitätstendenz $E(a^{konf})$

Mit stärkerer Konformitätstendenz werden die Ziele innerhalb der Gruppe homogener. Wie nebenstehende Abbildung zeigt, ist in diesem Fall die positive Auswirkung von strategischem Verhalten auf Zielkonflikt und eEQ gemindert.

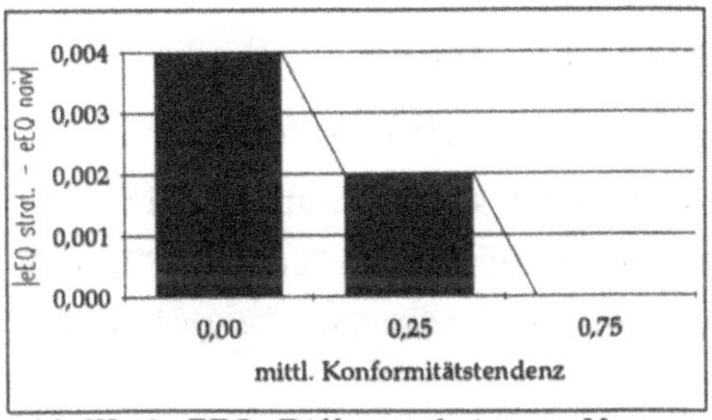

Abb.III.40: EEQ-Differenz bei strat. Verhalten und Konformität (Ref.-Fall ohne Risikoaversion)

c. Prämiensatz f

Je höher der Prämiensatz ist, den die Instanz an die Gruppe zahlt, desto homogener sind ohne Risikoaversion sowohl die Mitgliederziele untereinander als auch Mitgliederziele und Instanzziel.

Dementsprechend nimmt bei höherem f die Bedeutung der Zielkonfliktent-

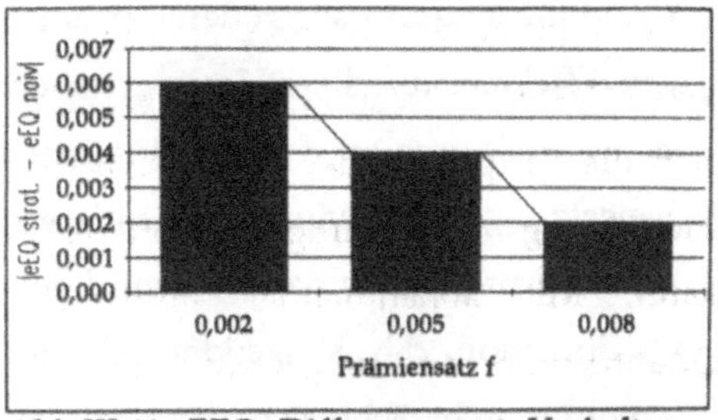

Abb.III.41: EEQ-Differenz strat. Verhalten und Prämiensatz f (Ref.-Fall ohne Risikoav./Konformität)

schärfung durch strategisches Verhalten ab. Der Effekt strategischer Überlegungen der Mitglieder auf die eEQ nimmt mit steigendem Prämiensatz ab, wie der Abbildung zu entnehmen ist.

d. Risikoaversion $E(a^{rısk})$

Nimmt die mittlere Risikoaversion der Mitglieder zu, so wird im Optimum ein kleinerer Prämiensatz durch die Instanz gezahlt. Der Zielkonflikt zwischen den Mitgliedern durch persönliche Interessen erhält zunehmende Bedeutung, was die Auswirkung des strategischen Verhaltens auf die eEQ tendenziell verstärkt. Andererseits verschärft sich in diesem Fall ebenfalls der Zielkonflikt zwischen der Instanz und dem Belohnungsziel der risikoaversen Gruppenmitglieder.

Größere Zielhomogenität in der Gruppe führt somit nicht unbedingt zu höherer eEQ, wodurch sich die Auswirkung des strategischen Verhaltens abschwächt.

Die Risikoaversion hat also keine eindeutige, d.h. *ceteris paribus* monotone Auswirkung auf die Stärke des Effektes bei strategischem Verhalten. Dies verdeutlicht nebenstehende Abbildung.

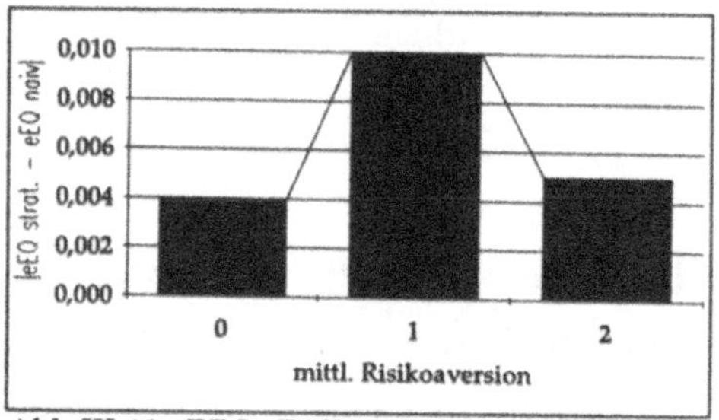

Abb.III.42: EEQ-Differenz bei strat. Verhalten und Risikoaversion (Referenz-Fall ohne Konform.)

e. Qualifikation $E_{Schätz}(\sigma)$

Die Zielkonfliktminderung innerhalb der Gruppe durch strategisches Verhalten führt zu um so größeren positiven Effekten auf die eEQ, je genauer sich die Gruppe an der gemeinsamen Zielsetzung "Belohnung" orientieren kann. Mit abnehmender mittlerer Qualifikation, d.h. steigender Schätzstreuung, schwächt sich der positive Effekt des strategischen Verhaltens auf die eEQ demnach ab (*siehe Abbildung*).

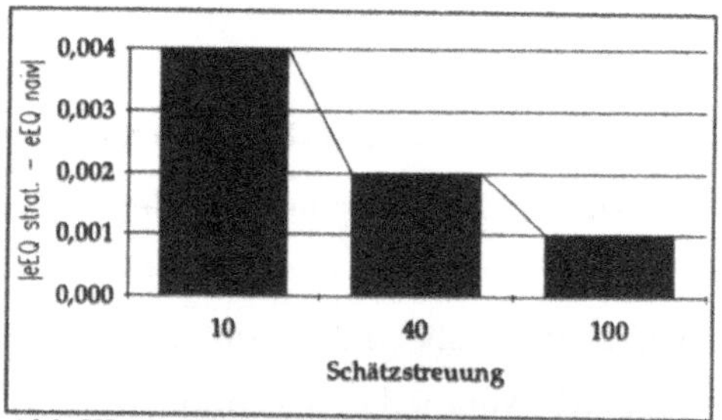

Abb.III.43: EEQ-Differenz bei strat. Verhalten und Schätzstreuung (Ref.-Fall ohne Risikoav./Konf.)

f. Gewinnerwartungs-Spannweite $\Delta_{Gew}(\mu)$

Der Effekt des strategischen Verhaltens auf die eEQ ist abhängig von Zielkonflikt und Prognosequalität in einer Gruppe. Die situative Bedeutung dieser zentralen Größen hängt jedoch in unterschiedlichem Maße mit der Gewinnerwartungs-Spannweite zusammen. Bei steigendem $\Delta_{Gew}(\mu)$ nimmt der Zielkonflikt zwischen Gruppe und Instanz c.p. ab, wodurch der Effekt des strategischen Verhaltens gemindert wird. Die relative Qualifikation steigt jedoch, was seine tendenzielle Verstärkung zur Folge hat. Die resultierende Richtung des Effektes ist nicht monoton, sondern hängt von den Parameterausprägungen ab (*siehe Abbildung*).

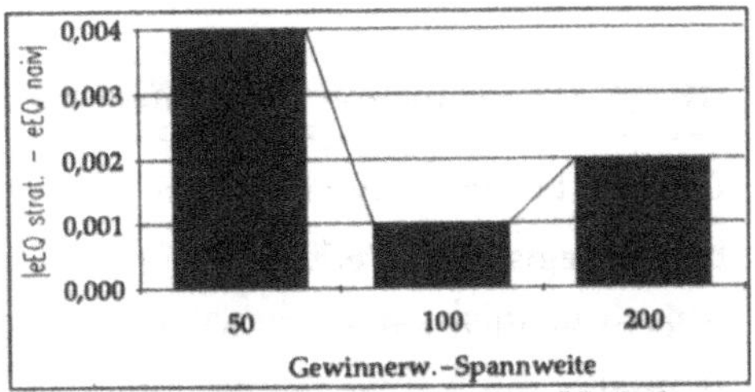

Abb.III.44: EEQ-Differenz strat. Verhalten und Spannw. Gew.Erw. (Ref.-Fall ohne Risikoav./Konform.)

g. Gruppengröße M

Auch die Gruppengröße wirkt sich in unterschiedlicher Weise auf den Effekt bei strategischem Verhalten aus. Einerseits werden strategische Überlegungen einzelner Mitglieder mit zunehmender Gruppengröße c.p. unwichtiger, weshalb mit abnehmender Bedeutung von strategischem Verhalten bei größerem M zu rechnen ist. Andererseits verschärft sich der Zielkonflikt in der Gruppe mit zunehmender Mitgliederzahl, und die Gesamtqualifikation der Gruppe wächst. Beides führt c.p. zu einer Verstärkung des Effektes von strategischem Verhalten auf die eEQ. Nebenstehende Abbildung zeigt den resultierenden Effekt (N=3; M={3; 5; 7}).[266]

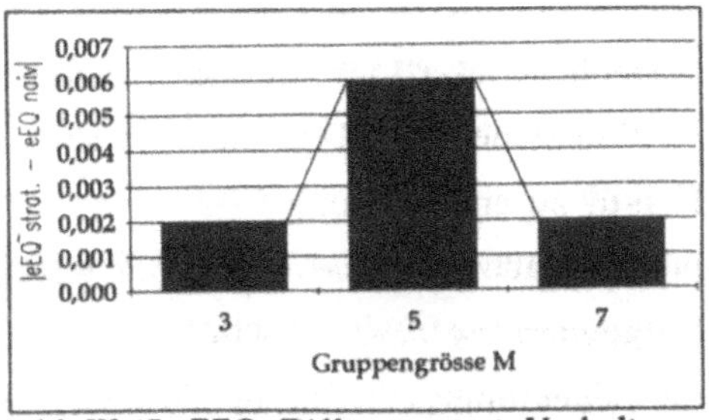

Abb.III.45: EEQ-Differenz strat. Verhalten und Gruppengr. (Ref.-Fall N=3, ohne Risikoav./Konformität)

---

266 Die Berechnungen für N=5 und M=7 erwiesen sich als nicht mehr durchführbar wegen 5^7=78125 möglicher Strategiekombinationen für jede Entscheidung.

4. Approximationsgüte von naiv bayesianischem Verhalten

(III.17) Approximation von strategischem durch naiv bayesianisches Verhalten

Die eEQ bei naiv bayesianischem Verhalten liegt höchstens so weit von der eEQ bei strategischem Verhalten entfernt wie diejenige bei naivem Verhalten, i.d.R jedoch deutlich näher. Sie ist als Approximation für die eEQ bei strategischem Verhalten bis auf wenige Promillepunkte geeignet.
In vielen Fällen stellt die naiv bayesianische Lösung bereits das gesuchte Harsanyi-Selten Gleichgewicht dar. Je kleiner der Zielkonflikt innerhalb der Gruppe, desto höher der Anteil naiv bayesianischer Gleichgewichte: Der Anteil wächst mit geringerer Bedeutung persönlicher Interessen, größerer Tendenz zur Konformität und steigendem Prämiensatz.

Approximationsgüte und Anteil naiv bayesianischer Harsanyi-Selten Gleichgewichte orientieren sich im wesentlichen an dem unsystematischen, d.h. durch persönliche Interessen bedingten Zielkonflikt zwischen den Gruppenmitgliedern. Je homogener die Mitgliederziele sind, desto eher wird der naiv bayesianische Kalkül zu einer Lösung führen, welche auch unter spieltheoretischen Gesichtspunkten rational ist (*siehe Abb. II.17 in Kap. II, E.2.*). Der Zielkonflikt zwischen den Mitgliedern ist, wie im letzten Teilabschnitt beschrieben, um so höher, je größer die Bedeutung persönlicher Interessen ist, und je kleiner mittlere Konformitätstendenz und Prämiensatz sind. Folgende Tabelle verdeutlicht den Zusammenhang zwischen Zielkonflikt, Approximationsgüte der naiv bayesianischen eEQ und Anteil naiv bayesianischer Harsanyi-Selten Gleichgewichte:

eEQ -	Pers. Int.			mittl. Konf.			Präm. f		
Differenz	0.001	0.004	0.010	0.00	0.25	0.75	0.002	0.005	0.008
|strat. - naiv|	.004	.007	.001	.004	.002	.000	.004	.005	.002
|strat. - naivbayes.|	.002	.002	.001	.002	.001	.000	.001	.002	.000
Anteil naiv bayes. Glgew.	83%	67%	47%	83%	92%	99%	63%	83%	92%

Abb.III.46: EEQ-Differenzen zwischen strategischem und naivem bzw. naiv bayesianischem Verhalten (Referenz-Fall ohne Risikoav. und Konformitatstendenz)

F. Einfluß der Abstimmungsregel auf die eEQ

Bei den bisherigen Analysen wurde stets davon ausgegangen, daß die Abstimmung nach dem Single Vote-Kriterium erfolgt. In diesem Abschnitt wird untersucht, in welchem Maße die Wahl der Abstimmungsregel die erwartete Entscheidungsqualität beeinflußt. Zusätzlich zum Single Vote-Kriterium wird eine Abstimmung durch Borda-Kriterium und Hare-Regel untersucht.
Wesentlich ist, daß die Abstimmungsregeln im Rahmen des Modells unter der übergeordneten Zielsetzung der Instanz untersucht werden, anders als in der Social-Choice Literatur. Die Analysen stellen weder auf einzelne Entscheidungsprobleme noch auf theoretische Eigenschaften wie die Wahl von Condorcet-Alternativen durch eine Abstimmungsregel ab. Es zeigt sich, daß aus diesem Blickwinkel die Abstimmungsregel im Vergleich zu Prognosequalität und Zielkonflikt eine untergeordnete Bedeutung hat.

1. Bedeutung der Abstimmungsregel ohne Zielkonflikt

(III.18) EEQ und Abstimmungsregel ohne Zielkonflikt

Besteht wegen Abwesenheit persönlicher Interessen kein Zielkonflikt, so können unterschiedliche Abstimmungsregeln nur ohne Interaktion zu einem unterschiedlichen Ergebnis führen. In diesem Fall erzielt das Borda-Kriterium stets die höchste eEQ, gefolgt von Hare-Regel und Single Vote-Kriterium. Diese Reihenfolge entspricht dem Informationsgrad über die Alternativenrangfolgen der Mitglieder, welcher in die Abstimmung eingeht.

- Der Abstand zwischen den Abstimmungsregeln hinsichtlich der eEQ ist bei hoher mittlerer Qualifikation gering und wächst mit zunehmender Schätzstreuung zunächst. Nimmt die Schätzstreuung jedoch weiter zu, so konvergiert die eEQ bei allen Regeln gegen 0.50.
- Die eEQ der Abstimmungsregeln unterscheiden sich in kleinen Gruppen am stärksten und nähern mit steigender Gruppengröße immer weiter an.
  - Für alle drei Kriterien ist eine ungerade Zahl von Mitgliedern günstiger als eine gerade. Besonders stark gilt dies für die Hare-Regel.
  - Das Borda-Kriterium führt insbesondere bei nur zwei Mitglieder zu merklich besseren Ergebnissen als die beiden anderen Regeln.

Bei Abwesenheit persönlicher Interessen haben nach der Interaktion alle Mitglieder identische Einschätzungen von Gewinnverteilungen der Alternativen. Durch Wahl eines möglichst kleinen Prämiensatzes $f = \varepsilon > 0$ kann auch bei Risikoaversion stets erreicht werden, daß der Summand für die Gewinnvarianz für alle Mitglieder beliebig unbedeutend wird. Alle Mitgliederpräferenzen orientieren sich dann an der gemeinsamen Einschätzung der Gewinnerwartungen.

Findet jedoch keine Interaktion statt, so führen unterschiedliche Gewinnerwartungsschätzungen der Mitglieder zu unterschiedlichen Präferenzordnungen.
Im Einzelfall kann jede der betrachteten Abstimmungsregeln zu einem besseren Ergebnis führen als die anderen. Im Mittel jedoch ist der Informationsgrad entscheidend, den die Regeln über die Mitgliederpräferenzen enthalten. Je differenzierter die ordinalen Präferenzen durch die Regeln wiedergegeben werden, um so günstiger für die eEQ.

Bei Anwendung des Single Vote-Kriteriums werden nur die Erstpräferenzen der Mitglieder ausgewertet. Deswegen wird in diesem Fall nur eine geringere eEQ realisiert als bei der Hare-Regel, welche je nach Zahl der benötigten Alternativenstreichungen einen zunehmenden Teil der individuellen Präferenzordnungen berücksichtigt. Zu den besten Ergebnissen führt das Borda Kriterium, bei welchem stets die gesamte Präferenzordnung berücksichtigt wird.

Allerdings vermag keine dieser ungewichteten Abstimmungsregeln unterschiedliche Qualifikationen der Mitglieder im Fall $\Delta_{Schätz}(\sigma)>0$ zu berücksichtigen. Hierauf wird im folgenden jedoch nicht weiter eingegangen.

a. Qualifikation $E_{Schätz}(\sigma)$ und Einfluß der Abstimmungsregel

Verfügt jedes Mitglied über eine hohe Qualifikation, so werden die Mitglieder oft bereits die Erstpräferenzen richtig einschätzen, d.h. als Alternative mit dem höchsten Gewinnerwartungswert. Im Grenzfall einer Schätzstreuung von 0 kennen alle Mitglieder diese Alternative, und es wird mit allen Entscheidungsregeln die im Sinne der Instanz beste Alternative ausgewählt. Mit zunehmender Schätzstreuung beginnen die Präferenzordnungen der Mitglieder jedoch fehlerhaft im Hinblick auf die gemeinsame Zielsetzung zu werden.

Da die Schätzfehler jedoch zufällig sind, wird eine suboptimale Alternative erst dann gewählt, wenn die Fehleinschätzungen der Mitglieder ein bestimmtes Niveau erreichen. Durch Anwendung einer Abstimmungsregel mit höherem Informationsgehalt über die individuellen Präferenzen, wie dem Borda-Kriterium, kann die Abnahme der eEQ bei zunehmender Schätzstreuung länger klein gehalten werden als bei Anwendung des Single Vote-Kriteriums.

Aus diesem Grund nimmt die eEQ-Differenz zwischen den Abstimmungsregeln mit wachsender Schätzqualifikation zunächst zu. Steigt die Schätzstreuung jedoch immer weiter an, so entsprechen die geschätzten Präferenzordnungen der Mitglieder ihren tatsächlichen Zielen immer weniger. Die eEQ konvergiert dann für alle Abstimmungsregeln gegen 0.5, d.h. die eEQ Differenz nimmt ab. Diesen Zusammenhang verdeutlicht folgende Abbildung:

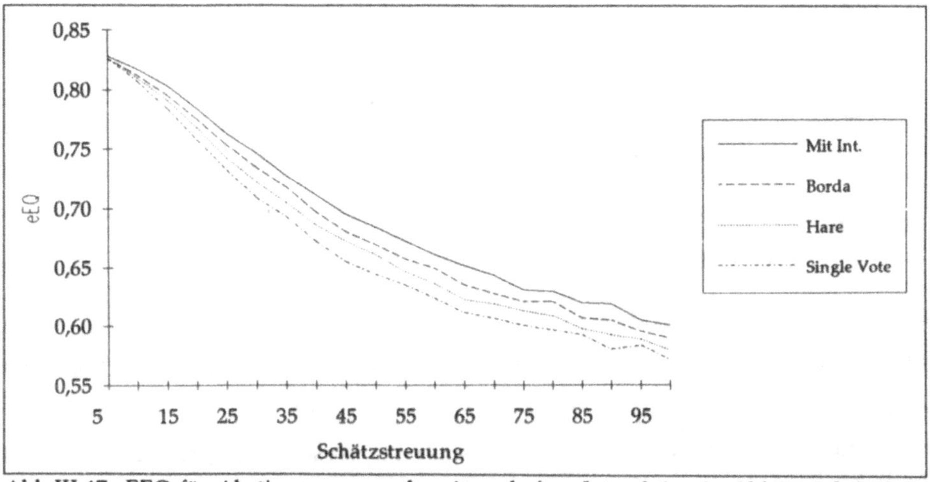

Abb.III.47: EEQ für Abstimmungsregeln mit und ohne Interaktion in Abhängigkeit der Schätzstreuung (Referenzfall)

b. Gruppengröße M und Einfluß der Abstimmungsregel

Bei einer kleinen Gruppe hat die fehlende Interaktion den größten Effekt, weil die durch die Abstimmung erzielte Durchschnittsbildung am geringsten ist.

Aus dem gleichen Grund hat die Vernachlässigung von Informationen in der Abstimmungsregel bei kleinen Gruppen die stärksten Auswirkungen auf die eEQ: Enthält eine Gruppe nur wenige Mitglieder, so ist die Einschätzung eines jeden

Mitgliedes von hoher Bedeutung. Eine Vertauschung z.B. von Erst- und Zweitpräferenz durch Fehleinschätzung wirkt sich bei Anwendung des Single Vote-Kriteriums stärker aus als bei Hare-Regel oder Borda-Kriterium. Dieser Effekt ist bei kleinen Gruppen stärker als bei großen.

Die Abstimmungsregeln unterscheiden sich demnach hinsichtlich ihrer eEQ um so stärker, je kleiner die Gruppe ist. Dies zeigt folgende Abbildung:

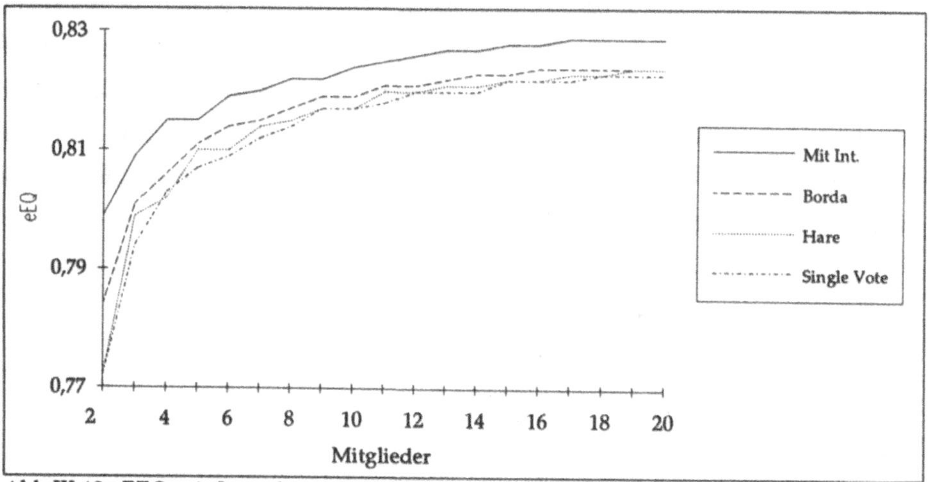

Abb.III.48: EEQ mit Interaktion und ohne für Abstimmungsregeln bei unterschiedlicher Gruppengröße M (Referenz-Fall)

Die Entscheidungen sind bei allen drei Abstimmungsregeln im Mittel klarer, wenn die Mitgliederzahl ungerade ist. Beispielsweise entstehen dann die wenigsten Patt-Situationen, bei denen randomisiert werden muß. Dies hat zur Folge, daß eine ungerade Mitgliederzahl für alle betrachteten Abstimmungsregeln relativ von Vorteil ist: die eEQ steigt beim Übergang von einer geraden zu einer ungeraden Gruppengröße deutlicher an als umgekehrt.

Besonders auffällig ist dieser Effekt bei der Hare-Regel. Vor allem beim Übergang von drei auf vier und fünf auf sechs Mitglieder wird kaum eine Verbesserung der eEQ durch bessere Gesamtqualifikation erzielt. Der Grund hierfür ist, daß die Hare-Regel eine absolute Mehrheit an Erstpräferenzen verlangt (möglicherweise nach Streichen bestimmter Alternativen). Bei vier Mitgliedern bedeutet dies, daß bei dreien Einigkeit über die Erstpräferenzen herrschen muß. Diese Forderung muß im Hinblick auf die Maximierung der eEQ als übertrieben angesehen werden.

Außerdem fällt auf, daß das Borda-Kriterium ohne Interaktion bei zwei Mitgliedern zu deutlich besseren Ergebnissen führt. Die bei Single-Vote und Hare-Regel in diesem Fall recht häufigen Patt-Situationen sind beim Borda-Kriterium seltener, und die differenziertere Auswertung (höherer Informationsgehalt) hat wie erläutert bei wenigen vorhandenen Datenpunkten die größte Bedeutung.

2. Bedeutung der Abstimmungsregel bei Existenz von Zielkonflikten

(III.19) Abstimmungsregel und eEQ bei Existenz von Zielkonflikten

Der von den Regeln benutzte Informationsgehalt über die Mitgliederpräferenzen ist wiederum entscheidend für die Rangfolge der Abstimmungsregeln hinsichtlich der eEQ. Mit dem Borda-Kriterium werden die höchsten eEQ realisiert, gefolgt von Hare-Regel und Single Vote-Kriterium.

Die Regeln führen zu unterschiedlichen eEQ, weil trotz identischer Gewinnverteilungs-Schätzungen nach der Interaktion die Kompensation persönlicher Interessen mit dem Prämienanreiz unterschiedlich differenziert umgesetzt wird.

- Mit zunehmender Bedeutung persönlicher Interessen unterscheiden sich die eEQ der Abstimmungsregeln zunächst stärker. Wird λ_{max}^{PI} jedoch zu groß, so verringert sich der Abstand wieder.
- Je höher die Qualifikation ist, d.h. je kleiner die mittlere Schätzstreuung, um so stärker unterscheiden sich die eEQ, welche nach der Interaktion mit den Abstimmungsregeln erzielt werden
- Die Bedeutung der Wahl der richtigen Abstimmungsregel für die Instanz nimmt durch die Interaktion in der Gruppe ab.
- Auch bei stärkerer Angleichung der persönlichen Interessen durch zunehmende mittlere Konformitätstendenz nimmt die Differenz der Abstimmungsregeln hinsichtlich der eEQ ab.
- Der qualitative Zusammenhang zwischen Gruppengröße und eEQ-Differenz der Abstimmungsregeln bleibt bei Zielkonflikt und Interaktion vergleichbar zu dem ohne Zielkonflikt und Interaktion. Besonders auffällig ist die schlechtere eEQ von Hares Regel bei gerader Mitgliederzahl.

Existieren wegen persönlicher Interessen Zielkonflikte in der Gruppe, so können die Abstimmungsregeln auch nach einer Interaktion zu unterschiedlichen Ergebnissen führen, weil sich die Präferenzordnungen der Mitglieder unterscheiden. Je geringer die persönlichen Interessen der Mitglieder im Durchschnitt sind, desto stärker wirken sich bei positivem Prämiensatz c.p. die Gewinnerwartungswerte der Alternativen auf die Gesamtpräferenzen aus.

Je differenzierter in einer Abstimmung diese Präferenzwerte der Mitglieder ausgewertet werden, um so wirkungsvoller ist die Kompensation der persönlichen Interessen durch den Prämienanreiz: Für eine positive Wirkung muß beim Single Vote-Kriterium die gesamte Differenz an persönlichen Interessen zwischen der präferierten Alternative und derjenigen mit der höchsten Gewinnerwartungswert-Schätzung durch den Prämiensatz kompensiert werden. Bei Hare-Regel und Borda Kriterium führt bereits eine partielle Kompensation zu einem veränderten Abstimmungsverhalten. Aus diesem Grund führt das Borda-Kriterium zu den besten Ergebnissen, gefolgt von Hare-Regel und dem Single Vote-Kriterium.[267]

a. Persönliche Interessen λ_{max}^{PI}

Aus der Tatsache, daß durch unterschiedliche Abstimmungsregeln bei Abwesenheit persönlicher Interessen nach der Interaktion stets die gleiche Alternative ausgewählt wird, folgt insbesondere die Gleichheit der eEQ. Mit zunehmender Bedeutung persönlicher Interessen unterscheiden sich die individuellen Präferenzwerte und -ordnungen stärker.[268] Die Abstimmungsregeln führen zu unterschiedlicheren eEQ.

---

267 MERRILL betrachtet das Verhaltnis der Summe der Mitgliederpraferenzen von gewählter zu maximaler Alternative unter der Bezeichnung "*social utility efficiency*". Auch bei diesem ubergeordneten Maß mit Ähnlichkeit zur eEQ schneidet das Borda-Kriterium von allen dort betrachteten sieben Abstimmungsregeln am besten ab, vgl. MERRILL [1984], S.38-43 und S.46.
Bei MERRILL [1984] und CHAMBERLIN/COHEN [1974] finden sich Simulationsstudien zur Haufigkeit der Wahl einer Condorcet-Alternative bei Hare-Regel und Borda-Kriterium (allgemein nicht garantiert) sowie fur andere Abstimmungsregeln.

268 Was mit stärkerer Unterscheidung von M Vektoren reeller bzw. ganzer Zahlen gemeint ist, erscheint intuitiv einleuchtend. Eine Formalisierung dieses Begriffes ist mit Hilfe (paarweiser) Distanzmaße möglich, wie z.B. dem Konkordanzkoeffizienten von KENDALL für Präferenzordnungen, vgl. KENDALL [1948], S.94-106 oder SCHAUENBERG [1978], S.160-173. Eine Formalisierung ist hier nicht erforderlich.

Wird die Bedeutung persönlicher Interessen jedoch zu groß (im Verhältnis zur Gewinnerwartungs-Spannweite), so ist kaum noch eine Kompensation persönlicher Interessen durch die Prämie möglich. Der positive Zusammenhang zwischen Gesamtpräferenz eines Mitglieds für eine Alternative und ihrem Gewinnerwartungswert verschwindet dann weitgehend.

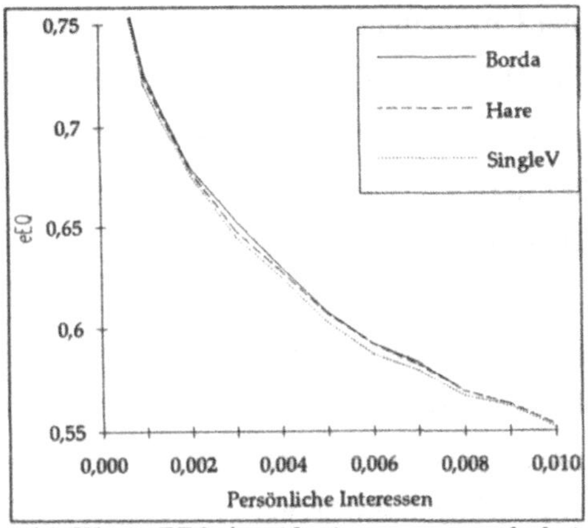

Abb.III.49: EEQ für Abstimmungsregeln bei Variation pers. Int. (Ref.-Fall)

Für die Abstimmungsregeln konvergiert die eEQ in diesem Fall gegen 0.5, den Wert bei zufälliger Alternativenwahl. Der eEQ-Unterschied zwischen den Abstimmungsregeln nimmt mit wachsender Bedeutung der persönlichen Interessen zunächst zu und dann wieder ab (*siehe Abbildung*).

b. Qualifikation $E_{Schätz}(\sigma)$

Inwieweit die differenziertere Berücksichtigung der Präferenzordnungen bei der Abstimmung sich auf die eEQ auswirken kann, hängt auch von der Qualifikation der Mitglieder ab. Anders als bei Vernachlässigung der Interaktion ist eine "implizite Verbesserung der Gruppenqualifikation durch die Abstimmung" nicht mehr möglich, da nach der Interaktion alle Mitglieder die gleichen Schätzungen haben.

Bei zunehmender Schätzstreuung sind die Präferenzordnungen in immer geringerem Maße durch die tatsächlichen Gewinnerwartungen beeinflußt. Die wirkungsvollere Kompensation persönlicher Interessen bei Abstimmungsregeln mit einem höheren Informationsgehalt hat dann geringere Bedeutung. So nimmt bei Durchführung ei-

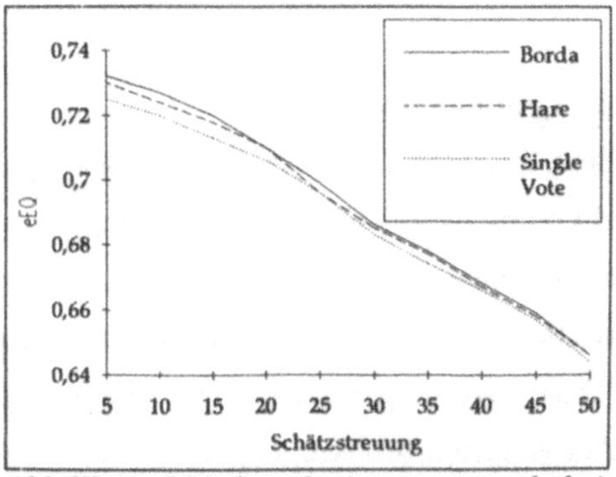

Abb.III.50: EEQ für Abstimmungsregeln bei Variation Schätzstrg. (Ref.-Fall)

ner Gruppeninteraktion die eEQ–Differenz zwischen den Regeln mit zunehmender Schätzstreuung ab. Der Zusammenhang ist also entgegengesetzt zur Wirkungsweise bei Entscheidung ohne Interaktion (*siehe Abbildungen III.47 und III.50*).
So gesehen nimmt durch die Interaktion die Bedeutung der Wahl der richtigen Abstimmungsregel ab.

c. Konformitätstendenz $E(a^{Konf})$

Die Unterschiede in den Präferenzordnungen der Mitglieder nach der Interaktion durch persönliche Interessen führen hinsichtlich der eEQ zu einer Überlegenheit von Abstimmungsregeln mit einem höheren Informationsgehalt.

Gleichen sich durch eine zunehmende Konformitätstendenz die persönlichen Interessen der Mitglieder an, so werden die Präferenzordnungen einander ähnlicher.
In der Regel hat dies zur Folge, daß sich bei steigender mittlerer Konformitätstendenz $E(a^{Konf})$ die eEQ für die Abstimmungsregeln angleichen, wie nebenstehender Abbildung zu entnehmen ist. Ist die Bedeutung persönlicher Interessen so groß, daß die eEQ für alle Abstimmungsregeln bei 0.5 liegt, so steigt die eEQ für alle betrachteten Regeln mit zunehmender mittlerer Konformitätstendenz nahezu identisch an.

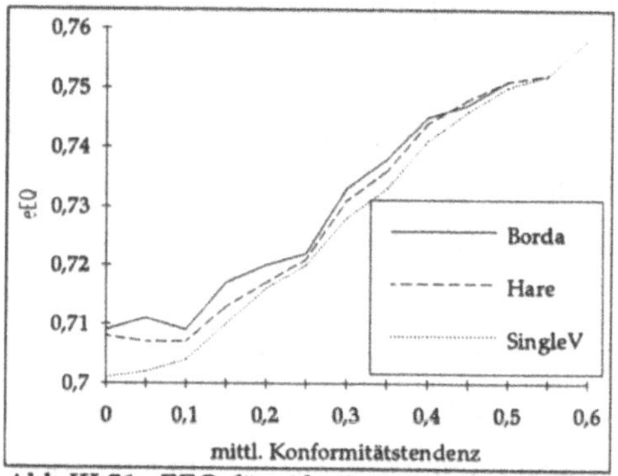

Abb.III.51: EEQ für Abstimmungsreg. bei Variation Konform. (Ref.-Fall)

d. Gruppengröße M

Eine Zunahme der Gruppengröße verursacht gegenläufige Tendenzen für die eEQ–Differenz zwischen den Abstimmungsregeln. Einerseits nimmt, wie im Fall ohne Zielkonflikt und Interaktion geschildert, die Bedeutung einer informationsreicheren Regel ab: Stehen mehr Datenpunkte zur Verfügung, so hat die stärkere "Diskretisierung" durch das Single Vote–Kriterium geringere Auswirkungen. Andererseits differenzieren sich die Präferenzen bei kleinerem f_{opt} stärker, da der Anteil der (untereinander unkorrelierten) persönlichen Interessen an den Präferen–

zen wächst. Dies führt tendenziell zu einer Vergrößerung der eEQ-Differenz.

Die negative Wirkung gerader Mitgliederzahlen auf die eEQ bleibt auch bei Zielkonflikt und Interaktion bestehen. Besonders interessant ist, daß für die Hare-Regel sogar ein echter Verlust an eEQ für ungerade Mitgliederzahlen zu beobachten ist. So sind auf nebenstehender Abbildung sowohl die Gruppengrößen M=7 wie auch M=9 lokal optimal, für M=8 wird jedoch nur eine etwas geringere eEQ erreicht.

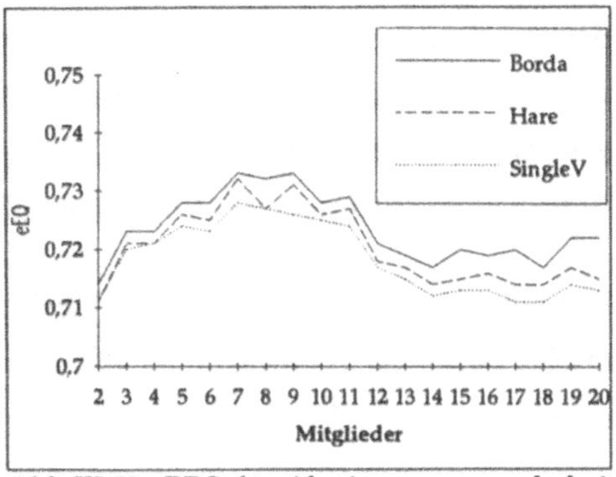

Abb.III.52: EEQ für Abstimmungsregeln bei Variation Gruppengr. (Ref.-Fall)

3. Einfluß von strategischem Verhalten auf die eEQ der Abstimmungsregeln

(III.20) Strategisches Verhalten und eEQ für Abstimmungsregeln

- Durch strategisches Verhalten gleichen sich die eEQ für die Abstimmungsregeln etwas an, denn für die Hare-Regel ist der positive Effekt strategischen Verhaltens auf die eEQ kleiner als für das Single Vote-Kriterium, und für das Borda-Kriterium ist der Effekt am kleinsten.
- Die Approximation der eEQ durch naiv bayesianisches Verhalten ist am besten für die Hare-Regel, und auch für das Borda-Kriterium ergeben sich kleinere Differenzwerte zur eEQ bei strategischem Verhalten als beim Single Vote-Kriterium.
- Für die Hare-Regel ist ebenfalls der Anteil naiv bayesianischer Gleichgewichte am höchsten. Beim Borda-Kriterium sind im Vergleich weniger naiv bayesianische Lösungen Nash-Gleichgewichte.

a. Einfluß der a priori-Verteilung

Bei Borda-Kriterium und Hare-Regel sind die Unterschiede durch verschiedene Vorschriften zur Bildung der a priori-Verteilung noch kleiner als beim Single Vote-Kriterium. Der Einfachheit halber werden für diese beiden Abstimmungsregeln lediglich drei Arten der Bildung von a priori-Verteilungen betrachtet.

Es werden die beiden Extremfälle rationaler a priori-Verteilungen betrachtet: Der Fall identischer Wahrscheinlichkeiten für *alle* auf Basis der Präferenzwerte rationalen Rangordnungen, und die Verteilung mit einer a priori-Wahrscheinlichkeit von 1 für die Abgabe der tatsächlichen Rangordnung. Die dritte Möglichkeit ist jeweils die in Kapiel II geschilderte Verallgemeinerung des Vorgehens beim Single Vote-Kriterium unter der Proportionalitätsforderung (*siehe (II.22) und (II.23)*).

Die folgende Abbildung zeigt die eEQ und den jeweiligen Anteil naiv bayesianischer Nash-Gleichgewichte im Referenzfall mit N=3 Alternativen, ohne Risikoaversion und Konformitätstendenz (optimaler Prämiensatz ist jeweils f_{opt}=0.005):

	Borda			**Hare**		
	ident. W	"*linear*"	max.=1	ident. W.	"*linear*"	max.=1
naiv		0.669			0.666	
n.-bayes.	0.669	0.669	0.669	0.666	0.667	0.667
strat	0.669	0.670	0.670	0.666	0.667	0.667
%nbay.-Glgew.	81%	83%	77%	98%	99%	99%

Abb.III.53: EEQ und Anteil naiv bayesianischer Nash-Gleichgewichte

Die Zusammenhänge sind vergleichbar mit den Ergebnissen für das Single Vote-Kriterium: Keine nennenswerten Auswirkungen auf die eEQ und zunehmender Anteil naiv bayesianischer Gleichgewichte mit zunehmender Polarisierung der Verteilung (Ausnahme ist das Borda-Kriterium bei max.=1. Im Gegensatz zu Single Vote-Kriterium und Hare-Regel sinkt beim Borda-Kriterium mit zunehmender Polarisierung der a priori-Verteilung der Anteil an Information zweiter Ordnung offenbar nicht monoton). Die Unterschiede hinsichtlich der eEQ sind jedoch bei Borda-Kriterium und Hare-Regel noch kleiner als beim Single Vote-Kriterium. Sie liegen bereits unterhalb der Genauigkeit der Simulation.

Wie beim Single Vote-Kriterium wird im folgenden zur Komplexitätsreduktion bei Borda-Kriterium und Hare-Regel stets von der gleichen Bildungsvorschrift für a priori-Verteilungen ausgegangen. Es handelt sich dabei um die Verallgemeinerungen aus Kapitel II derjenigen Methode für das Single Vote-Kriterium, welche der Proportionalitätsforderung gerecht wird (*siehe (II.21), (II.22) und (II.23)*).

b. Veränderung der eEQ durch strategisches Verhalten

Durch strategisches Verhalten wird wie bereits erläutert die Bedeutung des Zielkonfliktes in der Gruppe vermindert. Die Wirkung dieses Effektes ist vergleichbar damit, daß sich die Präferenzordnungen der Mitglieder einander nähern: Der Nutzen der Auswertung zusätzlicher Informationen über die Präferenzen nimmt ab, die eEQ verbessert sich durch strategisches Verhalten beim Single Vote-Kriterium deutlicher als bei der Hare-Regel und dem Borda-Kriterium.

Ein weiterer Grund ist, daß durch strategisches Verhalten Patt-Situationen bei Stimmengleichheit höchstens vorkommen können, wenn alle Mitglieder indifferent zwischen den fraglichen Alternativen sind. Sonst wird immer eines der Mitglieder durch Veränderung seines Abstimmverhaltens den Ausschlag für eine der Alternativen geben können. Außer im Fall gleicher Präferenzwerte aller Mitglieder für zwei Alternativen kann eine Patt-Situation demnach kein Nash-Gleichgewicht sein. Die Vermeidung von Patt-Situationen wird die eEQ leicht steigern, da mit einer Wahrscheinlichkeit von >0.5 die i.S.d. Instanz bessere Alternative gewählt wird, weil der höhere Gewinnerwartungswert im Mittel zu einer höheren Präferenz führt. Patt-Situationen sind jedoch offenbar beim Single Vote-Kriterium häufiger als beim Borda-Kriterium.

Folgende Abbildung zeigt den geschilderten Zusammenhang anhand der eEQ-Differenzen zwischen naivem und strategischem Verhalten für die unterschiedlichen Abstimmungsregeln.

Gruppengröße	M = 3					M = 5				
Prämiensatz f	0.001	0.003	*0.005*	0.007	0.009	0.001	0.003	*0.005*	0.007	0.009
Single Vote	0.010	0.008	*0.003*	0.001	0.001	0.011	0.007	*0.003*	0.001	0.000
Hare-Regel	0.006	0.004	*0.002*	0.000	0.001	0.002	0.001	*0.001*	0.001	0.000
Borda	0.002	0.000	*0.001*	0.001	0.000	0.000	0.000	*0.001*	0.001	0.000

Abb.III.54: | eEQ strategisch - eEQ naiv| für Abstimmungsregeln bei M = 3, 5 und verschiedene Prämiensätze (Ref.-Fall, N=3, ohne Risikoav./Konformität)

c. Approximation durch naiv bayesianisches Verhalten

Die Approximationen der eEQ bei strategischem Verhalten sind für Hare-Regel und das Borda-Kriterium noch etwas besser als beim Single Vote-Kriterium. Bei der Hare-Regel erweist sich das naiv bayesianische Verhalten bereits in den allermeisten Fällen als ein Nash-Gleichgewicht, d.h. als rational i.S.d. Spieltheorie. Strategische Überlegungen der Mitglieder können für die Hare-Regel also bereits weitestgehend nach dem naiv bayesianischen a priori-Kalkül ablaufen, welches in *Kap. II, E.* geschildert wurde.

Im Unterschied hierzu weist das Borda-Kriterium eine größere Vielfalt strategischer Überlegungen in Bezug auf rationale Gegner auf. Der Anteil naiv bayesianischer Nash-Gleichgewichte erscheint zwar absolut immer noch recht hoch, ist jedoch kleiner als bei Abstimmung nach Hare-Regel und dem Single Vote-Kriterium. Die folgende Tabelle zeigt die genannten Approximationseigenschaften der naiv bayesianischen Verhaltensannahme an strategisches Verhalten für die drei Abstimmungskriterien:

Gruppengr.	M = 3						M = 5					
pers. Int.	λ_{max}^{PI} = 0.001			λ_{max}^{PI} = 0.004			λ_{max}^{PI} = 0.001			λ_{max}^{PI} = 0.004		
	1)	2)	3)	1)	2)	3)	1)	2)	3)	1)	2)	3)
Single Vote	.003	.001	98%	.008	.001	96%	.003	.002	96%	.008	.001	85%
Hare-Regel	.002	.000	99%	.003	.001	97%	.001	.001	99%	.001	.000	97%
Borda	.001	.000	93%	.001	.001	87%	.001	.001	83%	.002	.001	79%

Abb.III.55: 1) | eEQ strategisch - eEQ naiv| ; 2) | eEQ strategisch - eEQ naiv bayes.| ;
3) Anteil naiv bayesian. H/S-Glgew. (N=3; Ref.-Fall ohne Risikoav./Konf.)

Für die Hare-Regel stehen die Ergebnisse im Einklang mit NURMI, der diese Abstimmungsregel als extrem schwierig zu manipulieren bezeichnet. Der geringere Anteil naiv bayesianischer Gleichgewichte spricht für mehr Möglichkeiten zur Manipulation beim Borda-Kriterium, wie auch NURMI betont.[269]

Es ist jedoch zu beachten, daß trotz dieser Manipulations*möglichkeiten im Einzelfall* die Auswirkungen auf die eEQ für beide Abstimmungsregeln sehr klein bleiben.

269 Vgl. NURMI [1987], S.173, 192.

G. Qualitative Zusammenfassung der deskriptiven Ergebnisse

(III.21a) Zusammenfassung Einflußgrößen und Wirkungsmechanismen (1)

Die drei Hauptdeterminanten der erwarteten Qualität einer Gruppenentscheidung sind die ***Prognosequalität bzw. Qualifikation***, ***Zielkonflikte*** und die ***Belohnungskosten***. Die Qualifikation bestimmt die Fähigkeit der Gruppe, eine Entscheidung von hoher Qualität zu treffen ("*Können*"), der Zielkonflikt ihre Motivation ("*Wollen*"). Zielkonflikte müssen in Konflikte innerhalb der Gruppe (zwischen den Mitgliedern) sowie den Konflikt zwischen Gruppe und Instanz unterschieden werden. Relevante Einflußgrößen und ihre Auswirkungen sind:

- *Qualifikation der* Mitglieder: Höhere Qualifikation der Mitglieder steigert die Fähigkeit der Gruppe, gute Entscheidungen i.S.d. Instanz zu treffen.
- *Bedeutung persönlicher Interessen:* Mit Zunahme der Bedeutung persönlicher Interessen nehmen Zielkonflikte in der Gruppe sowie zwischen Gruppe und Instanz zu.
- *Konformitätstendenz:* Eine höhere Tendenz zur Konformität vermindert den Zielkonflikt innerhalb der Gruppe. Hängen Instanzziel und gemeinsames Teilziel der Mitglieder positiv zusammen wie im Modell, so wird gleichzeitig der Zielkonflikt zwischen Gruppe und Instanz vermindert.
- *Strategisches Verhalten bei der Abstimmung:* Bei strategischem Verhalten antizipieren die Mitglieder die Folgen ihres Abstimmverhaltens, so daß Auswirkungen unterschiedlicher Zielsetzungen zugunsten des gemeinsamen Teilzieles der Gruppe, der Belohnung, nivelliert werden. Hängt dieses Teilziel wie im Modell positiv mit dem Instanzziel zusammen, so vermindert sich gleichzeitig der Zielkonflikt zwischen Gruppe und Instanz, ebenso wie bei zunehmender Konformitätstendenz unter der gleichen Annahme.
- *Risikoaversion:* Bei risikoneutraler Instanz erhöht stärkere Risikoaversion der Mitglieder den Zielkonflikt zwischen Gruppe und Instanz. Diese systematische Abweichung von Instanzziel und (tendenziell) gemeinsamem Teilziel der Gruppe, der Belohnung, kann nicht durch Konformität vermindert werden.

(III.21b) Zusammenfassung Einflußgrößen und Wirkungsmechanismen (2)

- *Prämiensatz*: Eine Erhöhung von f hat unterschiedliche Auswirkungen auf die eEQ. Die Bedeutung des gemeinsamen Teilzieles Belohnung erhöht sich in der Gruppe, ebenso wie die Bedeutung der Risikoaversion. So wird der Zielkonflikt *in der Gruppe* sowie der *zwischen Instanz und Gruppe* ungleich beeinflußt. Gleichzeitig erhöhen sich die Belohnungskosten. Wegen dieser gegenläufigen Tendenzen existiert ein optimaler Prämiensatz.
- *Gruppengröße:* Auch eine Zunahme der Gruppengröße hat unterschiedliche Auswirkungen auf die eEQ. Einerseits erhöht sich durch die Zunahme der Prognosequalität die *Fähigkeit* der Gruppe zum Treffen einer Entscheidung i.S.d. Instanz. Andererseits vermindert sich die *Motivation* der Gruppe für eine solche Entscheidung, da sich die Instanz bei einer größeren Gruppe nur noch einen kleineren Prämiensatz leisten kann. Je nach Entscheidungsproblem und Gruppe wird einer dieser Faktoren kritisch, so daß sich unterschiedliche optimale Gruppengrößen ergeben.
- *Unterschiedliche Gewinnerwartungen der Alternativen:* Die relative Bedeutung der drei Hauptdeterminanten Prognosequalität, Zielkonflikt und Belohnungskosten zueinander ergibt sich aus dem Grad, in dem sich die Gewinnerwartungswerte der Alternativen unterscheiden. Eine stärkere Unterscheidung wirkt sich in jedem Fall positiv auf die eEQ aus.
- *Abstimmungsregel:* Durch den Informationsgehalt der Abstimmungsregel über die Mitgliederpräferenzen wird bestimmt, in welcher Differenziertheit individuelle Präferenzen in das Ergebnis eingehen. Je höher dieser Informationsgehalt, desto besser im Mittel für die Entscheidungsqualität.

  Der Einfluß der Abstimmungsregel nimmt durch die Interaktion in der Gruppe ab, da die ausgleichende Wirkung der Abstimmung zwischen unterschiedlichen Einschätzungen der Mitglieder durch die Interaktion teilweise vorweggenommen wird. Durch strategisches Verhalten nehmen positive Auswirkungen des höheren Informationsgehaltes ab, da die Mitglieder Auswirkungen ihrer Stimmabgabe auf Basis aller Gruppenpräferenzen bereits selbst antizipieren.

Die Ausführungen in (II.21) ergeben sich jeweils aus den Analysen der vorhergehenden Abschnitten. Folgende Abbildung gibt einen Gesamtüberblick über die geschilderten Einflußfaktoren und Wirkungsmechanismen.

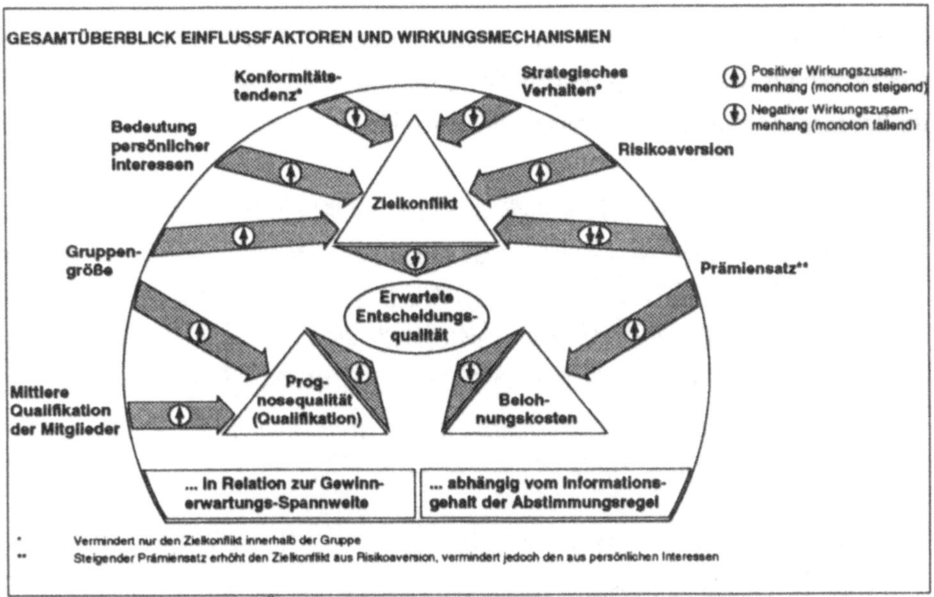

Abb.III.56: Qualitativer Überblick Einflußfaktoren und Wirkungsmechanismen der eEQ

Kapitel IV: Normative Ergebnisse - Empfehlungen für das Metaentscheidungsproblem der Instanz

In diesem letzten Kapitel sollen die normativen Implikationen diskutiert werden, welche sich für das eingangs geschilderte Metaentscheidungsproblem der Instanz im Rahmen einer möglichen Delegation ergeben.

> *Die Lösung dieses Steuerungsproblems besteht in der situationsabhängigen Beantwortung der Frage, ob die Instanz das Entscheidungsproblem delegieren soll, und wenn ja, welche der möglichen Zusammenstellungen für die Entscheidungsgruppe gewählt werden sollte. Die Charakterisierung möglicher Entscheidungsgruppen erfolgt über die Ausprägung indirekter Steuerungsvariablen. Ferner ist bei Delegation die Festlegung eines Prämiensatzes für die Gruppenmitglieder erforderlich und die Bestimmung einer Abstimmungsregel für die Gruppenentscheidung.*
>
> *Optimal ist diejenige zulässige Kombination von Steuerungsvariablen, welche die erwartete Entscheidungsqualität maximiert. Zulässig sind nur solche Kombinationen indirekter Steuerungsvariablen, welche Gruppen beschreiben, die sich aus vorhandenen und für die Gruppe verfügbaren Individuen zusammensetzen.*

Für die Erstellung einer operationalen Lösungsvorschrift sind erneut einige Vereinfachungen notwendig. Wie im letzten Kapitel deutlich wurde, erzielt das Borda-Kriterium durchgängig mindestens so gute Ergebnisse hinsichtlich der eEQ wie die beiden anderen betrachteten Abstimmungsregeln. Dies gilt auch unter strategischem Verhalten bei der Abstimmung, obwohl in diesem Fall der Vorteil des Borda-Kriteriums abnimmt. Die Abstimmung sollte nach diesen Ergebnissen mit dem Borda-Kriterium erfolgen.

Gerade beim Borda-Kriterium hat sich jedoch gezeigt, daß bei naivem und strategischem Verhalten annähernd die gleichen eEQ erzielt werden. Die Abweichung ist für gewöhnlich nicht größer als 0.002.

In der Anwendung werden sich Abweichungen von den exakten Werten durch richtige Einschätzung der Parameter ohnehin ergeben. Deswegen wird die eEQ im folgenden nur bis auf 2 Nachkommastellen bestimmt. Bei dieser Genauigkeit fällt die eEQ-Differenz zwischen naivem und strategischem Verhalten nicht ins Gewicht.
Aus diesem Grund wird im folgenden stets von naiver Abstimmung nach dem Borda-Kriterium ausgegangen, zumal die Kalkulation der eEQ bei strategischem Verhalten gerade beim Borda-Kriterium enorme Rechenzeiten und Speicherkapazitäten benötigt.

Die meisten der untersuchten Einflußgrößen nehmen kontinuierliche Werte an. Um die Darstellbarkeit der Ergebnisse sicherzustellen, ist eine Diskretisierung der Einflußgrößen erforderlich. Diese Diskretisierung erfolgt je Einflußgröße in drei bis vier Werte, welche dann mit leichter handhabbaren, qualitativen Bezeichnungen versehen werden.

Die Diskretisierung der kontinuierlichen Parameter orientiert sich z.T. daran, daß die Auswirkungen der Abstände zwischen den Werten auf die eEQ spürbar und einigermaßen gleichmäßig sind.
Trotzdem kann die Festlegung nicht nach vollständig objektiven Kriterien erfolgen, was jedoch in Kauf genommen wird, um die Empfehlungen operational zu machen. Im Einzelfall ist es natürlich günstiger, die eEQ-Werte für die in Frage kommenden Gruppen exakt zu ermitteln. dies erweist sich jedoch schon wegen fehlender Parameterkenntnis meist als schwierig.

Die Festlegungen und Interpretationen der diskreten Parameterwerte werden nun erläutert. Als Beispiel dient eine Entscheidungssituation mit einem mittleren Gewinnerwartungswert der Alternativen von $E_{Gew}(\mu)$ = DM 1 Mio. (*die Werte für das Beispiel sind kursiv und in Klammern angegeben*).

A. Diskretisierung der Parameter und quantitative Interpretation

Abstand Gewinnerwartungswerte

Der situative Parameter $\Delta_{Gew}(\mu)$ nimmt die Ausprägung 50, 100 oder 200 an.

- *klein – $\Delta_{Gew}(\mu)=50$*: Die Gewinnerwartungen der Alternativen weichen von ihrem Mittelwert um maximal ±25% ab. [*DM 0.75Mio.; DM 1.25Mio.]*
- *mittel – $\Delta_{Gew}(\mu)=100$*: Die maximale Abweichung der Gewinnerwartungen vom Mittelwert beträgt ±50%. [*DM 0.5Mio.; DM 1.5Mio.*]
- *groß – $\Delta_{Gew}(\mu)=200$*: Die mögliche Abweichung der Gewinnerwartungswerte vom Mittelwert beträgt ±100%. [*DM 0Mio.; DM 2Mio.*]

Qualifikation

Die indirekte Steuerungsvariable $E_{Schätz}(\sigma)$ hat die Ausprägungen 10, 40 oder 100.

- *hoch –* $E_{Schätz}(\sigma)=10$: Die Mitglieder schätzen im Mittel so qualifiziert, daß ca. 68% der Schätzungen für den Gewinnerwartungswert einer Alternative in einem Bereich um den tatsächlichen Wert liegen, welcher eine Breite von ±10% um den mittleren Gewinnerwartungswert (*DM 1 Mio*) aller Alternativen hat. Analog liegen in einem Bereich der Breite von ±20% des mittleren Wertes ca. 95% aller Schätzungen. (*Gewinnerwartungswert von DM 1.4Mio.: 68% in [DM 1.3Mio.; DM 1.5Mio.]; 95% in [DM 1.2Mio.; DM 1.6Mio.]. Bei DM 0.7 Mio:*
  68% in [DM 0.6Mio.; DM 0.8Mio.], 95% in [DM0.5Mio.; DM 0.9Mio.])
- *mittel –* $E_{Schätz}(\sigma)=40$: Die Breite des Bereiches um den tatsächlichen Erwartungswert, in dem die Schätzungen liegen, beträgt ±40% des mittleren Gewinnes bei 68% Überdeckung und ±80% bei 95% Überdeckung. (*Gewinnerwartungswert von DM 1.4Mio.: 68% in [DM 1.0Mio.; DM 1.8Mio.]; 95% in [DM 0.6Mio.; DM 2.2Mio.]. Bei DM 0.7 Mio.:*
  68% in [DM 0.3Mio.; DM 1.1Mio.], 95% in [DM–0.1Mio.; DM 1.5Mio.])
- *gering –* $E_{Schätz}(\sigma)=100$: Die Mitgliederschätzungen liegen jeweils im Mittel zu ca. 68% in einem Bereich um den tatsächlichen Wert, der eine Breite von ±100% des mittleren E.–Wertes hat, und ±200% bei 95% Überdeckung. (*Gewinnerwartungswert von DM 1.4Mio.: 68% in [DM 0.4Mio.; DM 2.4Mio.]; 95% in [DM –0.6Mio.; DM 3.4Mio.]. Bei DM 0.7 Mio.:*

68% in [DM -0.3Mio.; DM 1.7Mio.], 95% in [DM-1.3Mio.; DM 2.7Mio.])

Gruppengröße

Die indirekte Steuerungsvariable M nimmt die Werte 1, 3, 5 oder 11 an.

- *Einzelner - M=1:* Die Entscheidung wird an einen Einzelnen delegiert.
- *klein - M=3*: Delegation an eine kleine Gruppe mit 3 Mitgliedern.
- *mittel - M=5*: Delegation an eine mittelgroße Gruppe mit 5 Mitgliedern
- *groß - M=11*: Delegation an eine große Gruppe mit 11 Mitgliedern.

Bedeutung persönlicher Interessen

Die indirekte Steuerungsvariable λ_{max}^{PI} hat die Werte 0, 0.001, 0.004 oder 0.01.

- *keine -* $\lambda_{max}^{PI}=0$*:* Die Mitglieder verfolgen keine persönlichen Interessen.
- *gering -* $\lambda_{max}^{PI}=0.001$*:* Mitglieder haben persönliche Interessen, deren Höhe in Geldäquivalenten betragsmäßig maximal 1‰ des mittleren Gewinnerwartungswertes aller Alternativen beträgt.
  (Die Mitglieder haben persönliche Interessen an den Alternativen im Bereich [DM -1000; DM 1000] in Geldäquivalenten.)
- *mittel -* $\lambda_{max}^{PI}=0.004$*:* Die persönlichen Interessen der Mitglieder haben Geldäquivalente von betragsmäßig maximal 4‰ des mittleren Gewinnerwartungswertes.
  (Geldäquivalente persönlicher Interessen: [DM -4000; DM 4000].)
- *stark -* $\lambda_{max}^{PI}=0.01$*:* Die Geldäquivalente der persönlichen Interessen haben Beträge von 1%=10‰ des mittleren Gewinnerwartungswertes.
  (Geldäquivalente persönlicher Interessen: [DM -10000; DM 10000].)

Risikoaversion

Die indirekte Steuerungsvariable $E(a^{risk})$ nimmt die Werte 0, 0.5 oder 2 an.

- *keine -* $E(a^{risk})=0$*:* Die Belohnungsäquivalente der Mitglieder orientieren sich nur an ihrer Einschätzung der Gewinnerwartungswerte, nicht aber der Gewinnvarianz.
- *mittel -* $E(a^{risk})=0.5$*:* Die Belohnungsäquivalente je Alternative der Mitglieder weichen von der erwarteten Belohnung ab. Für jedes ‰ Prämiensatz kann die Abweichung für ein "mittleres Mitglied" bis zu 10% des Gewinnäquiva-

lentes bei Vorliegen des mittleren Gewinnerwartungswertes betragen.[270] (*Alternative mit DM 1.4Mio. Gewinnerwartungswert je nach Varianz: f=0.001=1‰ Äquivalente in [DM 1300; DM 1400], f=0.01=1% in [DM 4000; DM 14000] . Alternative mit DM 0.7Mio. Gewinnerwartungswert je nach Varianz: f=0.001=1‰ Äquivalente in [DM 600; DM 700], f=0.01=1% in [DM -3000; DM 7000]*).

- *stark - $E(a^{risk})=2$:* Die Abweichung der Belohnungsäquivalente von der erwarteten Belohnung betragen für jedes ‰ Prämiensatz beim "mittleren Mitglied" bis zu 40% des Gewinnäquivalentes beim Vorliegen des mittleren E.-Wert. (*Alternative mit DM 1.4Mio. Gewinnerwartungswert je nach Varianz: f=0.001=1‰ Äquivalente in [DM 1000; DM 1400], f=0.01=1% in [DM -26000; DM 14000]. Alternative mit DM 0.7Mio. Gewinnerwartungswert je nach Varianz: f=0.001=1‰ Äquivalente in [DM 300; DM 700], f=0.01=1% in [DM -33000; DM 7000]*).

Konformitätstendenz

Die indirekte Steuerungsvariable $E(a^{konf})$ erhält die Werte 0, 0.25 oder 0.75.

- *keine - $E(a^{konf})=0$:* Die persönlichen Interessen der Mitglieder orientieren sich nur an originären Eigeninteressen, nicht jedoch an Präferenzen anderer.
- *mittel - $E(a^{konf})=0.25$:* Die Mitglieder haben persönliche Interessen an den Alternativen, die sich der Höhe nach zu 75% an ihren originären Eigeninteressen und zu 25% an der durchschnittlichen Gesamtpräferenz der anderen Mitglieder orientieren.
- *stark - $E(a^{konf})=0.25$:* Die persönlichen Interessen der Mitglieder orientieren sich zu dem überwiegenden Teil von 75% an der durchschnittlichen Gesamtpräferenz der anderen und nur zu 25% an ihren originären Eigeninteressen.

---

270 Bei einer maximalen Varianz von 20000 Geldeinheiten beträgt das Verhältnis zwischen Risikoaversionssummand und mittlerem Gewinnerwartungswert maximal $(0.5 \cdot f^2 \cdot 20000)/(f \cdot 100) = 100 \cdot f$.

B. Optimierung der erwarteten Entscheidungsqualität

In diesem Abschnitt wird zunächst das allgemeine Vorgehen zur Optimierung der erwarteten Entscheidungsqualität geschildert.
Hierzu ist die Bestimmung der kritischen Qualifikation der Instanz erforderlich, ein Vergleich der zur Verfügung stehenden Entscheidungsgruppen hinsichtlich ihrer eEQ und die Festlegung des optimalen Prämiensatzes. Tabellen mit den erforderlichen Auswertungen bilden den zweiten Teil dieses Abschnittes.

Die Lösung des Metaentscheidungsproblems nach dem vorliegenden Modell besteht für die Instanz aus folgenden acht Prozeßschritten:

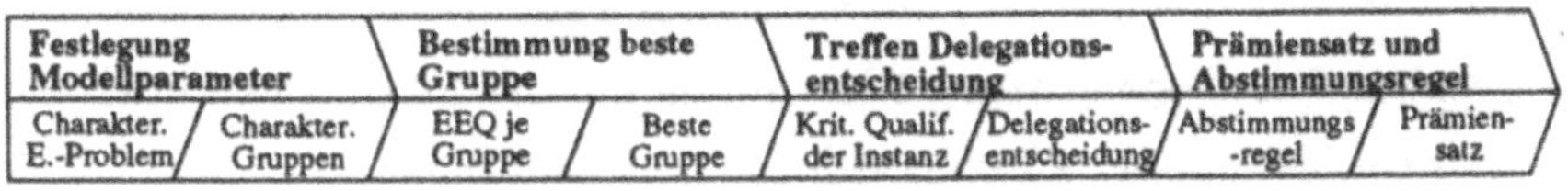

Abb. IV.1: Prozeßschritte des Metaentscheidungsproblems mit dem normativen Modell

Die Inhalte dieser Prozeßschritte sind in folgender Übersicht zusammengefasst:

(IV.1) Der Metaentscheidungsprozeß mit dem normativen Modell

Vorgehen der Instanz zur Lösung ihres Metaentscheidungsproblems:

- *Charakterisierung des Entscheidungsproblems:* Einschätzung des Abstandes von Gewinnerwartungswerten der Alternativen (*siehe Kap. IV., A.*).
- *Charakterisierung möglicher Entscheidungsgruppen:* Allen in Frage kommenden Entscheidungsgruppen wird die Kombination von diskretisierten Steuerungsvariablen (Qualifikation, Größe, Bedeutung persönlicher Interessen, Risikoaversion, Konformitätstendenz) zugeordnet, durch welche sie sich am ehesten beschreiben läßt (*siehe Kap IV., A.*).
- *Bestimmung der eEQ je Gruppe:* Für die möglichen Gruppen wird die (approximative) eEQ aus der Tabelle in *Abb. IV.2* ermittelt. Es ist ausreichend, denjenigen Gruppen ihre eEQ zuzuordnen, die nicht durch eine andere Gruppe dominiert werden. Dominiert wird eine Gruppe, wenn eine andere Gruppe bei gleicher Größe mindestens so "*gute*" Ausprägungen der anderen Variablen hat und bei zumindest einer Eigenschaft "*besser*" ist.
- *Ermittlung der besten Gruppe:* Die Gruppe mit der maximalen eEQ ist die *beste Gruppe* und der Kandidat für die Entscheidung.
- *Ermittlung der kritischen Qualifikation der Instanz:* Kritisch ist diejenige Qualifikation der Instanz, bei der diese (als Einzelner ohne persönliche Interessen) eine mit der *besten Gruppe* identische eEQ erreicht. Die kritische Qualifikation der Instanz wird aus der Tabelle in *Abb. IV.3* entnommen.
- *Treffen der Delegationsentscheidung:* Schätzt die Instanz ihre Qualifikation höher als die kritische Qualifikation ein, so sollte sie die Entscheidung nicht delegieren, sondern selbst treffen. Ist ihre Qualifikation kleiner, so sollte die Entscheidung an die beste Gruppe delegiert werden. Entspricht die Qualifikation der Instanz der kritischen Qualifikation, so ist die Instanz nach dem Kriterium der eEQ invariant zwischen Delegation an die beste Gruppe und Entscheidung durch die Instanz.
- *Vorgabe Abstimmungsregel:* Bei Delegation sollte die Abstimmung in der Gruppe geheim nach dem Borda-Kriterium erfolgen.
- *Bestimmung optimaler Prämiensatz:* Bei Delegation ergibt sich der optimale Prämiensatz für die *beste Gruppe* aus der Tabelle in *Abb. IV.5*.

Abb. IV.2.: **Erwartete Entscheidungsqualität für mögliche Gruppen im normativen Modell** (Mind. 0.75 eEQ; Mind. 0.65 eEQ)

Abstand Gewinn Erwart.-werte			pI = 0	Bedeutung persönlicher Interessen: Gering									Bedeutung persönlicher Interessen: Mittel									Bedeutung persönlicher Interessen: Stark								
				Risikoav.: Keine			Risikoav.: Mittel			Risikoav.: Stark			Risikoav.: Keine			Risikoav.: Mittel			Risikoav.: Stark			Risikoav.: Keine			Risikoav.: Mittel			Risikoav.: Stark		
		Konf.-tendenz:		*keine*	*mittel*	*stark*	*keine*	*mittel*	*stark*	*keine*	*mittel*	*stark*	*keine*	*mittel*	*stark*	*keine*	*mittel*	*stark*	*keine*	*mittel*	*stark*	*keine*	*mittel*	*stark*	*keine*	*mittel*	*stark*	*keine*	*mittel*	*stark*
	Qual.	*Gruppengr.*																												
klein	Qual.: hoch	Einzelner	0.78	0.74			0.69			0.62			0.69			0.60			0.56			0.57			0.56			0.53		
		klein	0.81	0.75	0.76	0.79	0.70	0.72	0.77	0.63	0.64	0.72	0.66	0.69	0.75	0.60	0.63	0.71	0.56	0.57	0.64	0.55	0.59	0.71	0.55	0.56	0.65	0.52	0.53	0.59
		mittel	0.82	0.74	0.76	0.79	0.71	0.73	0.78	0.63	0.65	0.73	0.64	0.68	0.75	0.60	0.63	0.72	0.56	0.58	0.64	0.54	0.58	0.69	0.53	0.55	0.65	0.52	0.53	0.60
		groß	0.83	0.72	0.74	0.79	0.71	0.73	0.78	0.65	0.68	0.73	0.60	0.64	0.73	0.58	0.61	0.71	0.55	0.57	0.67	0.50	0.54	0.66	0.51	0.53	0.64	0.51	0.52	0.59
	Qual.: mittel	Einzelner	0.62	0.60			0.60			0.58			0.58			0.57			0.55			0.54			0.54			0.53		
		klein	0.67	0.64	0.65	0.67	0.63	0.65	0.66	0.60	0.61	0.66	0.59	0.61	0.65	0.58	0.60	0.64	0.55	0.57	0.62	0.54	0.57	0.62	0.54	0.55	0.61	0.52	0.53	0.58
		mittel	0.71	0.66	0.67	0.69	0.65	0.67	0.69	0.62	0.63	0.67	0.60	0.62	0.66	0.58	0.61	0.66	0.55	0.57	0.62	0.51	0.56	0.63	0.53	0.55	0.62	0.52	0.53	0.59
		groß	0.76	0.68	0.69	0.73	0.67	0.68	0.73	0.64	0.66	0.70	0.58	0.61	0.69	0.57	0.60	0.67	0.55	0.57	0.65	0.51	0.53	0.63	0.51	0.52	0.62	0.50	0.51	0.58
	Qual.: gering	Einzelner	0.55	0.55			0.54			0.54			0.54			0.54			0.54			0.53			0.52			0.52		
		klein	0.59	0.57	0.57	0.57	0.56	0.57	0.57	0.56	0.57	0.58	0.54	0.55	0.57	0.55	0.55	0.57	0.54	0.55	0.57	0.52	0.53	0.55	0.52	0.53	0.56	0.52	0.53	0.56
		mittel	0.61	0.57	0.59	0.59	0.58	0.59	0.59	0.57	0.59	0.59	0.55	0.56	0.59	0.55	0.56	0.58	0.54	0.55	0.57	0.51	0.53	0.56	0.51	0.53	0.56	0.51	0.53	0.56
		groß	0.65	0.60	0.62	0.61	0.60	0.61	0.63	0.59	0.61	0.62	0.55	0.56	0.60	0.55	0.56	0.61	0.54	0.55	0.60	0.51	0.52	0.57	0.51	0.52	0.57	0.50	0.51	0.56
mittel	Qual.: hoch	Einzelner	0.81	0.80			0.77			0.70			0.77			0.69			0.61			0.73			0.64			0.58		
		klein	0.82	0.80	0.80	0.81	0.78	0.79	0.81	0.72	0.73	0.79	0.75	0.77	0.80	0.71	0.73	0.78	0.63	0.66	0.73	0.67	0.73	0.78	0.64	0.67	0.75	0.58	0.60	0.67
		mittel	0.82	0.79	0.80	0.81	0.78	0.79	0.81	0.73	0.75	0.79	0.74	0.76	0.80	0.71	0.73	0.78	0.64	0.67	0.73	0.68	0.71	0.77	0.64	0.67	0.75	0.58	0.61	0.68
		groß	0.83	0.79	0.79	0.81	0.78	0.79	0.81	0.75	0.77	0.79	0.72	0.74	0.79	0.71	0.73	0.78	0.65	0.68	0.76	0.65	0.68	0.75	0.63	0.66	0.74	0.59	0.61	0.70
	Qual.: mittel	Einzelner	0.70	0.69			0.69			0.66			0.68			0.65			0.61			0.65			0.62			0.57		
		klein	0.77	0.74	0.75	0.76	0.73	0.74	0.75	0.70	0.70	0.74	0.71	0.72	0.74	0.68	0.70	0.73	0.63	0.64	0.70	0.67	0.69	0.73	0.63	0.65	0.71	0.58	0.59	0.67
		mittel	0.78	0.75	0.77	0.78	0.75	0.76	0.77	0.71	0.72	0.76	0.71	0.73	0.76	0.69	0.71	0.75	0.64	0.65	0.72	0.66	0.68	0.74	0.63	0.66	0.72	0.58	0.60	0.68
		groß	0.81	0.77	0.78	0.79	0.76	0.77	0.79	0.73	0.75	0.78	0.71	0.73	0.77	0.70	0.72	0.77	0.65	0.67	0.74	0.64	0.66	0.74	0.62	0.65	0.73	0.58	0.60	0.70
	Qual.: gering	Einzelner	0.60	0.59			0.59			0.59			0.59			0.58			0.58			0.57			0.57			0.56		
		klein	0.66	0.64	0.64	0.65	0.64	0.65	0.65	0.63	0.64	0.64	0.62	0.63	0.64	0.63	0.62	0.64	0.60	0.61	0.63	0.59	0.61	0.64	0.60	0.60	0.63	0.57	0.58	0.61
		mittel	0.69	0.67	0.67	0.67	0.66	0.67	0.67	0.65	0.66	0.67	0.64	0.65	0.67	0.64	0.64	0.67	0.62	0.63	0.66	0.60	0.62	0.65	0.60	0.61	0.65	0.57	0.59	0.64
		groß	0.74	0.70	0.71	0.72	0.70	0.71	0.71	0.69	0.70	0.72	0.66	0.67	0.70	0.65	0.67	0.70	0.63	0.65	0.70	0.61	0.62	0.68	0.60	0.63	0.68	0.58	0.60	0.66
groß	Qual.: hoch	Einzelner	0.83	0.82			0.81			0.78			0.81			0.78			0.70			0.79			0.73			0.64		
		klein	0.83	0.82	0.82	0.83	0.81	0.81	0.83	0.79	0.80	0.82	0.80	0.81	0.82	0.78	0.79	0.81	0.73	0.74	0.79	0.77	0.78	0.81	0.73	0.76	0.80	0.66	0.69	0.75
		mittel	0.83	0.81	0.82	0.83	0.81	0.81	0.83	0.79	0.81	0.82	0.79	0.80	0.82	0.78	0.79	0.82	0.74	0.75	0.79	0.76	0.77	0.81	0.74	0.76	0.80	0.67	0.70	0.77
		groß	0.84	0.81	0.81	0.82	0.81	0.81	0.82	0.80	0.81	0.82	0.78	0.79	0.81	0.78	0.78	0.81	0.74	0.77	0.80	0.74	0.75	0.80	0.73	0.75	0.79	0.68	0.71	0.77
	Qual.: mittel	Einzelner	0.78	0.77			0.77			0.75			0.76			0.74			0.69			0.75			0.71			0.64		
		klein	0.81	0.80	0.80	0.81	0.80	0.80	0.80	0.78	0.78	0.80	0.78	0.79	0.80	0.76	0.78	0.80	0.72	0.73	0.78	0.75	0.77	0.79	0.72	0.74	0.78	0.66	0.68	0.75
		mittel	0.82	0.80	0.81	0.81	0.80	0.80	0.81	0.78	0.79	0.81	0.78	0.79	0.80	0.77	0.78	0.80	0.73	0.74	0.78	0.75	0.76	0.79	0.73	0.75	0.79	0.67	0.70	0.76
		groß	0.82	0.80	0.80	0.82	0.80	0.81	0.81	0.80	0.80	0.81	0.77	0.78	0.80	0.77	0.78	0.81	0.74	0.76	0.79	0.73	0.75	0.79	0.72	0.74	0.79	0.69	0.71	0.77
	Qual.: gering	Einzelner	0.67	0.67			0.67			0.66			0.66			0.66			0.64			0.66			0.64			0.62		
		klein	0.74	0.73	0.74	0.74	0.73	0.73	0.74	0.72	0.73	0.73	0.72	0.72	0.73	0.71	0.72	0.73	0.69	0.70	0.72	0.70	0.71	0.73	0.68	0.70	0.72	0.65	0.66	0.70
		mittel	0.77	0.75	0.76	0.76	0.75	0.75	0.76	0.74	0.75	0.76	0.73	0.74	0.76	0.73	0.74	0.76	0.71	0.72	0.74	0.71	0.72	0.75	0.70	0.72	0.74	0.66	0.68	0.73
		groß	0.80	0.78	0.78	0.79	0.77	0.78	0.79	0.77	0.78	0.78	0.75	0.76	0.78	0.75	0.76	0.77	0.73	0.74	0.77	0.72	0.73	0.76	0.71	0.72	0.76	0.68	0.70	0.75

Folgende Tabelle enthält die kritischen Qualifikationen (Schätzstreuungen) der Instanz bei Gewinnerwartungs-Spannweiten $\Delta_{Gew}(\mu)$ von 50, 100 und 200:

eEQ	0.83	0.82	0.81	0.80	0.79	0.78	0.77	0.76	0.75	0.74	0.73	0.72	0.71	0.70	0.69	0.68	0.67
50	2	4	6	7	8	9	11	12	13	14	16	17	18	20	21	23	25
100	4	8	11	14	16	18	21	24	26	28	31	34	37	40	43	46	50
200	9	16	23	28	32	36	43	48	52	56	63	68	73	80	85	92	100
eEQ	**0.66**	**0.65**	**0.64**	**0.63**	**0.62**	**0.61**	**0.60**	**0.59**	**0.58**	**0.57**	**0.56**	**0.55**	**0.54**	**0.53**	**0.52**	**0.51**	**0.50**
50	27	29	31	34	37	40	45	52	60	70	80	100	125	200	400	800	∞
100	54	58	63	68	74	80	90	105	120	140	160	200	250	400	800	1600	∞
200	108	116	125	136	147	160	180	210	240	280	320	400	500	800	1600	3200	∞

Abb. IV.3: Kritische Qualifikationen (Schätzstreuungen) der Instanz für vorgegebene eEQ bei den Gewinnerw.-Spannweiten 50 (klein), 100 (mittel), 200 (groß)

Bei einer Qualifikation, die der eines durchschnittlichen Mitgliedes einer hochqualifizierten Gruppe entspricht, kann die Instanz also eine eEQ von ca. 0.78 (0.81) [0.83] erreichen, wenn die Gewinnerwartungs-Spannweite klein (mittel) [groß] ist. Ist die Instanz so qualifiziert wie das durchschnittliche Mitglied einer mittelmäßig qualifizierten Entscheidungsgruppe, so erreicht sie entsprechend eine eEQ von 0.61 (0.70) [0.78]. Schätzt die Instanz so gut wie ein durchschnittliches Mitglied einer gering qualifizierten Gruppe, so ist ihre eEQ 0.55 (0.60) [0.67].

Die kritischen Schätzstreuungen nehmen mit wachsender eEQ immer weiter zu. Dies veranschaulicht nebenstehende Abbildung.

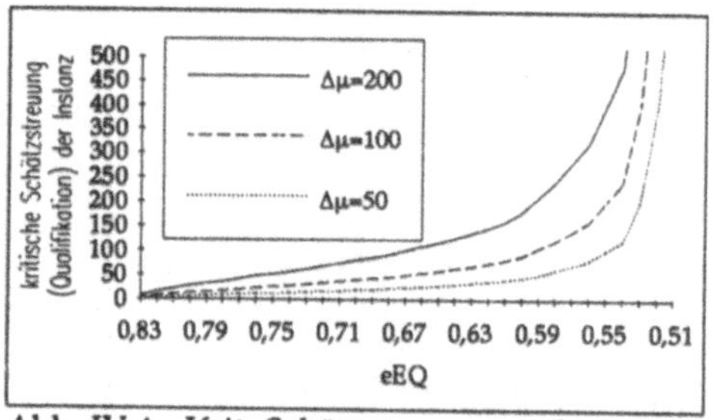

Abb. IV.4: Krit. Schätzstreuungen Instanz, $\Delta_{Gew}(\mu)$: 50, 100, 200 (von rechts)

Abb. IV.5.: Optimale Prämiensätze für mögliche Gruppen im normativen Modell

Abstand Gewinn Erwart.-werte	Konf.-tendenz:		pl = 0	Bedeutung persönlicher Interessen: Gering								
				Risikoav.: Keine			Risikoav.: Mittel			Risikoav.: Stark		
	Qual.	Gruppengr.		keine	mittel	stark	keine	mittel	stark	keine	mittel	stark
klein	Qual.:	Einzelner	ε	.011			.005			.002		
		klein	ε	.006	.005	.003	.003	.003	.002	.002	.002	.001
	hoch	mittel	ε	.004	.003	.002	.003	.002	.001	.002	.001	.001
		groß	ε	.003	.002	.001	.002	.002	.001	.001	.001	.001
	Qual.:	Einzelner	ε	.005			.003			.002		
		klein	ε	.004	.004	.002	.003	.003	.001	.002	.001	.001
	mittel	mittel	ε	.003	.002	.001	.002	.002	.001	.002	.001	.001
		groß	ε	.002	.002	.001	.002	.002	.001	.001	.001	.001
	Qual.:	Einzelner	ε	.002			.002			.002		
		klein	ε	.002	.002	.002	.002	.002	.001	.002	.001	.001
	gering	mittel	ε	.002	.002	.001	.002	.001	.001	.001	.001	.001
		groß	ε	.001	.001	.001	.001	.001	.001	.001	.001	.001
mittel	Qual.:	Einzelner	ε	.008			.004			.002		
		klein	ε	.004	.004	.002	.003	.002	.002	.002	.002	.001
	hoch	mittel	ε	.004	.003	.002	.003	.002	.001	.002	.001	.001
		groß	ε	.002	.002	.001	.002	.002	.001	.001	.001	.001
	Qual.:	Einzelner	ε	.006			.005			.002		
		klein	ε	.006	.003	.002	.003	.002	.001	.002	.002	.001
	mittel	mittel	ε	.004	.002	.001	.002	.002	.001	.002	.001	.001
		groß	ε	.002	.002	.001	.002	.002	.001	.001	.001	.001
	Qual.:	Einzelner	ε	.005			.004			.002		
		klein	ε	.003	.002	.002	.003	.002	.002	.002	.002	.001
	gering	mittel	ε	.002	.002	.002	.002	.002	.002	.001	.001	.001
		groß	ε	.002	.001	.001	.001	.001	.001	.001	.001	.001
groß	Qual.:	Einzelner	ε	.010			.006			.002		
		klein	ε	.004	.004	.001	.003	.002	.001	.002	.001	.001
	hoch	mittel	ε	.003	.003	.001	.002	.002	.001	.002	.001	.001
		groß	ε	.002	.001	.001	.002	.001	.001	.001	.001	.001
	Qual.:	Einzelner	ε	.008			.006			.002		
		klein	ε	.004	.003	.001	.003	.003	.001	.002	.002	.001
	mittel	mittel	ε	.003	.003	.001	.002	.002	.001	.002	.001	.001
		groß	ε	.002	.001	.001	.002	.001	.001	.001	.001	.001
	Qual.:	Einzelner	ε	.008			.006			.002		
		klein	ε	.003	.003	.002	.003	.003	.001	.002	.001	.001
	gering	mittel	ε	.003	.003	.002	.002	.002	.001	.002	.001	.001
		groß	ε	.002	.001	.001	.001	.001	.001	.001	.001	.001

Abstand Gewinn Erwart.-werte	Konf.-tendenz:		pl = 0	Bedeutung persönlicher Interessen: Mittel								
				Risikoav.: Keine			Risikoav.: Mittel			Risikoav.: Stark		
	Qual.	Gruppengr.		keine	mittel	stark	keine	mittel	stark	keine	mittel	stark
klein	Qual.:	Einzelner	ε	.021			.009			.004		
		klein	ε	.012	.012	.005	.007	.005	.003	.003	.003	.002
	hoch	mittel	ε	.009	.008	.004	.005	.004	.003	.003	.003	.001
		groß	ε	.005	.004	.002	.003	.003	.002	.002	.002	.001
	Qual.:	Einzelner	ε	.010			.009			.004		
		klein	ε	.007	.007	.004	.005	.004	.002	.003	.003	.002
	mittel	mittel	ε	.007	.005	.003	.005	.004	.002	.003	.002	.001
		groß	ε	.004	.003	.002	.003	.003	.002	.002	.002	.001
	Qual.:	Einzelner	ε	.006			.004			.004		
		klein	ε	.004	.004	.002	.004	.003	.002	.003	.002	.001
	gering	mittel	ε	.004	.003	.002	.003	.003	.001	.002	.002	.001
		groß	ε	.002	.002	.001	.002	.002	.001	.002	.001	.001
mittel	Qual.:	Einzelner	ε	.018			.010			.004		
		klein	ε	.010	.009	.004	.008	.007	.003	.004	.003	.002
	hoch	mittel	ε	.008	.007	.004	.006	.005	.003	.003	.003	.002
		groß	ε	.005	.004	.002	.004	.003	.002	.003	.002	.001
	Qual.:	Einzelner	ε	.013			.010			.004		
		klein	ε	.009	.007	.004	.007	.006	.003	.003	.003	.002
	mittel	mittel	ε	.008	.007	.003	.006	.004	.002	.003	.003	.001
		groß	ε	.005	.004	.002	.004	.003	.002	.003	.002	.001
	Qual.:	Einzelner	ε	.008			.005			.004		
		klein	ε	.008	.004	.002	.005	.003	.002	.003	.003	.001
	gering	mittel	ε	.007	.003	.002	.005	.003	.002	.003	.002	.001
		groß	ε	.003	.003	.001	.003	.003	.001	.002	.002	.001
groß	Qual.:	Einzelner	ε	.016			.009			.004		
		klein	ε	.010	.007	.006	.007	.007	.003	.003	.003	.002
	hoch	mittel	ε	.008	.005	.003	.005	.004	.002	.003	.002	.001
		groß	ε	.004	.003	.002	.004	.003	.002	.003	.002	.001
	Qual.:	Einzelner	ε	.016			.009			.004		
		klein	ε	.009	.007	.004	.006	.005	.003	.003	.003	.002
	mittel	mittel	ε	.008	.005	.003	.005	.004	.002	.003	.002	.002
		groß	ε	.004	.003	.002	.003	.003	.001	.002	.002	.001
	Qual.:	Einzelner	ε	.009			.005			.003		
		klein	ε	.008	.007	.003	.005	.004	.003	.003	.003	.001
	gering	mittel	ε	.008	.004	.003	.005	.004	.002	.003	.002	.001
		groß	ε	.003	.003	.001	.003	.003	.001	.002	.002	.001

Abstand Gewinn Erwart.-werte	Konf.-tendenz:		pl = 0	Bedeutung persönlicher Interessen: Stark								
				Risikoav.: Keine			Risikoav.: Mittel			Risikoav.: Stark		
	Qual.	Gruppengr.		keine	mittel	stark	keine	mittel	stark	keine	mittel	stark
klein	Qual.:	Einzelner	ε	.011			.010			.005		
		klein	ε	.010	.009	.008	.007	.007	.005	.004	.004	.003
	hoch	mittel	ε	.007	.007	.005	.006	.006	.004	.003	.003	.002
		groß	ε	.004	.004	.004	.004	.004	.003	.002	.002	.002
	Qual.:	Einzelner	ε	.010			.006			.005		
		klein	ε	.009	.008	.005	.006	.006	.004	.004	.004	.002
	mittel	mittel	ε	.006	.006	.005	.004	.004	.004	.004	.003	.002
		groß	ε	.004	.004	.003	.003	.003	.003	.002	.002	.002
	Qual.:	Einzelner	ε	.007			.005			.005		
		klein	ε	.007	.004	.003	.005	.005	.003	.003	.003	.002
	gering	mittel	ε	.002	.002	.002	.002	.002	.002	.002	.002	.002
		groß	ε	.002	.002	.002	.002	.002	.001	.002	.002	.001
mittel	Qual.:	Einzelner	ε	.028			.014			.008		
		klein	ε	.015	.015	.009	.011	.010	.005	.006	.005	.003
	hoch	mittel	ε	.014	.012	.005	.008	.007	.004	.005	.004	.002
		groß	ε	.007	.008	.004	.006	.006	.003	.003	.003	.002
	Qual.:	Einzelner	ε	.024			.013			.007		
		klein	ε	.015	.012	.006	.008	.007	.004	.006	.005	.003
	mittel	mittel	ε	.013	.012	.005	.008	.007	.004	.004	.004	.002
		groß	ε	.006	.005	.003	.005	.005	.003	.003	.003	.002
	Qual.:	Einzelner	ε	.010			.010			.007		
		klein	ε	.008	.008	.003	.008	.006	.003	.005	.005	.003
	gering	mittel	ε	.007	.007	.003	.007	.006	.003	.004	.004	.002
		groß	ε	.005	.005	.002	.005	.004	.002	.003	.003	.002
groß	Qual.:	Einzelner	ε	.023			.014			.008		
		klein	ε	.015	.015	.008	.009	.008	.004	.006	.005	.003
	hoch	mittel	ε	.012	.009	.005	.009	.007	.004	.005	.004	.002
		groß	ε	.006	.005	.003	.005	.005	.003	.004	.003	.002
	Qual.:	Einzelner	ε	.023			.014			.006		
		klein	ε	.015	.013	.005	.008	.007	.004	.005	.005	.003
	mittel	mittel	ε	.010	.008	.005	.008	.007	.004	.005	.004	.002
		groß	ε	.006	.005	.003	.006	.004	.002	.004	.003	.002
	Qual.:	Einzelner	ε	.015			.008			.005		
		klein	ε	.014	.009	.005	.007	.007	.004	.005	.005	.003
	gering	mittel	ε	.009	.007	.005	.007	.006	.004	.005	.004	.002
		groß	ε	.006	.005	.002	.006	.004	.002	.004	.003	.002

C. Grenzen der Anwendbarkeit von Modell und -ergebnissen

In diesem letzten Abschnitt werden die Limitationen von Modellkonstruktion und -ergebnissen zusammenfassend dargestellt. Im einzelnen wurden diese Grenzen bereits im Zusammenhang der jeweiligen Gebiete diskutiert.

Zielsetzung der Instanz

Im Modell orientiert sich die Instanz ausschließlich am Gewinnerwartungswert, der im Mittel durch die Entscheidung realisiert werden kann. Problematisch daran kann sowohl die alleinige Orientierung der Instanz am Gewinn sein als auch die Risikoneutralität bzgl. des Gewinnzieles, d.h. die Abstellung auf den Gewinnerwartungswert. In der Realität könnte die Instanz risikoavers sein, und zwar sowohl für ihr Ziel im Entscheidungs- als auch im Metaentscheidungsprozeß. In diesem Fall wäre u.a. die Varianz der Zufallsgröße *Entscheidungsqualität* von Bedeutung, nicht nur deren Erwartungswert.

Im Modell sind die situativen Einschätzungen der Instanz im Hinblick auf Praktikabilität so gestaltet, daß das Urteil der Instanz über das einzelne Entscheidungsproblem relativ undifferenziert bleibt. Dies ist z.B. bei Anwendung in repetitiven Entscheidungen von Vorteil. Bei Entscheidungen von außerordentlich hoher Bedeutung könnte jedoch ein differenzierterer Kalkül der Instanz nützlich sein.

Verteilungsannahmen für die Parameter

Die Berechnungen der eEQ beruhen u.a. auf den Verteilungsannahmen über die Parameter, deren inhaltliche Rechtfertigung problematisch sein kann, obwohl das Prinzip der *maximalen Entropie der Ausgangsverteilung* eine möglichst starke Berücksichtigung des Zufalls garantiert. Für einige Modellparameter (Qualifikation, Konformitätstendenz, Risikoaversion) wurde jedoch deutlich, daß die Streuung bzw. Spannweite verglichen mit dem Mittelwert unwesentlich ist. Zumindest für diese Parameter liegt vermutlich eine gewisse Stabilität der eEQ gegenüber Verteilungsannahmen vor.

Schätzbarkeit der Modellparameter in realen Entscheidungssituationen

In einer realen Entscheidungssituation ist die realistische Einschätzung der Modellparameter durch die Instanz problematisch. Beim Vorgehen nach der diskretisierten Form besteht die Gefahr, daß die Abweichungen der diskretisierten von den realen Werten zur Wahl einer falschen Kombination von Steuerungsvariablen führt. Dies ist im Prinzip auch dann möglich, wenn die Instanz zu jedem realen Parameter die beste diskrete Repräsentation findet.

Im Mittel wird jedoch trotz dieser Schwierigkeiten eine Orientierung an den Modellempfehlungen zu einer Verbesserung der erwarteten Entscheidungsqualität im beschriebenen Sinne führen. Ein weiterer praktischer Nutzen besteht in der Abstraktion eines konkreten Entscheidungsproblems auf die Ebene der Modellparametrisierung. Die Instanz ist hierdurch in der Lage, relevante Einflüsse und Hauptdeterminanten besser gegeneinander abzuwägen (*siehe Abb. III.56*)

Annahmen über Verhalten und Präferenzstrukturen der Gruppenmitglieder

Eine quantitative Beschreibung realen menschlichen Verhaltens ist nur mit begrenzter Genauigkeit möglich. Die deskriptive Gültigkeit von ökonomischem Verhaltensmodell, Erwartungsnutzen-Theorie, additiver Nutzenunabhängigkeit und Spieltheorie einschließlich der verwendeten Gleichgewichtsauswahl ist in der Realität nicht garantiert.

Auch die aus praktischen Gesichtspunkten zwingende Annahme der konstanten absoluten Risikoaversion, die Umsetzung der Konformitätstendenz und die a priori-Verteilungen der Mitglieder über die Abstimmungsstrategien der anderen können die Realität bisweilen nur ungenau beschreiben. Individuelle Eigenschaften und Ziele, die bei Gruppenentscheidungen möglicherweise Bedeutung haben, wurden aus Komplexitätserwägungen nicht berücksichtigt, beispielsweise die unterschiedliche Verteilung von Macht und Einfluß.

Als problematisch erscheinen jedoch insbesondere folgende drei Kritikpunkte, da ihre methodische Berücksichtigung vermutlich qualitativ neue Auswirkungen hätte und Wirkungsmechnismen aufzeigen könnte:

- Die Annahme im Mittel richtiger, stochastisch unabhängiger, normalverteilter Schätzungen der Gewinnverteilungsparameter durch die Gruppenmitglieder ist optimistisch. Sie bewirkt beispielsweise, daß mit steigender Gruppengröße die Prognosequalität der Gruppe stets steigt und sogar beliebig gut wird. Es könnten jedoch Abhängigkeiten zwischen den Mitgliederschätzungen in einer

Gruppe und systematische Verfälschungen bestehen, welche dies verhindern. Solche Phänomene sind beispielsweise möglich, wenn die Mitglieder bestimmte *gemeinsame* Vorstellungen, Hoffnungen, Wünsche und Befürchtungen hinsichtlich des Eintretens unsicherer Ereignisse haben.

- Der Interaktionsprozess konnte nur stark vereinfacht abgebildet werden. Eine Betrachtung z.B. im Zeitverlauf, bei der Konformitäts- und andere Gruppenziele sowie strategisches Verhalten Bedeutung erhalten, könnte weitere Mechanismen enthüllen.
- Durch Konformität und durch strategisches Verhalten nimmt der Konflikt *innerhalb der Gruppe* grundsätzlich ab. Wegen der Annahme der Unabhängigkeit von persönlichen Interessen und Instanzziel kommt es *im Modell* automatisch zu einer abnehmenden Bedeutung des Zielkonfliktes zwischen Gruppe und Instanz bei Konformität. Dieses Ergebnis kann sich jedoch in seiner Wirkung umkehren.

  Das Wesentliche an der Interessendynamik der Gruppe ist, daß sich durch Konformität die Interessen *innerhalb der Gruppe* angleichen. Dies muß jedoch nicht notwendig positive Auswirkungen auf den Zielkonflikt *zwischen Gruppe und Instanz* haben. Hängen das resultierende, übergeordnete Gruppenziel und das Instanzziel negativ zusammen, so wird durch Gruppenmechanismen wie Konformität lediglich der Zielkonflikt innerhalb der Gruppe abnehmen, während derjenige zwischen Gruppe und Instanz zunehmende Bedeutung erhält.

  Das Vorurteil, nach dem der Interessenausgleich innerhalb der Gruppe sich günstig auf die übergeordnete Qualität der Entscheidung auswirkt, trifft nur dann zu, wenn das den Mitgliedern gemeinsame Ziel positiv mit dem Ziel der Instanz zusammenhängt. Ist dies nicht der Fall, so wird die Konformität in der Gruppe bewirken, daß diese ihren gemeinsamen abweichenden Zielen stärker nachgeht, als dies die Summe abweichender Einzelinteressen vermuten läßt. Der Grund hierfür ist letztlich, daß sich die Konformität der Gruppenmitglieder unmittelbar nur aufeinander bzw. auf die Gruppe bezieht. Die übergeordnete Zielsetzung der Instanz ist nur indirekt betroffen.

Literaturverzeichnis

Albach, Horst [1969]: *Teamtheorie*. In: Handwörterbuch der Organisation. Grochla, E. (Hrsg.). Stuttgart 1969, Sp.1629–1636.

Albers, Willi et al.[1977] (Hrsg.): *Handwörterbuch der Wirtschaftswissenschaften, siebenter Band*. Stuttgart 1977.

Albert, Hans [1968]: *Traktat über kritische Vernunft*. 5. verb. und erweiterte Aufl., Tübingen 1991.

Albert, Hans [1978]: *Traktat über rationale Praxis*. Tübingen 1978.

Albert, Hans [1987]: *Kritik der reinen Erkenntnislehre*. Tübingen 1987.

Alderfer, C.P.[1972]: *Existence, Relatedness and Growth. Human Needs in Organizational Settings*. New York 1972.

Allais, Maurice [1953]: *Le Comportement de l'Homme Rationnel Devant le Risque: Critique des Postulats et Axiomes de l'Ecole Americaine*. In: Econometrica 21 (1953), S.503–546.

Anderson, James J.[1985]: *A Theory for Attitude and Behavior Applied to an Election Survey*. In: Behavioral Science 30 (1985), S. 219–229.

Anderson, Philip W.; Arrow, Kenneth Joseph; Pines, David [1988] (Hrsg.): *The Economy as an Evolving Complex System*. Redwood City 1988.

Anscombe, F.J.; Aumann, Robert J.[1963]: *A Definition of Subjective Probability*. In: Annals of Mathematical Statistics 34 (1963), S.199–205.

Arkes, Hal R.; Hammond, Kenneth R.[1986] (Hrsg.): *Judgment and Decision Making: An Interdisciplinary Reader*. Cambridge 1986.

Armstrong, W.J. [1948]: *Uncertainty and the Utility Function*. In: Economic Journal 58 (1948), S.1–10.

Arrow, Kenneth Joseph [1951]: *Social Choice and Individual Values*. 2. Aufl. New York 1963.

Arrow, Kenneth Joseph [1965]: *The Theory of Risk Aversion*. In: Aspects of the Theory of Risk-Bearing. Yrjö Jahnssonin säätio (Hrsg.). Helsinki 1965, S.28–44. Abgedruckt in: Essays in the Theory of Risk-Bearing. Arrow, K.J. (Hrsg.). Amsterdam 1970, S.90–120.

Arrow, Kenneth Joseph [1970] (Hrsg.): *Essays in the Theory of Risk-Bearing*. Amsterdam 1970.

Arrow, Kenneth Joseph [1985]: *The Economics of Agency*. In: Principals and Agents: The Structure of Business. Pratt, J.W.; Zeckhauser, R.J. (Hrsg.). Boston 1985, S.37–51.

Arrow, Kenneth Joseph [1988]: *Workshop on the Economy as an Evolving Complex System: Summary*. In: The Economy as an Evolving Complex System. Anderson, P.W.; Arrow, K.J.; Pines, D. (Hrsg.). Redwood City 1988, S.275–281.

Aumann, Robert J.[1976]: *Agreeing to Disagree*. In: Annals of Statistics 4 (1976), S.1236–1239.

Baetge, Jörg [1977]: *Teamtheorie*. In: Handwörterbuch der Wirtschaftswissenschaften, siebenter Band. Albers, W. et al (Hrsg.). Stuttgart 1977, S. 553–566.

Bamberg, Günter; Coenenberg, Adolf Gerhard [1974]: *Betriebswirtschaftliche Entscheidungslehre*. 7. überarb. Aufl. München 1992.

Bamberg, Günter; Spremann, Klaus [1987] (Hrsg.): *Agency Theory, Information, and Incentives*. Berlin 1987.

Bauer, Heinz [1968]: *Wahrscheinlichkeitstheorie*. 4 völlig überarb. und neugestaltete Aufl. Berlin 1990.

Behnen, Konrad; Neuhaus, Georg [1984]: *Grundkurs Stochastik*. 2. Aufl. Stuttgart 1987.

Bell, David E.; Raiffa, Howard [1988]: *Marginal Value and Intrinsic Risk Aversion*. In: Decision Making: Descriptive, Normative, and Prescriptive Interactions. Bell, D.E.; Raiffa, H.; Tversky, A.(Hrsg.). Cambridge 1988, S.384–397.

Bell, David E.; Raiffa, Howard; Tversky, Amos [1988] (Hrsg.): *Decision Making: Descriptive, Normative, and Prescriptive Interactions*. Cambridge 1988.

Bellen, Alexander van der [1976]: *Mathematische Auswahlfunktionen und gesellschaftliche Entscheidungen*. Basel 1976.

Billingsley, Patrick [1968]: *Convergence of Probability Measures*. New York 1968.

Binmore, Ken [1993]: *De-Bayesing Game Theory*. In: Frontiers of Game Theory. Binmore, K.; Kirman, A.; Tani, P. (Hrsg.). Cambridge 1993, S.321–339.

Binmore, Ken; Dasgupta, Partha [1986] (Hrsg.): *Economic Organizations as Games*. Oxford 1986.

Binmore, Ken; Kirman, Allan; Tani, Piero [1993] (Hrsg.): *Frontiers of Game Theory*. Cambridge 1993.

Black, Duncan [1958]: *The Theory of Commitees and Elections*, Cambridge 1958.

Borda, Jean-Charles de [1781]: *Mémoires sur les Élections au Scrutin*. In: Mémoires de l'Académie Royale des Sciences, 1781, S.657–665. Engl. Ubersetzung bei Grazia, Alfred de [1953]: *Mathematical Derivation of an Election System*, S. 43–46. In: Isis 44 (1953), S.42–51.

Brandstätter, Hermann; Davis James H.; Stocker-Kreichgauer, Gisela [1982](Hrsg.): *Group Decision Making*. London 1982.

Burnstein, Eugene [1982]: *Persuasion as Argument Processing*. In: Group Decision Making. Brandstätter, H.; Davis J.H.; Stocker-Kreichgauer, G. (Hrsg.). London 1982, S.103–124.

Burnstein, Eugene; Vinokur, Amiram [1973]: *Testing Two Classes of Theories about Group-induced Shifts in Individual Choice*. In: Journal of Experimental Social Psychology 9 (1973), S. 123–137.

Burnstein, Eugene; Vinokur, Amiram [1977]: *Persuasive Arguments and Social Comparison as Determinants of Attitude Polarization*. In: Journal of Experimental Social Psychology 13 (1977), S.315–332.

Camerer, Colin; Weber, Martin [1992]: *Recent Developments in Modeling Preferences: Uncertainty and Ambiguity*. In: Journal of Risk and Uncertainty 5(1992), S.325–370.

Cartwright, Dorwin [1968]: *The Nature of Group Cohesiveness*. In: Group Dynamics. Cartwright, D.; Zander, A. (Hrsg.). 3. Aufl. (wesentl. verändert) New York 1968, S.91–109.

Cartwright, Dorwin; Zander, Alvin [1968]: *Pressures to Uniformity in Groups: Introduction*. In: Group Dynamics. Cartwright, D.; Zander, A. (Hrsg.). 3. Aufl. (wesentl. verändert) New York 1968, S.139–151.

Cartwright, Dorwin; Zander, Alvin [1968] (Hrsg.): *Group Dynamics*. 3. Aufl. (wesentl. verändert) New York 1968.

Chamberlin, John R.; Cohen, Michael D. [1978]: *Towards Applicable Social Choice Theory: A Comparison of Social Choice Functions under Spatial Modell Assumptions*. American Political Science Review 72 (1978), S.1341–1356.

Chan, Maynard M.W.[1971]: *System Simulation and Maximum Entropy*. In: Operations Research 19 [1971], S.1751–1753.

Collins, Barry E; Guetzkow, Harold [1964]: *A Social Psychology of Group Processes for Decision Making*. New York 1964.

Crott, Helmut W.; Werner, Joachim [1994]: *The Norm–Information–Distance Model: A Stochastic Approach to Preference Change in Group Interaction*. In: Journal of Experimental Social Psychology 30 (1994), S.68–95.

Davis, James H.[1973]: *Group Decision and Social Interaction: A Theory of Social Decision Schemes*. In: Psychological Review 80 (1973), S. 97–125.

Davis, James H.[1992]: *Some Compelling Intuitions about Group Consensus Decisions, Theoretical and Empirical Research, and Interpersona Aggregation Phenomena: Selected Examples, 1950–1990*. In: Organizational Behavior and Human Decision Processes 52 (1992), S.3–38.

Dosi, Giovanni; Orsenigo, Luigi [1988]: *Coordination and Tranformation: An Overview of Structures, Behaviors and Change in Evolutionary Environments*. In: Technical Change and Economic Theory. Dosi, G. et al (Hrsg.). London 1988, S.13–37.

Dosi, Giovanni et al. [1988] (Hrsg.): *Technical Change and Economic Theory*. London 1988.

Downs, Anthony [1957]: *An Economic Theory of Democracy*. New York 1957.

Dyer, James S.; Sarin, Rakesh K. [1982]: *Relative Risk Aversion*. In: Management Science 28 (1982), S.875–886.

Edwards, Ward; Newman, J.Robert [1982]: *Multiattribute Evaluation*. In: Multiattribute Evaluation. Edwards, W.; Newman, J.R. (Hrsg.), Beverly Hills 1982, S.7–32. Abgedruckt in: Judgment and Decision Making: An Interdisciplinary Reader. Arkes, H.R.; Hammond, K.R (Hrsg.), Cambridge 1986, S.13–37.

Eisenführ, Franz; Weber, Martin [1993]: *Rationales Entscheiden*. Berlin 1993.

Ellsberg, Daniel [1961]: *Risk, Ambiguity, and the Savage Axioms*. In: Quarterly Journal of Economics 75 (1961), S.643–669.

Festinger, Leon [1954]: *A Theory of Social Comparison Processes*. In: Human Relations 7 (1954), S.117–140.

Fishburn, Peter C.[1970]: *Utility Theory for Decision Making*. New York 1970.

Fishburn, Peter C.[1972]: *Mathematics of Decision Theory*. Mouton 1972.

Fishburn, Peter C.[1973]: *The Theory of Social Choice*. Princeton 1973.

Fishburn, Peter C.[1981]: *Subjective Expected Utility: A Review of Normative Theories*. Theory and Decision 13 (1981), S.139–199.

Fishburn, Peter C.[1982]: *The Foundations of Expected Utility*. Dordrecht 1982.

Fishburn, Peter C.[1987]: *Interprofile Conditions and Impossibility*. Chur 1987.

Fishburn, Peter C.[1988]: *Nonlinear Preference and Utility Theorie*. Brighton 1988.

Fishburn, Peter C.; Kochenberger, Gary A. [1979]: *Two–Piece Von Neumann–Morgenstern Utility Functions*. In: Decision Science 10 (1979), S. 503–518.

Frese, Erich [1992] (Hrsg.): *Handwörterbuch der Organisation*. 3. völlig neugestaltete Aufl. 1992.

Fudenberg, Drew; Tirole, Jean [1991]: *Game Theory*. Cambridge 1991.

Gibbard, Allan [1973]: *Manipulation of voting Schemes: A Gereral Result*. In: Econometrica 41 (1973), S.587–601.

Good, I.J.[1963]: *Maximum Entropy for Hypothesis Formulation, Especially for Multidimensional Contingency Tables*. In: The Annals of Mathematical Statistics 3 (1963), S.911–934.

Gottinger, Hans-Werner [1974]: *Subjektive Wahrscheinlichkeiten*. Göttingen 1974.

Grazia, Alfred de [1953]: *Mathematical Derivation of an Election System*. In: Isis 44 (1953), S.42–51.

Grochla, Erwin [1969] (Hrsg.): *Handwörterbuch der Organisation*. Stuttgart 1969.

Grossmann, Sanford J.; Hart, Oliver D.[1983]: *An Analysis of the Principal-Agent Problem*. In: Econometrica 51 (1983), S.7–45.

Gustafson, David H.; Huber, George P.[1977]: *Behavioral Decision Theory and the Health Delivery System*. In: Human Judgment and Decision Processes in Applied Settings. Kaplan, M.F.; Schwartz, S. (Hrsg.). New York 1977, S.145–167.

Güth, Werner; Kalkofen, Brigitte [1989]: *Unique Solutions for Strategic Games*. Berlin 1989.

Güth, Werner; Selten, Reinhard [1991]: *Majority Voting in the Condorcet Paradox as a Problem of Equilibrium Selection*. In: Game Equilibrium Models IV: Social and Political Interaction. Selten R. (Hrsg.). Berlin 1991, S.7–40.

Hare, A. Paul [1961]: *Computer Simulations of Interaction in Small Groups*. In: Behavioral Science 6 (1961), S.261–265.

Harsanyi, John C.[1975]: *Advances in Understanding Rational Behavior*. In: Logic, Methodology and Philosophy of Science, the Proceedings of the Fifth International Congress of Logic, Methodology and Philosophy of Science at London, Ontario in August-September, 1975. Butts, R; Hintikka, J. (Hrsg.). Abgedruckt in: Essays on Ethics, Social Behavior, and Scientific Explanation. Harsanyi, J.C. (Hrsg.). Dordrecht 1976, S.89–117.

Harsanyi, John C.[1976] (Hrsg.): *Essays on Ethics, Social Behavior, and Scientific Explanation*. Dordrecht 1976.

Harsanyi, John C.[1993]: *Normative Validity and Meaning of Von Neumann–Morgenstern Utilities.* In: Frontiers of Game Theory. Binmore, K.; Kirman, A.; Tani, P. (Hrsg.). Cambridge 1993, S.307–320.

Harsanyi, John C.; Selten, Reinhard [1988]: *A General Theory of Equilibrium Selection in Games.* Cambridge 1988.

Hart, Edward W.; Sung, Yong H. [1976]: *Systems Simulation: Computer and Experimental Simulation of Triad Decision Making.* In: Behavioral Science 21 (1976), S.532–547.

Hartmann–Wendels, Thomas [1989]: *Principal–Agent–Theorie und asymmetrische Informationsverteilungen.* In: Zeitschrift für Betriebswirtschaft 59 (1989), S.714–734.

Hinderer, Karl [1972]: *Grundbegriffe der Wahrscheinlichkeitstheorie.* 2. korr. Nachdruck der 1. Aufl., Berlin 1980.

Hinich, Melvin J.[1977]: *Equilibrium in Spatial Voting: The Median Voter Result is an Artifact.* In: Journal of Economic Theory 16 (1977), S. 208–219.

Hofstätter, Peter R. [1986]: *Gruppendynamik – Kritik der Massenpsychlogie.* 3. revidierte Aufl., vollständig überarbeitete und erweiterte Neuausgabe des gleichlautenden Titels von 1957, veröffentlicht Reinbek bei Hamburg 1986.

Hogarth, Robin M.; Reder, Melvin W. [1986] (Hrsg.): *Rational Choice.* Chicago 1986.

Holland, John H.[1988]: *The Global Economy as an Adaptive Process.* In: The Economy as an Evolving Complex System. Anderson, P.W.; Arrow, K.J.; Pines, D. (Hrsg.). Redwood City 1988, S.117–124.

Jaynes, E.T.[1957]: *Information Theory and Statistical Mechanics I.* In: Physical Review 106 (2nd Series, 1957), S.620–630.

Jaynes, E.T.[1968]: *Prior Probabilities.* In: IEEE Transactions on System Sciences and Cybernetics SSC–4 (1968), S.227–241.

Janis, Irving L.[1972]: *Groupthink – Psychological Studies of Policy Decisions and Fiascoes.* 2. überarbeitete und erweiterte Aufl. Boston 1982 von *Victims of Groupthink: A Psychological Study of Foreign–Policy and Fiascoes* (1972).

Kahneman, Daniel; Tversky, Amos [1979]: *Prospect Theory: An Analysis of Decision under Risk*. Econometrica 47 (1979), S.263–291.

Kahneman, Daniel; Slovic, Paul; Tversky, Amos [1982] (Hrsg.): *Judgment under Uncertainty: Heuristics and Biases*. Cambridge 1982.

Kalkofen, Brigitte [1990]: *Gleichgewichtsauswahl in strategischen Spielen*. Heidelberg 1990.

Kantzenbach, Erhard [1966]: *Die Funktionsfähigkeit des Wettbewerbs*. 2. durchges. Aufl. Göttingen 1967.

Kaplan, Martin F; Miller, Charles E.[1983]: *Group Discussion and Judgment*. In: Basic Group Processes. Paulus, P.B. (Hrsg.). New York 1983, S.65–94.

Kaplan, Martin F.; Schwartz, Steven [1977] (Hrsg.): *Human Judgment and Decision Processes in Applied Settings*. New York 1977.

Kauffman, Stuart A.[1988]: *The Evolution of Economic Webs*. In: The Economy as an Evolving Complex System. Anderson, P.J.; Arrow, K.J.; Pines, D. (Hrsg.). Redwood City 1988, S.125–146.

Kaus, Hans–Paul [1985]: *Die Steuerung von Entscheidungsgremien über Verhaltensnormen*. Würzburg–Wien 1985.

Kelley, Harold H.; Thibaut, John W.[1969]: *Group Problem Solving*. In: Handbook of Social Psychology, Vol. IV: Group Psychology and Phenomena of Interaction. Lindzey, G.; Aronson, E. (Hrsg.). 2. Aufl. Reading 1969, S.1–101.

Kendall, Maurice G. [1948]: *Rank Correlation Methods*. 3. Aufl. London 1962.

Kerr, Norbert L.[1981]: *Social Transition Schemes: Charting the Group's Road to Agreement*. In: Journal of Personality and Social Psychology 41 (1981), S.684–702.

Kirchgässner, Gebhard [1991]: *Homo oeconomicus: Das ökonomische Modell individuellen Verhaltens und seine Anwendung in den Wirtschafts– und Sozialwissenschaften*. Tübingen 1991.

Kirsch, Werner [1977]: *Einführung in die Theorie der Entscheidungsprozesse*. 2. durchgesehene und ergänzte Aufl. der Bände I–III als Gesamtausgabe, Wiesbaden 1977.

Kleinschmidt, Peter [1995] (Hrsg.): *Operations Research Proceedings 1995*. Berlin 1996.

Köhler, Horst [1976]: *Die Effizienz betrieblicher Gruppenentscheidungen*. Bochum 1976.

Kolmogorov, Andrej Nikolajewitsch [1933]: *Grundbegriffe der Wahrscheinlichkeitsrechnung*. In: Ergebnisse der Mathematik und ihrer Grenzgebiete 2 (1933). Berlin 1933.

Latané, Bibb [1981]: *The Psychology of Social Impact*. In: American Psychologist 36 (1981), S.343–356.

Latané, Bibb; Williams, Kipling; Harkins, Stephen [1979]: *Many Hands Make Light the Work: The Causes and Consequences of Social Loafing*. In: Journal of Personality and Social Psychology 6 (1979), S. 822–832.

Laughlin, Patrick R.; Earley, P.Christopher [1982]: *Social Combination Models, Persuasive Arguments Theory, Social Comparison Theory, and Choice Shift*. In: Journal of Personality and Social Psychology 42 (1982), S.273–280.

Laux, Helmut [1976]: *Zur Entscheidung bei Fehlen objektiver Wahrscheinlichkeiten*. In: Zeitschrift für Betriebswirtschaft 46 (1976), S.59–68.

Laux, Helmut [1979a]: *Grundfragen der Organisation*. Berlin 1979.

Laux, Helmut [1979b]: *Der Einsatz von Entscheidungsgremien*. Berlin 1979.

Laux, Helmut [1982a]: *Entscheidungstheorie*. 3. Aufl. Berlin 1995 von Entscheidungstheorie I: Grundlagen.

Laux, Helmut [1982b]: *Entscheidungstheorie II: Erweiterung und Vertiefung*. 3. Aufl. Berlin 1993.

Laux, Helmut [1990]: *Risiko, Anreiz und Kontrolle*. Berlin 1990.

Laux, Helmut; Liermann, Felix [1987]: *Grundlagen der Organisation*. 3. Aufl. Berlin 1993.

Lehmann, Erich Leo [1983]: *Theory of Point Estimation*. New York 1983.

Liermann, Felix [1982]: *Koordinationsentscheidungen bei Unsicherheit*. Würzburg–Wien 1982.

Lindstädt, Hagen [1995]: *The Effect of Strategic Behavior on Group Decisions*. In: Operations Research Proceedings 1995. Kleinschmidt, P. et al. (Hrsg.). Berlin 1996, S. 493–498.

Lindzey, Gardner; Aronson, Elliot [1969] (Hrsg.): *Handbook of Social Psychology, Vol. IV: Group Psychology and Phenomena of Interaction*. 2. Aufl. Reading 1969.

Luce, R. Duncan; Raiffa, Howard [1957]: *Games and Decisions*. New York 1957.

Machina, Mark J. [1989]: *Dynamic Consistency and Non–Expected Utility Models of Choice under Uncertainty*. In: Journal of Economic Literature 27 (1989), S.1622–1668.

Manke, Joachim [1980]: *Gremien im Entscheidungsprozeß*. Wiesbaden 1980.

Marschak, Jacob [1950]: *Rational Behavior, Uncertain Prospects and Measurable Utility*. In: Econometrica 18 (1950), S.111–141.

Marschak, Jacob; Radner, Roy [1972]: *Economic Theory of Teams*. New Haven 1972.

Maslow, Abraham H.[1954]: *Motivation and Personality*. 2. Aufl. New York 1970.

May, Kenneth O.[1954]: *Intransitivity, Utility, and the Aggregation of Preference Patterns*. In: Econometrica 22 (1954), S.1–13.

Merrill, Samuel III [1984]: *A Comparison of Efficiency of Multicandidate Electoral Systems*. American Journal of Political Science 28 (1984), S.23–48.

Meyer, Roswitha [1983]: *Die Vorgabe einer Abstimmungsregel für Gremien als Entscheidungsproblem*. Diss. Frankfurt am Main 1983.

Miller, Nicholas R.[1977]: *Graph–Theoretical Approaches to Voting*. In: American Journal of Political Science 21 (1977), S.769–803.

Mookherjee, D. [1986]: *Optimal Incentive Schemes with many Agents*. In: Economic Organizations as Games. Binmore, K.; Dasgupta, P. (Hrsg.). Oxford 1986, S.197–214.

Nagao, Dennis H.; Davis, James H.[1980]: *Some Implications of Temporal Drift in Social Parameters.* In: Journal of Experimental Social Psychology 16 (1980), S.479–496.

Nagel, Ernest [1961]: *The Structure of Science.* London 1961.

Nahinsky, Irwin D.[1969]: *A Group Interaction Stochastic Model Based on Balance Theoretical Considerations.* In: Behavioral Science 14 (1969), S.289–302.

Nash, J.[1950]: *Equilibrium Points in n–Person Games.* In: Proceedings of the National Academy of Sciences 36 (1950), S.48–49.

Nelson, Richard R.; Winter, Sidney G.[1982]: *An Evolutionary Theory of Economic Change.* Cambridge 1982.

Neumann, John von; Morgenstern, Oskar [1944]: *Theory of Games and Economic Behavior.* Princeton 1944.

Nurmi, Hannu [1984]: *On the Strategic Properties of Some Modern Methods of Group Decision Making.* In: Behavioral Science 29 (1984), S.248–257.

Nurmi, Hannu [1987]: *Comparing Voting Systems.* Dordrecht 1987.

Olson, Mançur [1965]: *The Logic of Collective Action: Public Goods and the Theory of Groups.* Cambridge 1965.

Ostrom, Thomas M.[1988]: *Computer Simulation: The Third Symbol System.* In: Journal of Experimental Social Psychology 24 (1988), S.381–394.

Pattanaik, Prasanta K. [1978]: *Strategy and Group Choice.* Amsterdam 1978.

Peleg, Bezalel [1984]: *Game theoretic analysis of voting in committees.* Cambridge 1984.

Paulus, Paul B.[1983] (Hrsg.): *Basic Group Processes.* New York 1983.

Petersen, Thomas [1989]: *Optimale Anreizsysteme: Betriebswirtschaftliche Implikationen der Prinzipal–Agenten–Theorie.* Wiesbaden 1989.

Pines, David [1988]: *The Economy as an Evolving Complex System: An Introduction to the Workshop.* In: The Economy as an Evolving Complex System. Anderson, P.W.; Arrow, K.J.; Pines, D. (Hrsg.). Redwood City 1988, S.3–6.

Popper, Karl R.[1935]: *Logik der Forschung*. 9. verb. Aufl. Tübingen 1989.

Popper, Karl R.[1972]: *Objektive Erkenntnis: Ein evolutionärer Entwurf*. 1. Aufl. Hamburg 1993 (Deutsche Fassung der 4. verb. und erw. Aufl., in Abst. mit dem Autor überarbeitet).

Pratt, John W. [1964]: *Risk Aversion in the Small and in the Large*. In: Econometrica 32 (1964), S.122–136.

Pratt, John W.; Zeckhauser, Richard J.[1985]: *Principals and Agents: An Overview*. In: Principals and Agents: The Structure of Business. Pratt, J.W.; Zeckhauser, R.J. (Hrsg.). Boston 1985, S.1–35.

Pratt, John W.; Zeckhauser, Richard J.[1985] (Hrsg.): *Principals and Agents: The Structure of Business*. Boston 1985.

Rees, Ray [1985a]: *The Theory of Principal and Agent. Part 1*. In: Bulletin of Economic Research 37 (1985), S.3–26.

Rees, Ray [1985b]: *The Theory of Principal and Agent. Part 2*. In: Bulletin of Economic Research 37 (1985), S.75–95.

Ross, Stephen A.[1973]: *The Economic Theorie of Agency: The Principal's Problem*. In: American Economic Review 63 (1973), S.134–139.

Roth, Alvin E.; Malouf, Michael W.K.; Murnighan, J.Keith [1981]: *Sociological versus Strategic Factors in Bargaining*. In: Journal of Economic Behavior and Organization 2 (1981), S.153–177.

Savage, Leonard J.[1954]: *The Foundations of Statistics*. New York 1954.

Satterthwaite, Mark Allen [1975]: *Strategy–Proofness and Arrow's Conditions: Existence and Correspondence Theorems for Voting Procedures and Social Welfare Functions*. In: Journal of Economic Theory 10 (1975), S.187–217.

Schauenberg, Bernd [1978]: *Zur Logik kollektiver Entscheidungen*. Wiesbaden 1978.

Schauenberg, Bernd [1992]: *Kollektive Entscheidungsregeln*. In: Handwörterbuch der Organisation. Frese, E. (Hrsg.). 3. völlig neugestaltete Aufl. 1992, Sp.566–575.

Schmeidler, David [1989]: *Subjective Probability and Expected Utility without Additivity*. In: Econometrica 57 (1989), S.571–587.

Schneeweiß, Hans [1963]: *Nutzenaxiomatik und Theorie des Messens*. In: Statistische Hefte 4 (1963), S.178–220.

Schneeweiß, Hans [1967]: *Entscheidungskriterien bei Risiko*. Berlin 1967.

Selten Reinhard [1991] (Hrsg.): *Game Equilibrium Models IV: Social and Political Interaction*. Berlin 1991.

Sen, Amartya K.[1970]: *Collective Choice and Social Welfare*. San Francisco 1970.

Sen, Amartya K.[1973]: *Behavior and the Concept of Preference*. In: Economica (New Series) 40 (1973), S.241–259.

Sinn, Hans-Werner [1980]: *Ökonomische Entscheidungen bei Ungewißheit*. Tübingen 1980.

Slovic, Paul; Fischhoff, Baruch; Lichtenstein, Sarah [1977]: *Behavioral Decision Theorie*. In: Annual Review of Psychology 28 (1977), S.1–39.

Spremann, Klaus [1987]: *Agent and Principal*. In: Agency Theory, Information, and Incentives. Bamberg, G.; Spremann, K.(Hrsg.). Berlin 1987, S.3–37.

Stasser, Garold [1988]: *Computer Simulation as a Research Tool: The DISCUSS Model of Group Decision Making*. In: Journal of Experimental Social Psychology 24 (1988), S.393–422.

Stasser, Garold; Davis, James H.[1981]: *Group Decision Making and Social Influence: A Social Interaction Sequence Model*. In: Psychological Review 88 (1981), S.523–551.

Stasser, Garold; Titus, William [1985]: *Pooling of Unshared Information in Group Decision Making: Biased Information Sampling During Discussion*. In: Journal of Personality and Social Psychology 48 (1985), S.1467–1478.

Stephan, Frederick F.; Mishler, Elliot G.[1952]: *The Distribution of Participation in Small Groups: An Exponential Approximation*. In: American Sociological Review 17 (1952), S.598–608.

Strasser, Helmut [1985]: *Mathematical Theory of Statistics*. Berlin 1985.

Strelen, Johann Christoph [1986]: *Lineare Berechnungsverfahren fur Wahrscheinlichkeitsverteilungen mit maximaler Entropie*. Interner Bericht II/86/1 des Instituts für Informatik der Universität Bonn (1986).

Tanford, Sarah; Penrod, Steven [1984]: *Social Influence Modell: A Formal Integration of Research on Majority and Minority Influence Processes*. In: Psychological Bulletin 95 (1984), S.189–225.

Topsøe, Flemming [1973]: *Informationstheorie: Eine Einführung*. Deutsche Ubersetzung Stuttgart 1974.

Türk, Klaus [1973]: *Gruppenentscheidungen – Sozialpsychologische Aspekte der Organisation kollektiver Entscheidungsprozesse*. In. Zeitschrift für Betriebswirtschaft 43 (1973), S.295–321.

Tversky, Amos; Kahneman, Daniel [1974]: *Judgment under Uncertainty: Heuristics and Biases*. In: Science 185 (1974), S.1124–1131. Abgedruckt in: Judgment under Uncertainty: Heuristics and Biases. Kahneman, D.; Slovic, P.; Tversky, A. (Hrsg.). Cambridge 1982, S.3–20.

Tversky, Amos; Kahneman, Daniel [1981]: *The Framing of Decisions and the Psychology of Choice*. In: Science 211 (1981), S.453–458.

Tversky, Amos; Kahneman, Daniel [1986]: *Rational Choice and the Framing of Decisions*. In: Rational Choice. Hogarth, R.M.; Reder, M.W. (Hrsg.). Chicago 1986, S.67–94.

Vetschera, Rudolf [1991]: *Entscheidungsunterstützende Systeme für Gruppen*. Heidelberg 1991.

Vinokur, Amiram; Burnstein, Eugene [1974]: *Effects of Partially Shared Persuasive Arguments on Group-induced Shifts: A Group-Problem-Solving Approach*. In: Journal of Personality and Social Psychology 29 (1974), S.305–315.

Vroom, Victor; Yetton, Philip W.[1973]: *Leadership and Decision-Making*. Pittsburgh 1973.

Weber, Martin; Camerer, Colin [1987]: *Recent Developments in Modeling Preferences under Risk.* In: OR Spektrum 9 (1987), S.129–151.

Wendt, Dirk [1991]: *Altruism in Social Dilemmas – Failure to Catch it in a Parameter.* In: Game Equilibrium Models IV: Social and Political Interaction. Selten R. (Hrsg.). Berlin 1991, S.103–123

Werner, Joachim [1992]: *Dynamische Analyse von Gruppeninteraktionen: Simulation von Gruppendiskussionen auf Basis des Norm-Informations-Distanz Modells.* Frankfurt am Main 1992.

Winkels, Heinz-Michael [1976]: *Eine mathematische Theorie über die Entscheidungsfindung durch Abstimmung.* Diss. Bochum 1976

Wiswede, Gunter [1992]: *Gruppen und Gruppenstrukturen.* In. Handworterbuch der Organisation. Frese, E. (Hrsg.). 3. vollig neugestaltete Auflage 1992, Sp.735–754.

Witting, Hermann [1985]. *Mathematische Statistik I.* Stuttgart 1985.

Young, H.P. [1977]: *Extending Condorcet's Rule.* In: Journal of Economic Theory 16 (1977), S.335–353.

Zuber, Johannes A.; Crott, Helmut W.; Werner, Joachim [1992]: *Choice Shift and Group Polarization: An Analysis of the Status of Arguments and Social Decision Schemes.* In: Journal of Personality and Social Psychologie 62 (1992), S.50–61.

GPSR Compliance

The European Union's (EU) General Product Safety Regulation (GPSR) is a set of rules that requires consumer products to be safe and our obligations to ensure this.

If you have any concerns about our products, you can contact us on ProductSafety@springernature.com

In case Publisher is established outside the EU, the EU authorized representative is:

Springer Nature Customer Service Center GmbH
Europaplatz 3
69115 Heidelberg, Germany

Batch number: 10816188

Printed by Printforce, the Netherlands